大学计算机专业基础实用教程

李成范　刘跃军　著

上海大学出版社

·上海·

图书在版编目(CIP)数据

大学计算机专业基础实用教程 / 李成范,刘跃军著
. --上海:上海大学出版社,2024.8
ISBN 978 - 7 - 5671 - 4344 - 9

Ⅰ. ①大… Ⅱ. ①李… ②刘… Ⅲ. ①电子计算机—
高等学校—教材 Ⅳ. ①TP3

中国版本图书馆 CIP 数据核字(2021)第 200034 号

责任编辑　刘　强
封面设计　柯国富
技术编辑　金　鑫　钱宇坤

大学计算机专业基础实用教程

李成范　刘跃军　著

上海大学出版社出版发行

(上海市上大路 99 号　邮政编码 200444)

(https://www.shupress.cn　发行热线 021 - 66135112)

出版人　戴骏豪

*

南京展望文化发展有限公司排版

广东虎彩云印刷有限公司印刷　　各地新华书店经销

开本 787mm×1092mm　1/16　印张 23.25　字数 508 千字

2024 年 8 月第 1 版　2024 年 8 月第 1 次印刷

ISBN 978 - 7 - 5671 - 4344 - 9/TP・80　定价　98.00 元

内容简介
BRIEFING

　　本书以计算机专业基础的硬件相关课程为主体,注重介绍数字逻辑、计算机组成原理、单片机与接口技术等理论和方法,并在相应技术开发工具平台上设计与引出相关基础实验和扩充实验及应用。本书主要内容涵盖数制与编码、逻辑电路与器件、VHDL硬件描述语言、集成电路逻辑设计、信息的表示与运算、存储与指令系统、中央处理器、系统总线、输入/输出系统、单片机汇编语言程序与应用系统设计、结构与指令系统、人机交互技术、内部接口与外围模拟通道接口等计算机基础硬件课程的知识点。此外,围绕上述知识点,分别设计简单易学的基础实验和具有一定难度与实用的扩充实验。

　　本书理论知识内容完整、难度适中、实用性强,力求体现知识点与实验实践的合理搭配和层次结构。

　　本书可作为高等院校数字逻辑、计算机组成原理、单片机原理、接口技术等相关课程的通用教材或参考书,适合计算机类、电子类、自动化类相关专业的本科学生,还可作为高职高专相关专业的教材或教学参考书,以及相关工程技术人员的自学用书或参考用书。

前言
FOREWORD

本教程根据教育部高等学校大学计算机课程教学指导委员会最新提出的课程体系与教学基本要求组织编写。

随着计算机与电子信息等现代科学技术的蓬勃发展,微型计算机系统发生了日新月异的变化,不断呈现出集成化、智能化和高性能化特征。这也对包含数字逻辑、组成原理、单片机与接口技术等在内的计算机类硬件课程传统教学体系、内容和方法提出了新的挑战。

作为计算机类、电子类、自动化类学科重要的基础理论和专业基础课教材与参考用书,一本合理的大学计算机专业综合实用教程,在编写时既要注重已有的基础理论知识与经典的编写方式、结构,又要尽可能地反映新兴的信息技术发展与实践应用。此外,考虑到计算机类硬件课程性质和实践特点,本教程编写时尤其强调与理论知识点相对应的实验实践设计,实验与理论相结合,重点突出实用性、可操作性及相关应用,旨在强化学生的专业技能培养。

按照计算机类硬件基础课程和读者学习思维习惯,在理论基础部分,本教程按照数字逻辑基础及应用—计算机组成原理基础及应用—单片机与接口技术基础及应用的结构进行编排与写作。本教程一共分为三编:第一编介绍数制与编码、逻辑电路与器件、VHDL硬件描述语言、集成电路逻辑设计;第二编介绍信息的表示与运算、存储与指令系统、中央处理器、系统总线、输入/输出系统;第三编介绍单片机汇编语言程序与应用系统设计、结构与指令系统、人机交互技术、内部接口与外围模拟通道接口。在实验部分,围绕上述理论知识点,本教程按照基础实验—扩充实验,从简单易学到具有一定难度与实用性的思路进行设计与应用安排。

　　本教程在总结上海大学计算机学院本科教学实验中心多年理论与实践教学经验的基础上,由上海大学李成范和刘跃军合作编写,全书由李成范审核并统稿。本教程的编写得到了上海大学计算机学院、启东计算机总厂有限公司等单位领导的大力支持,许多老师在教程编写过程中给予了帮助并提出了宝贵的意见,在此表示衷心的感谢。本教程作者长期从事计算机类基础硬件课程与实验讲授,这为教程编写提供了扎实的理论和实践支持。欢迎广大师生和读者通过电子邮箱(lchf@shu.edu.cn)与本教程作者联系与交流。

　　由于编写经验不足,加之时间紧张,书中疏漏和不足之处在所难免,诚望专家和读者批评指正。

目录
CONTENTS

第一编　数字逻辑基础及应用

第二编　计算机组成基础及应用

第三编　单片机与接口技术基础及应用

第一编

数字逻辑基础及应用

第一部分

理 论 基 础

1 数字逻辑概述

1.1 定义

集成电路(IC)是指为实现某项功能,将若干电路元件(晶体管)封装在一起并在电学上加以互连。与之相对应,数字集成电路是指完成数字逻辑功能的集成电路。集成电路按照集成度可进一步细分为小规模集成电路(SSI)、中规模集成电路(MSI)和大规模集成电路(LSI)等。本章所讲集成电路以中小规模集成电路为主,如74LS00、六反向器等门电路和计数器、数据选择器等。

1.2 分类

目前,在数字系统中常见的数字逻辑电路包括晶体管-晶体管逻辑电路(TTL)、射级耦合数字逻辑电路(ECL)、金属-氧化物-半导体(MOS)集成电路。

其中,ECL 电路速度快,但功耗大、抗干扰能力弱,一般常见于高速且干扰小的电路中;MOS 电路线路简单、集成度高,电路静态功耗低,在大规模和超大规模集成电路中应用广泛;TTL 介于两者之间,当工作频率不高又要求使用方便且不易损坏时,可以选用。

1.3 数字电路引脚

数字集成电路有多种封装形式,本教程主要采用双列直插式的 74 系列器件。其中,双列直插式 IC 引脚数有 14、16、20、24、28 等。图 1.1 为数字电路引脚结构示意。如图所示,器件的正面一端为半圆形的缺口,表示正方向;器件正面缺口朝上,左边的引脚序号为 1,序号按逆时针方向递增,缺口右边的引脚为最后的序号。对于 14 脚电路而言,通常左列引脚的最后一个是 GND,右列引脚的最上一个引脚是 Vcc。但也并不都是这样,例如,对于 16 脚的双列直插式芯片 74LS76 而言,引脚 13 是 GND,引脚 5 是 Vcc。

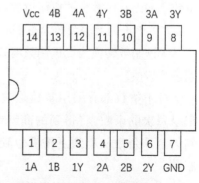

图 1.1 74LS00 芯片引脚结构示意

2　数制与编码

2.1　进制数

常用的进制数包括二进制数、十进制数和十六进制数等。

2.1.1　二进制数

计算机系统通常使用二进制数 0 和 1 表示数字，因为"有"和"无"、"是"和"否"等众多二元状态均可通过 0 和 1 表示，且易被计算机识别。二进制的进位规则为"满二进一"。

为区分二进制数与其他进制数，通常在二进制数后标注 B 或在右下角标注 2 以表示该数为一个二进制数。二进制数的运算规则主要包括加、减、乘、除规则。

2.1.2　十进制数

十进制数是人们日常生活中使用最广泛的数制。十进制的进位规则为"满十进一"。

为区分十进制数与其他进制数，通常在十进制数后标注 D 或在右下角标注 10 以表示该数为一个十进制数。

2.1.3　十六进制数

由于二进制数表达较长，有时为了降低运算复杂性，通常使用十六进制数来表示二进制数。十六进制的进位规则为"满十六进一"。

为区分十六进制数与其他进制数，通常在十六进制数后标注 H 或在右下角标注 16 以表示该数为一个十六进制数。

2.2　进制转换

2.2.1　二进制数与十进制数的进制转换

（1）二进制数转换为十进制数

二进制数转换为十进制数可直接使用按权展开的方式进行计算，将二进制数的每一位数字乘以对应数位的权值再求和，即可求出对应的十进制数。

（2）十进制数转换为二进制数

十进制数转换为二进制数时，需要将十进制数分为整数部分和小数部分，对两部分分别进行转换。

对于整数部分采用基数除法，基本规则为"除 2 取余"，将十进制整数 N 除以 2 后记录每次的余数，将得到的商继续除以 2。重复以上操作直至最后的商为 0，将所得到的全部余数从上到下按低位到高位的顺序列举，即为十进制整数 N 所对应的二进制数。

对于小数部分采用基数乘法，基本规则为"乘 2 取整"，将十进制小数 N 乘以 2 后记录每次积的整数部分,将得到的积的小数部分继续乘以 2。重复以上操作直至最后积的小数部分为 0,将所得到的全部整数部分从上到下按高位到低位的顺序列举,即为十进制小数 N 所对应的二进制数。

2.2.2　二进制数与十六进制数的进制转换

（1）二进制数转换为十六进制数

由于十六进制数的权值为 $2^4 = 16$,为 n 位二进制数能够表示的数制,即十六进制数中的数码 $0 \sim 9$,$A \sim F$ 可与 4 位二进制数对应,因此可将二进制数 B 从个位开始分别向左右按 4 位进行分组,小于 4 位的分组补 0,并将每组分别用对应的十六进制数表示,即为 B 所对应的十六进制数。

（2）十六进制数转换为二进制数

同理,将十六进制数转换为二进制数时,可将其每一位按同样的方法按二进制位展开,即可得到对应的二进制数。

2.2.3　十进制数与十六进制数的进制转换

（1）十六进制数转换为十进制数

十六进制数转换为十进制数类似于二进制数转换为十进制数,可直接使用按权展开的方式进行计算。将十六进制数的每一位数字乘以对应数位的权值再求和,即可求出对应的十进制数。

（2）十进制数转换为十六进制数

十进制数转换为十六进制数时也需要分为整数部分和小数部分,分别进行操作。对于整数部分采用基数除法,基本规则为"除 16 取余"。对于小数部分采用基数乘法,基本规则为"乘 16 取整"。

2.3　有符号数的代码表示方法

前文所讨论的数均不带符号,默认为正数。而在进行算数运算时不可避免地会出现负数。日常中可通过在数值前添加"+"或"-"分别表示数字的正负,如 $+85$、-165.78 等,这种表示称作数的真值。

而在计算机系统中只有 0 和 1 两种状态,因此数的符号也通过 0 和 1 来表示,在计算机通常用一个数的最高位存放符号,正数为 0,负数为 1。这种将数值与符号统一使用 0 和 1 进行编码的二进制表示方法称为机器数。机器数的表现形式包括:

2.3.1　原码

原码使用符号-数值来表示,即符号位加上真值的绝对值。使用原码表示数值时一般使用最高位表示符号位,其余位表示数值。原码是人们最容易理解和计算的表示方式,因为其表示方式接近二进制数的真值。

2.3.2　反码

又称为 1 的补码。与原码相同,在用反码表示时,最高位也为符号位,正数为 0,负数为 1。对于正数,反码的表示形式与原码相同;对于负数,反码则在原码的基础上符号位不变,而数值位按位取反,即原码某位为 0,则反码的对应位为 1。

2.3.3 补码

又称为 2 的补码。与原码相同,在用补码表示时,最高位也为符号位,正数为 0,负数为 1。对于正数,补码的表示形式与原码相同;对于负数,补码则在反码的基础上加 1。补码的数域比原码和反码的数域大。

2.4 定点数与浮点数

计算机处理的数值数据多数带有小数,小数点在计算机中通常有两种表示方法:一种是约定所有数值数据的小数点隐含在某一个固定位置上,称为定点表示法,简称定点数;另一种是小数点位置可以浮动,称为浮点表示法,简称浮点数。

2.4.1 定点数

定点数设定机器中所有数据的小数点位置是固定不变的。假设通常包括将小数点的位置固定在数据的最高位之前(定点小数)和固定在最低位之后(定点整数)两种。

定点小数是纯小数,约定的小数点位置在符号位之后、有效数值部分最高位之前,取值范围为 $2^{-n} \leqslant \mid x \mid \leqslant 2^{n-1}$。

定点整数是纯整数,约定的小数点位置在有效数值部分最低位之后,取值范围为 $1 \leqslant \mid x \mid \leqslant 2^{n-1}$。

当数据小于定点数能表示的最小值时,计算机将它们作 0 处理,称为下溢;大于定点数能表示的最大值时,计算机将无法表示,称为上溢。两者统称为溢出。

2.4.2 浮点数

浮点表示指数中小数点位置不固定,是浮动的,在计算机系统中通常用二进制表示。一个机器浮点数应当由阶码和尾数及其符号位组成,分别对应机器浮点数的不同约定。例如,当增加尾数的位数,则可增加可表示区域数据点的密度,从而提高数据的精度;当增加阶码的位数,则可增大可表示的数据区域。

2.5 二进制的数字编码

编码是指用一组二进制数表示特定的数据,将其在计算机系统中进行处理。本章主要介绍的编码为十进制数的二进制编码、可靠性编码。

2.5.1 BCD 码

BCD 码是十进制数的二进制编码的一种。为符合人们使用十进制数的习惯同时满足计算机系统使用二进制数的需求,通过使用 4 位二进制代码对 1 位十进制数字进行编码的方法,被称为 BCD 码。常用的 BCD 码有 8421 码和余 3 码。

(1) 8421 码

8421 码与十进制数的转换,关系直观,相互转换也很简单,其转换规则如表 1.1 所示:

表 1.1 转换规则

十进制数	8421BCD 码
0	0000
1	0001
2	0010
3	0011
4	0100
5	0101
6	0110
7	0111
8	1000
9	1001

对于同一个 8 位二进制代码表示的数,当表示二进制数和二进制编码的十进制数时,数值是不相同的。例如,对于 00011000,当表示二进制数时,其值为 24;但表示 2 位 BCD 码时,其值为 18。

（2）余 3 码

余 3 码是由 8421 码加上 0011 形成的一种无权码,由于它的每个字符编码比相应的 8421 码多 3,故称为余 3 码。余 3 码是一种对 9 的自补代码,可给运算带来方便。

在将两个余 3 码表示的十进制数相加时,能正确产生进位信号,但对"和"必须修正。具体的修正过程为：如果有进位,则结果加上 0011（3）；如果无进位,则结果加上 1101（13）,即得和数的余 3 码。

2.5.2 奇偶校验码

由于在信号传输的过程中存在很多干扰,二进制数据在被处理、传输、存储的过程中受干扰易发生错误,于是有了与数据在同一层的可靠性编码,常作为参考对象用来检错与纠错。

奇偶校验码是一种最简单而行之有效的数据校验方法。其实现方法是在每个被传送码的左边或右边加上 1 位奇偶校验位"0"或"1",若采用奇校验位,则将编码中 1 的个数调整为奇数个；若采用偶校验位,则将编码中 1 的个数调整为偶数个。例如,A 的 ASCII 码是"1000001",若采用奇校验位,最高位加"1",该码就变成 8 位代码"11000001",此时该码字中"1"的个数为奇数 3；若采用偶校验位,最高位加"0",该码就变成 8 位代码"01000001",此时该码字中"1"的个数为偶数 2。

3 逻辑代数基础

3.1 概念

逻辑代数与普通代数相同,均使用字母表示变量,不同之处在于逻辑变量的取值只有两种情况,即"0"或"1"。逻辑代数中的"0"和"1"并不代表数值,而是指代一个二元状态系统中的两种状态,例如"有"或"无"、"是"或"否"等。

3.1.1 与运算

若某一事件发生的前提为决定该事件发生的多个条件必须同时满足,称与逻辑关系(与运算)。其逻辑关系为:

$$F = A \cdot B \cdot C \tag{1.1}$$

与逻辑的运算规则如下:

$0 \cdot 0 = 0$

$0 \cdot 1 = 0$

$1 \cdot 0 = 0$

$1 \cdot 1 = 1$

注意:在与运算中,输入变量中有 0,则输出变量为 0;输入变量全为 1,则输出变量为 1。

3.1.2 或运算

若某一事件发生的前提为决定该事件发生的多个条件满足任意一个即可,称或逻辑关系(或运算)。其逻辑关系为:

$$F = A + B + C \tag{1.2}$$

或逻辑的运算规则如下:

$0 + 0 = 0$

$0 + 1 = 1$

$1 + 0 = 1$

$1 + 1 = 1$

注意:在或运算中,输入变量中有 1,则输出变量为 1;输入变量全为 0,则输出变量为 0。

3.1.3 非运算

若某一事件发生的前提为决定该事件发生的条件的否定,即事件与其发生条件之间互相矛盾,称非逻辑关系(非运算)。其逻辑关系为:

$$F = \bar{A} \tag{1.3}$$

非逻辑的运算规则如下：

$\bar{0}=1$

$\bar{1}=0$

3.1.4　逻辑函数

在逻辑代数中，如果多个输入变量和对应的输出变量之间存在对应关系，称这种关系为逻辑函数。设有 n 个输入变量 A_1, A_2, $\cdots$, A_n，对应的输出变量为 F，则该关系的逻辑函数为：

$$F=f(A_1, A_2, \cdots, A_n) \tag{1.4}$$

3.2　逻辑代数基本法则

3.2.1　逻辑代数公理

逻辑代数包括变量集 M、0、1 以及"与""或""非"等基本逻辑运算。

对于逻辑变量 A、B，逻辑代数具有以下公理：

公理1　交换律

$A + B = B + A$ 　　　　　　　$A \cdot B = B \cdot A$

公理2　结合律

$(A + B) + C = A + (B + C)$

$(A \cdot B) \cdot C = A \cdot (B \cdot C)$

公理3　分配律

$A + (B \cdot C) = (A + B) \cdot (A + C)$

$A \cdot (B + C) = A \cdot B + A \cdot C$

公理4　0-1律

$A + 0 = A$ 　　　　　　　$A \cdot 1 = A$

$A + 1 = 1$ 　　　　　　　$A \cdot 0 = 0$

公理5　互补律

$A + \bar{A} = 1$ 　　　　　　　$A \cdot \bar{A} = 0$

3.2.2　逻辑代数定理

定理1　重叠定理，逻辑变量自加或自乘后的结果仍为自身。即：

$A + A = A$ 　　　　　　　$A \cdot A = A$

定理2　吸收定理，逻辑表达式中的一项包含式中另一项，则该项多余。即：

$A + A \cdot B = A$ 　　　　　　$A \cdot (A + B) = A$

$A + \bar{A} \cdot B = A + B$ 　　　　　$A \cdot (\bar{A} + B) = A \cdot B$

$A \cdot B + A \cdot \bar{B} = A$ 　　　　　$(A + B) \cdot (A + \bar{B}) = A$

定理3　非非律，逻辑变量否定的否定为该逻辑变量自身。即：

$\bar{\bar{A}} = A$

定理 4　多余项定理,当逻辑表达式的某一变量分别以原变量和反变量的形式出现在两项中时,该两项的其余部分组成的第三项为多余项。

$A \cdot B + \bar{A} \cdot C + B \cdot C = A \cdot B + \bar{A} \cdot C$

$(A+B) \cdot (\bar{A}+C) \cdot (B+C) = (A+B) \cdot (\bar{A}+C)$

定理 5　摩根定律(反演定律),逻辑变量在进行"与"和"或"运算时具有互补效应。即:

$\overline{A+B} = \bar{A} \cdot \bar{B}$　　　　　　　　$\overline{A \cdot B} = \bar{A} + \bar{B}$

3.2.3　逻辑代数规则

(1) 代入规则

在任何一个包含逻辑变量 A 的逻辑等式中,若以另外一个逻辑表达式代入式中 A 的位置,则等式依然成立。

(2) 反演规则

对于任意一个逻辑表达式 Y,若将其中所有的"·"换成"+"、"+"换成"·"、0 换成 1、1 换成 0,原变量换成反变量、反变量换成原变量,则得到的结果就是 $\bar{Y}$。

(3) 对偶规则

对于任何一个逻辑表达式 Y,若将其中的"·"换成"+"、"+"换成"·"、0 换成 1、1 换成 0,则得到的一个新逻辑式 Y′,Y′为 Y 的对偶式。若两逻辑表达式相等,则它们的对偶式也相等。

3.3　逻辑函数的表达形式

3.3.1　逻辑函数的表示方法

常见的逻辑函数表示方法包括逻辑函数式、真值表、逻辑图和卡诺图等。

(1) 逻辑函数式

逻辑函数式又称逻辑表达式,是表示输出函数和输入变量之间的逻辑关系用数学表达式给出的表达式。

(2) 真值表

真值表是一种通过列出输入变量的各种取值组合及其对应输出逻辑函数值的表格表示法。

(3) 逻辑图

逻辑图是一种通过逻辑符号互相连接画出的电路图,常用于进行数字逻辑电路分析设计。

(4) 卡诺图

卡诺图是一种通过将函数的最小项表达式中的各最小项相应填入一个方格图内的逻辑函数图形表示。

3.3.2　逻辑函数的表达形式与转换

(1) 逻辑函数的表达形式

一种逻辑关系对应的逻辑函数式并不唯一,可用多种逻辑函数表示。通常,逻辑函数表达式具有最小项标准形式和最大项标准形式等两种标准形式。

1）最小项标准形式

对于 n 个变量,对应有 2^n 个乘积项。这些乘积项具有包含全部变量且每个变量在该与项中(以原变量或反变量)只出现一次的特点,则称为变量逻辑函数的最小项。

2）最大项标准形式

在逻辑函数中,如果一个或项包含该逻辑函数的全部变量且每个变量具有在该或项中只出现一次的特点,则称为逻辑函数的最大项。

（2）逻辑函数表达式的转换

常用的逻辑函数表达式转换方法主要包括代数转换法和真值表转换法。其中,代数转换法主要通过逻辑代数中的公理、定理和规则进行逻辑变换;真值表转换法通过逻辑函数的真值表和其最小项之和形式之间的一一对应关系进行逻辑变换,其真值表输出变量为 1,对应的输入变量即为对应的最小项。

3.4　逻辑函数化简

为了降低逻辑电路的复杂度和制造成本,需要将逻辑电路化简到最简的形式,这个过程被称为逻辑函数的最小化。常用的逻辑函数化简方法主要有代数化简法和卡诺图化简法。

3.4.1　代数化简法

通过逻辑代数中的公理、定理和规则来去除逻辑函数中多余项和多余变量,从而使其成为最简的与-或表达式。常用的与-或表达式的化简方法如下。

（1）合并项法

利用定理 5 合并律 $AB + A\bar{B} = A$ 将两个与项合并为一个与项。

（2）吸收法

利用定理 2 吸收律 $A + AB = A$ 消去多余的项。

（3）消除法

利用定理 2 吸收律 $A + \bar{A}B = A + B$ 消去多余的变量。

（4）配项法

利用公理 4 和公理 5 的 $A \cdot 1 = 1$ 和 $A + \bar{A} = 1$。

3.4.2　卡诺图化简法

卡诺图是真值表的另一种表现形式,具有唯一性。卡诺图具有如下特点：图中每相邻的两个最小项之间只有一个变量不同;卡诺图是循环相邻的,即最左和最右、最上和最下的最小项之间也仅有一个变量不同。

卡诺图化简法的原理是对卡诺图上的最小项进行合并,即两个"与"项只有一个变量不同且互为反变量,则可将这两项合并,消去一个变量。在卡诺图上则表现为将相邻的方格圈在一起合并。

对于一个 4 变量卡诺图,每一个方格都代表一个最小项,4 个变量共有 16 种情况,因此卡诺图有 16 个方格。对于"最小项之和"的形式的逻辑函数表达式,只需要将卡诺图上与函数最小项对应的方格位置填 1,剩余位置填 0,即可得到该函数的卡诺图。

在计算机系统中,根据输入与输出状态变化可以将逻辑电路划分为组合逻辑电路和时序逻辑电路两类。其中,组合逻辑电路任意时刻的输出只与该时刻的输入有关,与电路原来的状态无关;时序逻辑电路不仅与当前的输入信号有关,而且与电路原状态(以前的输入)有关。

对于一个既定逻辑函数,逻辑电路设计是指确定使用什么样的逻辑电路实现该功能;反之,逻辑电路分析是指对于一个既定已知电路需要实现具体的功能。

4 组合逻辑电路

4.1 逻辑门电路

4.1.1 基本逻辑门电路

用于实现"与""或""非"逻辑运算的逻辑电路分别称为"与"门、"或"门、"非"门,是最基本的逻辑门电路,它们可以组合构成复杂的逻辑电路。

(1) 与门

与门用来实现"与"逻辑功能,其逻辑符号如图 1.2 所示。与门包含至少两个输入端和一个输出端。输入端 A、B 和输出端 F 满足逻辑表达式 $F = A \cdot B$,其真值表如表 1.2 所示。

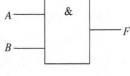

图 1.2　与门逻辑符号

表 1.2　与门真值表

A	B	F
0	0	0
0	1	0
1	0	0
1	1	1

(2) 或门

或门用来实现"或"逻辑功能,其逻辑符号如图 1.3 所示。或门包含至少两个输入端和一个输出端。输入端 A、B 和输出端 F 满足逻辑表达式 $F = A + B$,其真值表如表 1.3 所示。

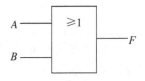

图 1.3　或门逻辑符号

表1.3 或门真值表

A	B	F
0	0	0
0	1	1
1	0	1
1	1	1

（3）非门

非门用来实现"非"逻辑功能，其逻辑符号如图1.4所示。非门包含一个输入端和一个输出端。输入端 A 和输出端 F 满足逻辑表达式 $F = \bar{A}$，其真值表如表1.4所示。

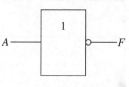

图1.4 非门逻辑符号

表1.4 非门真值表

A	F
0	1
1	0

4.1.2 复合逻辑门电路

相比最基本的逻辑门电路，复合逻辑门电路具有更高的可靠性和安全性。当前，常用的复合逻辑门电路主要包括与非门、或非门、异或门等。

（1）与非门

与非门实现的逻辑功能为与非复合运算，输入端 A、B 和输出端 F 满足逻辑表达式为 $F = \overline{A \cdot B}$。其中包含至少两个输入端和一个输出端。与非门逻辑符号如图1.5所示，其真值表如表1.5所示。

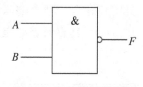

图1.5 与非门逻辑符号

表1.5 与非门真值表

A	B	F
0	0	1
0	1	1
1	0	1
1	1	0

在与非运算的逻辑关系中,只要输入变量存在一个为 0,则输出变量为 1;当输入变量全为 1,则输出变量为 0。

（2）或非门

或非门实现的逻辑功能为或非复合运算,输入端 A、B 和输出端 F 满足逻辑表达式为 $F = \overline{A + B}$。其中,包含至少两个输入端和一个输出端。或非门逻辑符号如图 1.6 所示,其真值表如表 1.6 所示。

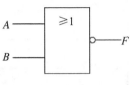

图 1.6　或非门逻辑符号

表 1.6　或非门真值表

A	B	F
0	0	1
0	1	0
1	0	0
1	1	0

在或非运算的逻辑关系中,只要输入变量中存在一个为 1,则输出变量为 0;当输入变量全为 0,则输出变量为 1。

（3）异或门

异或门实现的逻辑功能为异或复合运算,输入端 A、B 和输出端 F 满足逻辑表达式为:

$$F = A \oplus B = A \cdot \bar{B} + \bar{A} \cdot B \qquad (1.5)$$

其中包含至少两个输入端和一个输出端。异或门逻辑符号如图 1.7 所示,其真值表如表 1.7 所示。

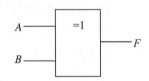

图 1.7　异或门逻辑符号

表 1.7　异或门真值表

A	B	F
0	0	0
0	1	1
1	0	1
1	1	0

在异或运算的逻辑关系中,只要输入变量中存在一个为 0,则输出变量为 1;当输入变量全为 1,则输出变量为 0。

4.2 逻辑函数的电路实现

4.2.1 使用与非门实现

使用与非门实现逻辑函数的过程包括：

① 求出函数最简"与-或"表达式。

② 将表达式变换成"与非"表达式。

③ 将"与非"表达式对应的逻辑电路画出。

4.2.2 使用或非门实现

使用或非门实现逻辑函数的过程包括：

① 求出函数最简"或-与"表达式。

② 将表达式变换成"或非"表达式。

③ 将"或非"表达式对应的逻辑电路画出。

4.2.3 使用异或门实现

使用异或门实现逻辑函数的过程包括：

① 求出函数最简表达式。

② 将表达式变换成"异或"表达式。

③ 将"异或"表达式对应的逻辑电路画出。

尽管使用异或门并不能实现全部的逻辑函数，但是使用异或门实现一些特殊的逻辑函数时能够显著降低其复杂度。

4.3 组合逻辑函数电路的分析、设计与险象

4.3.1 分析

组合逻辑电路分析是指描述已知电路的逻辑功能，并确定输入与输出之间的逻辑操作关系。组合逻辑电路分析一般包括以下步骤：

① 根据逻辑电路图，由输入到输出逐级推导出输出逻辑函数式。

② 对逻辑函数式进行化简和变换，得到最简式。

③ 根据化简的逻辑函数式列出真值表。

④ 通过分析真值表确定电路所完成的逻辑功能。

4.3.2 设计

与数字逻辑电路分析相反，设计组合逻辑电路的过程就是分析组合逻辑的反过程，根据给定的逻辑功能描述，尽可能使用最少的逻辑门电路来实现要求的逻辑功能。

组合逻辑电路的设计过程包括：

① 分析设计要求，列出逻辑函数的真值表，进而将逻辑问题表达成逻辑函数。即首先确定输入、输出变量，再定义逻辑状态并列出逻辑函数的真值表。

② 由真值表写出逻辑函数表达式并画出卡诺图。

③ 进行逻辑函数表达式化简和变换处理。例如，当设计的逻辑电路规模较小时可

化为最简式,当设计的逻辑电路规模较大时,由于用基本门电路无法达到最优效果,此时可考虑将逻辑函数变换为与集成器件输出函数对应的形式(与非门和或非门等复合门电路)。

④ 根据化简或变换后的函数式画出逻辑电路图。

4.3.3　险象

理想状态下,组合逻辑电路的输入和输出之间是即时响应的,不存在传输延迟,但是信号在实际通过导线和逻辑门时都会产生一定的传输延迟,导致输出端信号也会产生先后顺序。由于传输介质导致的时间延迟是随机的,所以可能会导致电路的逻辑错误并产生错误的输出,这样的电路便存在险象。

(1) 险象的判断

判断逻辑电路是否产生险象的常用方法主要包括代数法和卡诺图法。

1) 代数法

代数法是指观察函数表达式的结构以判断是否具有产生险象的前提条件。通过检查逻辑函数表达式中是否存在具有竞争能力的变量,即一个变量及其反变量同时出现在一个表达式中。若有,则说明该函数表达式对应的逻辑电路有可能产生险象。

2) 卡诺图法

卡诺图法是指在卡诺图中圈出与函数表达式各项对应的圈,若两个圈相切则对应的逻辑电路可能产生险象。与代数法相比,卡诺图法更为直观、清晰,易于理解。

(2) 险象的规避

实践中常用以下两种方法来避免逻辑电路中产生险象。

1) 增加冗余项

通过增加冗余项,使得函数在特定条件下一个变量及其反变量同时出现在一个表达式中,以此来消除险象。

2) 增加惯性延时环节

由于电路险象持续时间短,可在电路的输出端连接一个惯性延时环节过滤掉险象信号。此方法尽管遗留有部分十分细小的信号,但是并不会对数字电路产生影响。

5　时序逻辑电路

根据其工作方式不同划分,时序逻辑电路包含同步时序逻辑电路和异步时序逻辑电路两类。

5.1　同步时序逻辑电路

5.1.1　概述

同步时序逻辑电路是指电路中所有的存储元件都在一个公共时钟信号控制下工作的电

路。同步时序逻辑电路通常包括组合逻辑电路和存储元件。同步时序逻辑电路的结构模型如图 1.8 所示。

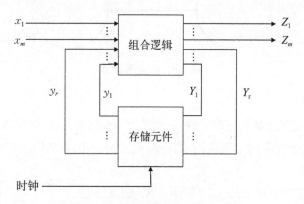

图 1.8　同步时序逻辑电路结构模型

在同步时序逻辑电路中,设定 x_1, x_2, $\cdots$, x_n 为逻辑电路的外部输入, y_1, y_2, $\cdots$, y_r 为逻辑电路的内部输入, Z_1, Z_2, $\cdots$, Z_m 为外部输出, Y_1, Y_2, $\cdots$, Y_r 为内部输出至存储电路部分又作为其输入。则同步时序逻辑电路的工作流程为:

$$\begin{cases} Z_i = f_i(x_1, x_2, \cdots, x_n, y_1, y_2, \cdots, y_r), & i = 1, 2, \cdots, m \\ Y_j = g_j(x_1, x_2, \cdots, x_n, y_1, y_2, \cdots, y_r), & j = 1, 2, \cdots, r \end{cases} \tag{1.6}$$

式中 f 为输出函数, g 为激励函数。在时序逻辑电路中,通常利用有向图来表示时序逻辑电路的逻辑功能,主要包括状态图和状态表两种表示方式。

(1) 状态表

状态表由现态、次态和输出组成,状态表如表 1.8 所示。

表 1.8　状 态 表 示 例

现　态	次态/输出	输　出
	输入 x	
y	$y^{(n+1)}$	Z

(2) 状态图

在状态图中,状态用一个圆表示,圆中字母表示状态的名称,箭头表示状态之间的转移方向,状态转移的输入条件标记在带箭头的有向线段上,输出则标记在有向线段旁或圆内。状态图如图 1.9 所示。

此外,同步时序逻辑电路可根据输入变量、输出输入关系等进行分类。例如,根据输入变量不同,可分为基于脉冲信号的脉冲控制型时序逻辑电路和基于电位信号的电位控制型时序逻辑电路,根据输出和输入关系可分为 Mealy 型时序逻辑电路和 Moore 型时序逻辑电路等。

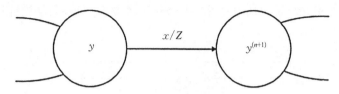

图 1.9 状态图示例

5.1.2 触发器

触发器是具有记忆功能的逻辑元件,常用的有 RS 触发器、D 触发器、JK 触发器等。一般触发器都具有一个或者两个输出端,通过给输入端一个或者多个控制信号改变其状态。

（1）RS 触发器

RS 触发器的逻辑电路如图 1.10 所示。RS 触发器包括两个交叉连接的输入端和两个输出端,其中 S 端为置位端,R 端为复位端。

或非门构成的 RS 触发器的逻辑关系如表 1.9 所示,表中 Q 为触发器现态,$Q^{(n+1)}$ 为触发器次态,d 表示不确定的次态。

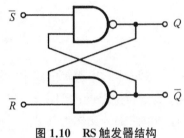

图 1.10 RS 触发器结构

表 1.9 或非门构成的 RS 触发器的逻辑关系

R	S	$Q^{(n+1)}$	功能说明
0	0	Q	不变
0	1	1	置1
1	0	0	置0
1	1	d	不确定

与非门构成的 RS 触发器的逻辑关系如表 1.10 所示。

表 1.10 与非门构成的 RS 触发器的逻辑关系

R	S	$Q^{(n+1)}$	功能说明
0	0	d	不变
0	1	0	置1
1	0	1	置0
1	1	Q	不确定

在实际应用中的 RS 触发器大多为钟控同步 RS 触发器,即 RS 触发器首先要判定时钟信号再按照一定的时间节拍发生状态翻转。

（2）D 触发器

D 触发器是为克服 RS 触发器在输入同时为 1 时触发器会出现不确定的现象,通过形成单输入端(R、S 端时钟处于互补状态)的触发器,其逻辑电路图和逻辑符号如图 1.11 所示。

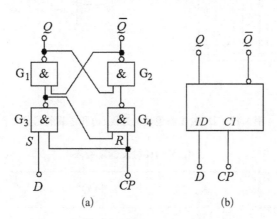

图 1.11　D 触发器逻辑电路(a)和逻辑符号(b)

D 触发器的功能表和状态表如表 1.11 和表 1.12 所示。

表 1.11　D 触发器功能表

D	$Q^{(n+1)}$
0 1	0 1

表 1.12　D 触发器状态表

D	$Q^{(n+1)}$	
	D=0	D=1
0 1	0 0	1 1

通过将原有的 RS 触发器的输入端转换为互补的信号,D 触发器很好地解决了输入同为 1 时的不确定现象。

（3）JK 触发器

JK 触发器是在钟控 RS 触发器中增加两条交叉反馈线,既避免了 RS 触发器的不确定状态,又保留了两个输入端,其逻辑电路图和逻辑符号如图 1.12 所示。

JK 触发器的功能表和状态表如表 1.13 和表 1.14 所示。

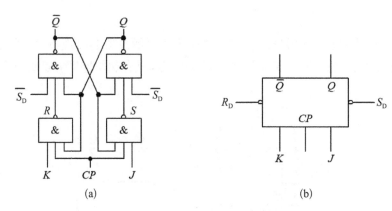

图 1.12 JK 触发器逻辑电路图(a)和逻辑符号(b)

表 1.13 JK 触发器功能表

J	K	$Q^{(n+1)}$	功能说明
0	0	Q	不变
0	1	0	置 0
1	0	1	置 1
1	1	$\bar{Q}$	翻转

表 1.14 JK 触发器状态表

Q	$Q^{(n+1)}$			
	JK＝00	JK＝01	JK＝11	JK＝10
0	0	0	1	1
1	1	0	0	1

5.1.3 电路分析与设计

（1）电路分析

同步时序逻辑电路分析是指根据给定的逻辑电路图画出电路的状态表来描述电路，并分析电路的逻辑功能和工作特性的过程。当前，常用的主要同步时序逻辑电路分析方法主要包括表格分析法和代数分析法两种。

1）表格分析法

表格分析法通过列出状态表和时序图来分析同步时序逻辑电路的逻辑功能。具体流程如下：

① 写出输出函数和激励函数表达式。

② 根据触发器功能表列出电路次态真值表。

③ 列出状态表和状态图。

④ 分析电路的逻辑功能。

2）代数分析法

代数分析法在表格分析法的基础上列出触发器的次态方程,进而根据次态方程分析电路的逻辑功能。具体流程如下:

① 写出输出函数和激励函数表达式。

② 根据触发器功能表列出电路次态真值表。

③ 列出状态表和状态图。

④ 分析电路的逻辑功能。

（2）电路设计

同步时序逻辑电路设计实质上是分析的逆过程,根据实际逻辑问题的要求能够设计出实现给定逻辑功能的电路。具体流程如下:

① 根据给定的逻辑功能建立原始状态图和原始状态表。

② 状态化简,即求出最简状态图。

③ 状态编码。

④ 求出电路的激励函数和输出函数。

⑤ 画出逻辑图。

在实际应用中,对于一个既定的逻辑需求,尽管可以有很多种不同复杂程度的电路实现方法,但是应该尽量使用较少的触发器和门电路。此外,在少量使用的触发器和门电路中,当建立原始状态图和原始状态表时,要求状态图和状态表与逻辑命题严格对应,即需要明确电路的输入条件和相应的输出要求,并找出所有可能的状态和状态转换之间的关系。

5.2 异步时序逻辑电路

5.2.1 概述

异步时序逻辑电路没有统一的时钟控制信号,外部输入信号的改变可使电路状态改变。根据输入信号不同,异步时序逻辑电路包括脉冲异步时序逻辑电路和电平异步时序逻辑电路两种。

在异步时序逻辑电路中,设定 x_1, x_2, $\cdots$, x_n 为输入信号（输入状态）, y_1, y_2, $\cdots$, y_r 为二次信号（二次状态）, Y_1, Y_2, $\cdots$, Y_r 为激励信号（激励状态）, Z_1, Z_2, $\cdots$, Z_m 为输出信号（输出状态）。

在异步时序逻辑电路中,电路状态的改变都是由输入状态直接决定的。由于组合电路和存储元件之间形成反馈连接,输入状态和二次状态通过组合电路产生激励状态和输出状态,而激励状态经存储电路所形成的二次状态又作为组合电路的输入形成循环。直到二次状态等于激励状态时,异步时序逻辑电路才会相对稳定。

5.2.2 脉冲异步时序逻辑电路分析和设计

对于脉冲异步时序逻辑电路,其电路状态的改变直接依赖于输入的脉冲。为使电路正常工作,需假设满足以下条件:不允许在两个或两个以上的输入线上同时出现脉冲信号；第二个输入脉冲须在第一个输入脉冲所引起的整个电路响应结束之后到达。脉冲异步时序逻辑电路的模型结构如图 1.13 所示。

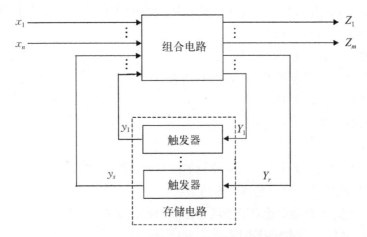

图 1.13   脉冲异步时序逻辑电路的模型结构

在脉冲异步时序逻辑电路中，输入的脉冲信号要有一定的脉冲宽度限制，脉冲之间的间隔应足够长，方能保证使电路从非稳态到稳态；触发器可以带时钟控制功能，也可无时钟控制功能。在使用时钟控制端触发器时，时钟信号仅作为独立输入端处理而不作同步信号。

（1）电路分析

脉冲异步时序逻辑电路的分析方法基本上与同步时序逻辑电路相似，但需要注意触发器时钟端的输入情况。在异步时序逻辑电路中，时钟端的输入仅为"时间"。这种差别主要是由于脉冲异步时序电路没有统一的时钟信号和对输入信号的限制。主要表现为以下两点：

① 当存储元件采用时钟控制端触发器时，触发器的时钟控制端应作为激励函数处理；当存储元件采用非时钟控制端触发器时，输入脉冲信号。

② 由于在两个或两个以上的输入线上不允许同时出现脉冲信号，所以在分析过程中可排除这些情况，简化状态图。

（2）电路设计

脉冲异步时序逻辑电路设计的方法与同步时序逻辑电路设计基本相同，仅在每步存在细微的差异。相比同步时序逻辑电路的设计，脉冲异步时序逻辑电路主要应注意：

① 由于不允许两个或两个以上输入端同时有脉冲信号，在具体设计时需设定：当有多个输入信号时，多个输入信号中仅一个有脉冲信号；在确定激励函数和输出函数时，两个或两个以上输入同时有脉冲信号的情况作为无关条件处理。

② 当存储电路采用带时钟控制端的触发器时，触发器的时钟端应作为激励函数处理。在具体设计时对触发器的时钟端和输入端进行综合处理，有利于函数简化。

5.2.3   电平异步时序逻辑电路分析和设计

电平异步时序逻辑电路的模型如图 1.14 所示。

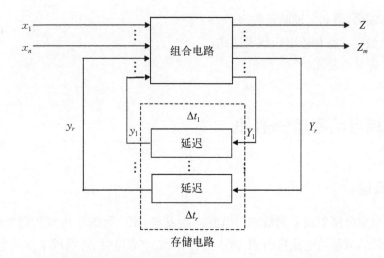

图 1.14　电平异步时序逻辑电路的模型结构（Δt_1，…，Δt_r 为反馈回路中的时间延迟）

电平异步时序逻辑电路具有如下特点：

① 工作速度相比脉冲异步逻辑电路高。

② 电路的二次状态和激励状态相差一个时间延迟 Δt。

③ 输入信号的一次变化可能引起二次状态的多次变化。

④ 当输入信号稳定不变时，激励状态与二次状态相同，即电路处于稳定状态；反之，电路处于非稳定状态。

电平异步时序逻辑电路的逻辑关系为：

$$\begin{cases} Z_i = f_i(x_1, \cdots, x_n, y_1, \cdots, y_r) & i = 1, 2, \cdots, m \\ Y_j = g_j(x_1, \cdots, x_n, y_1, \cdots, y_r) & j = 1, 2, \cdots, r \\ y_i(t + \Delta t_j) = Y_j(t) \end{cases} \tag{1.7}$$

此外，在描述电平异步时序逻辑电路中输入、输出和状态转换之间的关系时，还可以使用与状态表类似的流程表来进行。

（1）电路分析

与脉冲异步时序逻辑电路分析相比，电平异步时序逻辑电路的分析有所不同，具体流程如下：

① 写出电路的输出函数和激励函数表达式。

② 建立流程表。

③ 画出总态图。

④ 描述电路功能。

（2）电路设计

电平异步时序逻辑电路设计的具体流程如下：

① 根据设计要求建立原始流程表。

② 化简原始流程表，得到最简流程表。

③ 状态编码,得到二进制流程表。

④ 确定激励状态和输出函数表达式。

⑤ 画出逻辑电路图。

6 大规模可编程逻辑器件

6.1 概述

大规模集成电路集成了大量的门电路和触发器,用户可编程构成所需电路。它具有节约集成芯片的数量与电路板面积、减少产品体积、节省电耗、降低成本以及电路保密、不易被他人仿造等优点。

可编程逻辑器件是通过对芯片内部"与-或"阵列以及相应宏单元进行编程,实现逻辑功能硬件化的一种技术手段。简单的大规模可编程逻辑器件阵列结构和可编程情况如表 1.15 所示。

表 1.15   大规模可编程逻辑器件阵列结构和可编程情况

类　　型	AND 阵列	OR 阵列	D 触发器
PROM	连接固定	可编程(一次性)	
可编程逻辑阵列(PLA)	可编程(一次性)	可编程(一次性)	
可编程阵列逻辑(PAL)	可编程(可多次电擦除)	连接固定	8
GAL	可编程(可多次电擦除)	连接固定	8

在常见的 PLD 类型中,按照结构复杂难易程度可以划分为简单型和复杂型。简单型如 PROM 型、PLA 型、PAL 型、GAL 型,复杂型如 CPLD 型、FPGA 型。

6.2 可编程阵列逻辑

可编程阵列逻辑(PAL)器件是 20 世纪 70 年代后期推出的一种大规模可编程器件,与可编程只读存储器(PROM)类似,PAL 仍是由一个"与"阵和一个"或"阵构成。但是与之不同的是,PAL 中的"与"阵列是可编程的,"或"阵列则采用了固定结构模型,采用可编程的"与"阵列结构主要是能为器件提供高性能和有效的服务。常见的 PAL 器件结构如图 1.15 所示。

一般来说,PAL 器件可以满足日常简单的逻辑功能设计需求。在 PAL 器件中,每个产生输出条件的"或"门输入"与"项个数取决于"或"阵。对于每个输出的各个"或"运算项,一般需要提供 3~4 个"与"项,对于高精度的 PAL 器件则可达到 8 个"与"项。

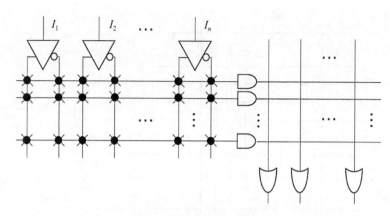

图 1.15 常见的 PAL 器件结构

受制于工艺制作条件和生产成本,PAL 器件的输入、输出和"与"项数由生产厂商来规定。当前,最常用的 PAL 有以下三种典型结构:

① 器件输出总是处于有效"使能"状态,各个外部输入信号通过器件内部输入缓冲部件,将外部输入信号原变量和反变量直接与器件"与"阵列相连。此类型结构如图 1.16 所示。从图中可以看出,器件输出为低电平有效,因为"或"阵列中所有"或"门都使用其"反相"输出。

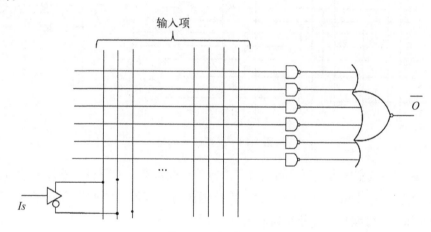

图 1.16 类型一结构

② 器件在输出构成上直接采用了 I/O 端口模式,输出保持低电平有效,将输出端输出信号以原变量和反变量的形式通过编程反馈到输入"与"阵。此类型结构如图 1.17 所示。此类型常用于实现电平异步时序逻辑电路设计。

③ 器件在输出部件中增加触发器结构,使之成为具有同步和异步功能的时序逻辑电路。此类型结构如图 1.18 所示。

在此类型结构中,理论上每个触发器都具有对 8 个"与"项的"或"运算能力。此类型器件的输出状态以原变量和反变量形式通过编程反馈到输入"与"阵列,以此满足实现数字系统在时序功能化下所需的二次输入条件。

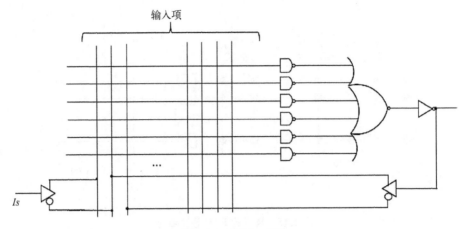

图 1.17 类型二结构

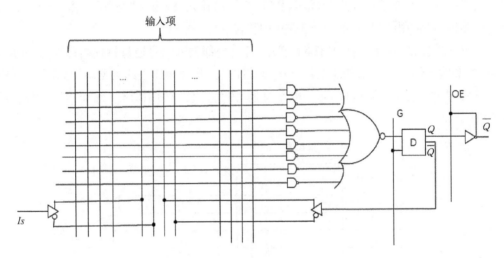

图 1.18 类型三结构

PAL 是一种低密度可编程逻辑器件(LDPLD),低密度可编程逻辑器件通常包含的门集成容量约为 $500\sim750$,而大于这个集成度范围的可编程器件统称为高密度可编程逻辑器件(HDPLD)。可编程器件分类如图 1.19 所示。

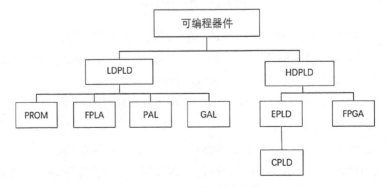

图 1.19 可编程器件分类

6.3　现场可编程门阵列

现场可编程门阵列(FPGA)作为一种可编程器件,是一款属于 HDPLD 分类的可编程构件,与传统逻辑电路和门阵列等(PAL、GAL、CPLD 器件)相比,FPGA 具有不同的结构。FPGA 内部结构采用逻辑单元阵列(LCA)、可配置逻辑模块(CLB)、输入输出模块(IOB)、内部连线等结构。FPGA 结构如图 1.20 所示。

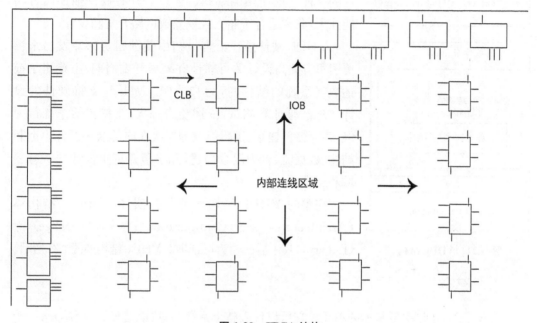

图 1.20　FPGA 结构

在 FPGA 中,利用小型查找表来实现组合逻辑构成,既可实现组合逻辑功能又可实现时序逻辑功能的基本逻辑单元模块。不同模块之间通过金属连线互连。FPGA 的逻辑是通过向内部静态存储单元加载编程数据来实现的,允许无限次编程。FPGA 具有可反复配置、灵活简单、使用方便、开发周期超短、能耗低等优点,广泛应用于多种小规模智能家居领域。FPGA 的特点主要体现在:

① LCA 构建类似于门阵列,通过将可编程链路资源嵌入在器件内部实现信号的传输互连;在能够进行 CLB、I/OB、PI 编程的同时,允许 FPGA 具有实现各种逻辑电路的逻辑可容空间。

② 采用 CMOS 技术作为器件制作工艺提高 FPGA 器件运行速度,具有高速、低耗能、低辐射等优点。

③ 采用内置 CMOS - SRAM 配置内存结构,具有可无限次编程能力。其中,FPGA 在开发过程中通过开发器产生各种配置数据,这些数据通过数据配置接口存储在静态存储器(SRAM)中。

7 VHDL 硬件描述语言

VHDL 硬件描述语言作为可编程的超大规模集成电路与电子设计自动化的中间媒介,是一种用于电路设计的高级语言,也是现代数字系统设计的一种广泛使用的基础语言。VHDL 硬件描述语言功能强大,非常适合于超大规模集成电路开发和设计。

VHDL 硬件描述语言最初由美国国防部开发出来供美国军方提高设计的可靠性并缩短开发周期,主要用于描述数字系统的结构、行为和功能。VHDL 支持硬件的设计、综合、验证和测试,描述能力强大,支持包括系统行为级、寄存器传输级、逻辑门级等层次在内的众多硬件模型和结构、数据流、行为混合描述,几乎覆盖逻辑设计的所有领域和层次。

完整的 VHDL 结构通常包括实体(Entity)、结构体(Architecture)、配置(Configuration)、程序包(Package)、库(Library),其中后三项为可选项。VHDL结构如图1.21所示。

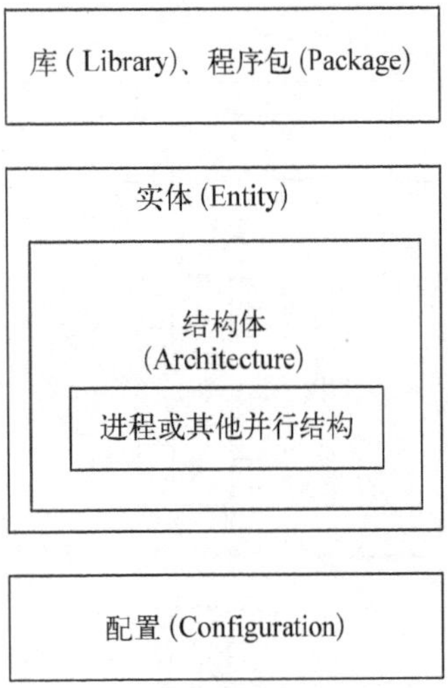

图 1.21　VHDL 结构

7.1 实体

实体是 VHDL 中最基本的单元。它可以代表整个系统、一块电路板、一个芯片、一个单元或者一个门电路。根据 IEEE 标准,实体结构如下所示:

entity 实体名 **is**

[类属参数声明;]　　　　--可选项

[端口声明;]　　　　　--可选项

end ［**entity**］［实体名］;

其中,类属参数声明部分用来确定所使用的局部常量的大小或实体的时限;端口声明部分主要是对外部引脚的信号名称、模式、数据类型以及信号方向进行描述。带括号"［］"的部分为可选项,每个语句以分号";"结束;VHDL 不区分大小写,黑体字母为关键字;"--"表示注解,不编译该语句。

7.2 结构体

结构体是一个基本设计单元。功能是指导设计实体的行为,规定数据流程,指派实体中内部元件的连接关系。结构体的结构如下所示:

architecture 结构体名 **of** 实体名 **is**

[定义语句,]　　　--内部信号、常数、数据类型、函数等的定义

begin

［并行处理语句］

［进程语句］

…

end 结构体名；

其中，结构体包括两个部分：对结构体功能的描述，说明用到的数据类型、常数、信号、子程序、元件等元素；实现适用于系统的多种形式逻辑功能，编写风格自由灵活。

7.3 程序包

程序包包括 VHDL 中用到的信号定义、常数定义、数据类型、元件语句、函数定义和过程定义。与其他高级语言中引用的程序包类似，可以共享数据类型、常数和子程序等。程序包具有以下形式：

use 库名.程序包名.项目名；

use 库名.程序报名.**all;**

程序包由两个部分构成：程序包头、程序包体。程序包头主要对常量、子程序、数据类型、元件、属性等进行说明；程序包体说明了包头指定的函数和过程的具体实现。它们的语法如下：

a）程序包头

package 程序包名 **is**

　　　　［说明语句］

end 程序包名；

b）程序包体

package body 程序包名 **is**

　　　　［包体说明语句］

end 程序包名；

在 VHDL 中包头是可以单独存在的，包体是一个可选项。

7.4 库

在 VHDL 中，将重复率较高的函数和过程组织在程序包和库中，多个过程组织为程序包，多个程序包汇集称为一个库。库的提出显著提高了 VHDL 程序的使用效率。库中主要存放程序包定义、实体定义、构造定义和配置定义。库的引入形式如下：

library 库名；

常用的库有 IEEE 库、STD 库、ASIC 矢量库、WORK 库，以及用户自己定义的库。

7.5 配置

配置语句用于为设计实体指定综合或仿真时采用的结构体。配置语句定义了设计实体和特定结构体之间的关系,配置可以将特定的结构体关联到一个确定的实体。配置语句常用于描述实体与结构体之间的互连关系和层间关系。配置语句结构如下:

configuration 配置名 **of** 实体名 **is**

[说明语句]

end 配置名;

8 基于集成电路的逻辑设计

8.1 计数器

计数器是存储和显示特定事件或过程发生次数的设备,与时间脉冲信号有关。最常见的计数器类型是包括"时钟"输入线和多输出线的时序逻辑电路。计数器电路通常由多个触发器级联连接而成,广泛地应用于数字电路、集成电路芯片超大规模集成电路中。

图 1.22 为一个由 D 型触发器构成的 4 位异步计数器示例。

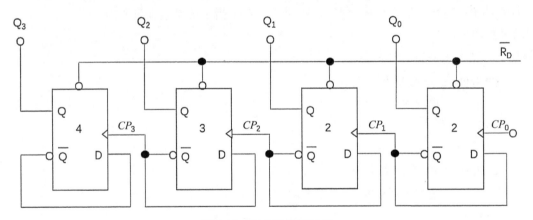

图 1.22 异步计数器结构

最简单的异步(纹波)计数器是一个将反向输出反馈给 D 输入的 D 型触发器。该电路可以存储一个比特,因此在它溢出(从 0 重新开始)之前可以从 0 计数到 1。该计数器每个时钟周期会递增一次,两个时钟周期会溢出,故每个周期会从 0 转换到 1,再从 1 转换到 0。异步计数器会产生一个新的时钟,频率是输入时钟频率的一半,占空比 50%。

计数器种类繁多,当前常见的计数器还包括:

① 同步计数器:所有状态位都在单一时钟的控制下。

② 十进制计数器:每级经过 10 个状态。

③ 递增/递减计数器:借由输入信号的控制,可以让计数器递增或是递减。

④ 环形计数器:由移位寄存器组成,但有额外连接成环状的反馈电路。

⑤ 约翰逊计数器:扭环形计数器。

尽管每种计数器都有不同的用途，但是在其本质上都是用二进制计数的数字系统。在一些特殊情况下，计数序列比二进制序列更方便处理信息，例如，BCD 计数器、线性反馈移位寄存器和格雷码计数器。

8.2　译码器

译码器是一种多输入多输出的组合逻辑电路，功能与编码器相反。译码器可以将二进制代码翻译为特定的对象，通常包含通用译码器和数字显示译码器两类。

数字电路中，译码器将已编码的输入转换成已编码的输出，可看作是多输入多输出逻辑门。在简单的译码器中，输出可由与门或与非门实现。例如，当使用与门时，当所有的输入均为高电平时，输出才为高电平，称为"高电平有效"；当使用与非门时，则当所有的输入均为高电平时，输出才为低电平，称为"低电平有效"。当前，译码器广泛应用于多路复用、七段数码管和内存地址译码等领域。

对于基于组合逻辑电路的复杂译码器，例如 n 线 / 2^n 线（2 线/4 线、3 线/8 线、4 线/16 线）类型的二进制译码器，通过将从已编码的 n 个输入的二进制信息转换为 2^n 个独特的输出中最大个数的输出，译码器可能会有少于 2^n 个输出。

8.3　数据选择器

数据选择器，又称多路复用器，是一种可以从多个模拟或数字输入信号中选择一个信号进行输出的器件。其目的为增加一定量的时间和带宽内的可以通过网络发送的数据量。对于既定的有 2^n 输入端的数据选择器，则有 n 个可选择的输入-输出线路，能够通过控制端来选择其中任一个信号作为输出。

在数据选择器中，多个信号共享一个设备或资源。对于 2 选 1 数据选择器，如图 1.23 所示，选择端输入低电平 0，则输出引脚会输出 I_0 上的输入信号；反之，当选择端输入高电平 1，则输出引脚会输出 I_1 上的输入信号。对于多输入引脚选择器，输出结果与 2 选 1 数据选择器类似，但是所需的选择端引脚数目变为 $\log_2 n$ 个（n 为输入引脚的个数）。

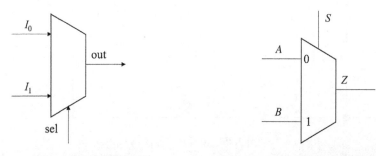

图 1.23　2 选 1 数据选择器的结构　　　　图 1.24　2 选 1 数据选择器的逻辑符号

如图 1.24 所示，对于既定 2 选 1 数据选择器的逻辑符号，A、B、S 和 Z 分别表示两个输入信号、选择信号和输出信号，布尔函数如下所示：

$$Z = (A \cdot \bar{S}) + (B \cdot S) \tag{1.8}$$

尽管并非所有的逻辑函数都具有布尔函数的以上形式,但是所有的逻辑函数都可以使用香农展开方法将其变换为布尔函数形式。对于逻辑函数 Z,当 $S=0$,$Z=A$;当 $S=1$,$Z=B$。在具体电路中,需要选择 2 个与门、1 个或门和 1 个非门构建实现逻辑函数 Z 这样一个 2 选 1 数据选择器。

逻辑函数 Z 的真值表如表 1.16 所示。

表 1.16   逻辑函数 Z 的真值表

S	0				1			
A	1	1	0	0	1	1	0	1
B	1	0	1	0	1	0	1	0
Z	1	0	0	0	1	0	1	0

8.4   串行加法器

串行加法器是指输入操作数和输出结果方式为随时钟串行输入/输出的执行位串行操作的一种加法器,即利用多个时钟周期完成一次加法运算。与之相对应的是,位并行加法器尽管存储和运算速度高,但是硬件资源占用率也高。在传统的串行加法器中,通常只有一个全加器,数据逐位串行送入加法器进行运算。图 1.25 为串行加法器的结构示意,FA 是全加器,A、B 是两个具有右移功能的寄存器,C 为进位触发器。

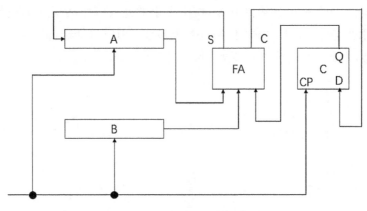

图 1.25   串行加法器结构

在串行加法器中,由移位寄存器 A、B 从低位到高位逐/位串行提供操作数相加。如果操作数长 n 位,加法就要分 n 次进行,每次产生 1 位和,并串行地送回 A 寄存器。进位触发器 C 用来寄存进位信号参与下一次运算。

8.5 并行加法器

并行加法器由多个全加器组成。并行加法器中的每个全加器都有 1 个从低位送来的进位输入和 1 个传送给高位的进位输出。通常将传递进位信号的逻辑线路连接起来构成的进位网络称为进位链。每一位的进位表达式为：

$$C_i = A_i B_i + (A_i \oplus B_i) C_i - 1 \qquad (1.9)$$

式中 $A_i B_i$ 为进位产生函数，用 G_i 表示，其值取决于本位参加运算的两个数，与低位进位无关。若本位的两个输入均为 1，必然要向高位产生进位；$A_i \oplus B_i$ 为进位传递函数，用 P_i 表示，$(A_i \oplus B_i) C_i - 1$ 不但与本位的两个数有关，而且与低位送来的进位有关。当两个输入中有一个为 1，低位传来的进位 C_{i-1} 将向更高位传送，于是式(1.9)可以进一步化简为：

$$C_i = G_i + P_i C_i - 1 \qquad (1.10)$$

在并行加法器中，当把 n 个全加器串接起来就可进行两个 n 位数的相加，称为串行进位的并行加法器，如图 1.26 所示。

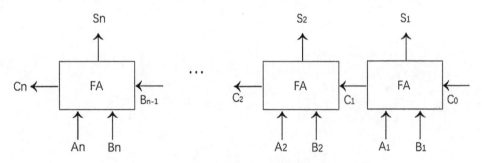

图 1.26　串行进位的并行加法器

串行进位是指每一级进位直接依赖于前一级的进位，又称行波进位，即进位信号是逐级形成的。串行进位的表达式为：

$$\begin{cases} C_1 = G_1 + P_1 C_0 \\ C_2 = G_2 + P_2 C_1 \\ C_n = G_n + P_n C_{n-1} \end{cases} \qquad (1.11)$$

串行进位的并行加法器中的全加器个数多少取决于机器的字长，因此并行加法器总延迟时间与字长成正比，即字长越长，总延迟时间就越多；反之，字长越短，总延迟时间就越少。

由于串行进位方式的进位延迟时间较长，为了提高加法运算的速度，在电路中需要尽可能地减少进位延迟时间，即改进进位方式。于是，在实际应用中逐渐形成了并行进位方式和分组并行进位方式。

8.5.1 并行进位

并行进位又称先行进位、同时进位，是指各级进位信号同时形成的进位。并行进位能够加快进位的产生并提高传递的速度,即将各级低位产生的本级信号依次同时送到高位各全加器的输入形成进位信号。因此,并行进位输出只依赖于输入端,而不依赖于其低位的进位输入。

8.5.2　分组并行进位

分组并行进位分为单级先行进位方式和多级先行进位方式。其中,单级先行进位方式又称组内并行、组间串行进位方式,多级先行进位方式又称组内并行、组间并行进位方式。

第二部分
数字逻辑开发工具

1　Quartus II 软件简介

　　Quartus II 是 Altera 公司的综合性 PLD/FPGA 开发软件，支持原理图、VHDL、VerilogHDL、AHDL（Altera Hardware Description Language）等多种设计输入形式，内嵌有综合器和仿真器，可以完成从设计输入到硬件配置的完整 PLD 设计流程。

　　Quartus II 可以在 XP、Linux、Unix 上使用，提供了完善的用户图形界面设计方式，具有运行速度快、界面统一、功能集中、易学易用等特点。Quartus II 支持 Altera 的 IP 核，包含了 LPM/MegaFunction 宏功能模块库，使用户可以充分利用成熟的模块，简化了设计的复杂性，加快了设计速度。对第三方 EDA 工具的良好支持也使用户可以在设计流程的各个阶段使用熟悉的第三方 EDA 工具。此外，Quartus II 通过和 DSP Builder 工具与 Matlab/Simulink 相结合，可以方便地实现各种 DSP 应用系统；支持 Altera 的片上可编程系统（SOPC）开发，集系统级设计、嵌入式软件开发、可编程逻辑设计于一体，是一款综合性的开发平台。

　　Maxplus II 作为 Altera 的上一代 PLD 设计软件，由于其出色的易用性而得到了广泛的应用。目前 Altera 已经停止了对 Maxplus II 的更新支持，Quartus II 与之相比不仅仅是支持器件类型的丰富和图形界面的改变，而且 Altera 在 Quartus II 中包含了许多诸如 SignalTap II、Chip Editor 和 RTL Viewer 的设计辅助工具，集成了 SOPC 和 HardCopy 设计流程，并继承了 Maxplus II 友好的图形界面及简便的使用方法。

　　Quartus II 作为一种可编程逻辑的设计环境，由于其强大的设计能力和直观易用的接口，越来越受到数字系统设计者的青睐。

2　启动管理界面

　　Quartus II 的启动非常简单，只需运行 Quartus II 的执行程序就可以了。Quartus II 管理界面如图 1.27 所示。

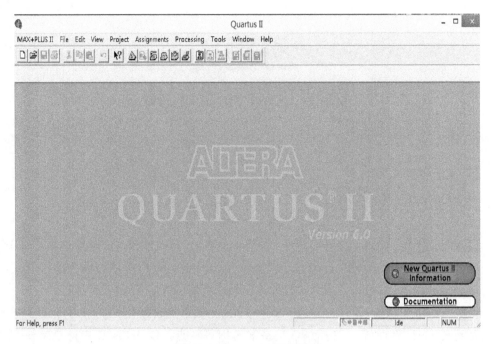

图 1.27　Quartus II 管理界面

2.1　常用菜单

Quartus II 菜单栏中常用菜单包括：

2.1.1　【MAX+PLUS II】菜单

该菜单主要用于启动各种应用功能并可在它们之间任意切换。这些应用功能包括显示文件层次、图形编辑器、符号编辑器、文本编辑器、波形编辑器、编译、仿真时序分析、编程下载和消息处理等。该菜单是实验过程中使用最频繁的菜单。

2.1.2　【File】菜单

该菜单除了具有常用的文件管理功能外，还具有工程管理功能，如建立新工程、打开已有工程等。此外，还可将以前用 MAX+PLUS II 所建立的工程转换成 Quartus II 工程，有效避免重复设计。

2.1.3　【View】菜单

该菜单常用的功能主要有全屏显示（full screen）、对当前设计窗口中的内容进行缩放（Zoom In/Zoom Out）等。但需要注意，对于不同设计内容的编辑窗口，该菜单中所包含的命令不完全相同。

2.1.4　【Assignments】菜单

该菜单包含器件型号选择（Device）、器件的引脚配置（Pins）及其各种参数设置等命令。

2.1.5　【Processing】菜单

该菜单主要包含编译、仿真等功能。系统在编译或仿真过程中发现错误或警告后，用户可查看由消息处理器产生的编译或仿真报告。

2.1.6 【Tools】菜单

该菜单主要有编程下载、外观定制和各种选项参数设置等命令。

2.1.7 【Help】菜单

该菜单用于打开各种帮助文件和说明文件。

2.2 常用命令快捷按钮

Quartus II 的工具栏主要提供各种常用命令的快捷按钮。而状态栏起到提示用户的作用，在菜单中选择【Tools】/【Options】命令打开 Options 对话框，通过该对话框中相应选项来打开或关闭状态栏。

3 可编程逻辑器件开发基本过程

3.1 功能模块设计

Quartus II 的功能模块设计可以通过集成环境的各种设计工具来完成。Quartus II 具有多种设计输入方法，其中包括原理图输入和符号编辑、硬件描述语言输入、波形设计输入、平面布局编辑、层次设计输入。

Quartus II 集成环境使信息可在各种应用程序间交流，设计者可以在一个工程内直接从某个设计文件切换到其他设计文件，而不必理会它是图形格式、文本格式还是波形格式。

Quartus II 提供了多种创建功能模块的设计输入编辑器，其中最常用的设计输入编辑器包括图形编辑器、文本编辑器和波形编辑器。此外，还有多种辅助编辑器，例如平面图编辑器和符号编辑器。下面以图形编辑器和波形编辑器为例进行简单介绍。

3.1.1 通过原理图创建功能模块

Quartus II 的图形编辑器（Graphic Editor）为用户提供所见即所得的设计环境，可以方便快捷地创建和编辑功能模块并生成扩展名为".bdf"的图形文件。该编辑器提供了多种不同类型的库单元供设计者调用。此外，用户可以用图形编辑器设计一个全新的具有特定功能的逻辑电路，也可以用功能模块编辑器（Symbol Editor）修改已有的功能模块，Quartus II 可以将任何设计文件创建为一个功能模块并生成扩展名为".bsf"的文件。

下面以建立名为"example1"的原理图为例进行介绍。

（1）创建工程并指定工程名

Quartus II 在编辑或仿真前必须为当前设计的项目设定一个工程名，并要求确保该工程的所有文件都存放在它的层次结构中。所以设计者首先应为工程建立一个工作目录，该目录用来保存所有设计文件并保证设计文件名与工程名一致。

接着，在 Quartus II 的菜单栏中选择【File】/【New Project Wizard】命令打开如图 1.28 所示的新建工程对话框。

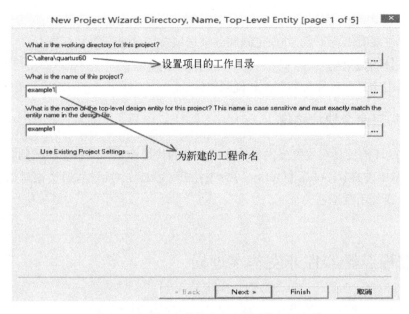

图 1.28　新建工程并指定工程名为"example1"

在设置完工作目录并为新工程命名(如 example1)后,点击【Finish】按钮,系统将在指定目录中建立无扩展名的 example1 工程文件。

(2) 创建一个图形文件

在 Quartus II 菜单栏中选择【MAX+PLUS II】/【Graphic Editor】命令,系统打开一个文件扩展名默认为".bdf"的未命名图形编辑器窗口。

选择【File】/【Save As】命令将其保存在事先建立好的工作目录中,文件名为"example1.bdf"。当然也可以在设计完后再保存,但保存的文件名必须与工程名相同,如图 1.29 所示。

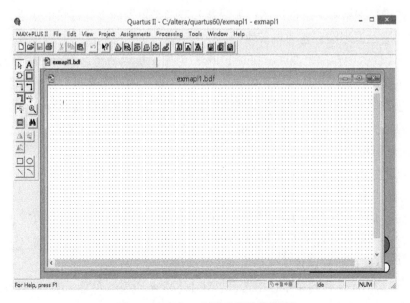

图 1.29　建立一个图形文件的界面

（3）输入并编辑功能模块

在图形编辑器窗口的绘图工具中选择 ⮐ 按钮，接着可以通过以下方式打开"功能模块符号"（Symbol）对话框 ⬚：在菜单【Edit】中选择【Insert Symbol】命令，通过右击窗口右侧网格线区域的空白处打开快捷菜单，选择【Insert】/【Symbol】命令。打开后的"功能模块符号"（Symbol）对话框如图 1.30 所示。

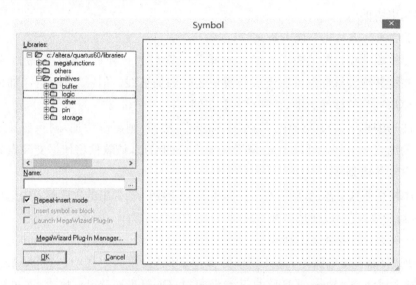

图 1.30　"功能模块符号"（Symbol）对话框示意图

在 Quartus II 软件中系统自带的功能模块库（或称元件模块库）位于安装目录 C：\altera\quartus60\libraries 中。

在 Symbol 对话框中选择"功能模块符号"。首先在【Libraries】列表中选择需要的模块所在的子目录，然后在其中选择所需模块（当然，也可以直接在【Name】文本框中输入模块名），点击【OK】按钮后所选定的模块就会被显示在图形编辑器窗口中，最后用鼠标拖动该模块到所需位置后点击鼠标左键，该模块就被放置在该位置处。

此外，宏逻辑单元模块不是最底层的基本元件，它们通常是由原理图或硬件编程语言（VHDL 或 AHDL）编译后生成的，可以双击它，系统将打开 MegaWizard Plug–In Manager。

（4）设置并显示网格线及调整显示比例

在菜单中选择【View】/【Show Guideline】命令可以打开或关闭网格线的显示。

在图形编辑器窗口的绘图工具中选择 ⚲ 按钮，可以放大显示设计图比例。在菜单中选择【View】/【Zoom In】命令或【View】/【Zoom Out】命令可以放大或缩小显示设计图比例。此外，在菜单中选择【View】/【Zoom】命令可以精确地缩放显示设计图比例。

在菜单中选择【View】/【Fit in Window】命令可以在整个网格线区域内调整设计原理图位置，以便添加其他元件。

（5）添加、删除和命名输入/输出引脚

按照输入功能模块的方法，在 Symbol 对话框的【Name】中输入"input"并点击【OK】

按钮,则可以产生输入引脚符号。同样,在【Name】中输入"output"并点击【OK】按钮,则可以产生输出引脚符号。

若按住<Ctrl>键拖动某个引脚符号到下一个位置,则可以复制该引脚符号。若选中某个引脚符号并按<Del>键,则可以将其删除。

若双击某个引脚或在通过右击某个引脚所产生的快捷菜单中选择【Properties】命令,则可以编辑引脚的名字。

(6) 模块间的连接线和模块的旋转

在图形编辑器窗口的绘图工具栏中选择 ⌐ 、⌐ 、⌐ 按钮后,鼠标呈现十字形符号,按下鼠标左键并拖动鼠标就可在模块与模块之间添加连线。但需要注意,添加的连线应尽量避开模块本身的虚线边框,否则很容易报错。

若在图形编辑器窗口的绘图工具栏中选择 ⌐ 按钮,则可以添加/删除交叉线中位于交叉点处的结点。但是否可以添加/删除交叉点处的结点,该软件将依据交叉点处的实际连接状况自动予以判断。

若选中模块使其呈蓝色,然后右击鼠标弹出快捷菜单,在弹出的快捷菜单中选择【Rotate by Degrees】命令,则可以使选中模块旋转 90°、180°和 270°。

(7) 保存文件并检查基本错误

在原理图(即逻辑电路图)设计完毕并保存文件后,在菜单栏中选择【MAX+PLUS II】/【Compiler】命令,Quartus II 将打开编译窗口(Compiler Tool);接着,点击【Start】按钮检查设计文件的基本错误。

若系统在编译时发现有错,则可在编译窗口(Compiler Tool)中点击【Report】按钮打开消息处理窗口,然后查找出错信息、判断出错原因并对原理图进行修改,如此反复,直到编译成功(Full Compilation was successful)为止。若在编译后产生的警告信息与时延有关,则一般情况下用户可以不必理会。

(8) 创建默认的功能模块

设计原理图完成以后,可以将其创建成默认的功能模块,模块文件扩展名为".bsf"。该功能模块可以被其他图形设计文件所调用。

在 Quartus II 的菜单中选择【MAX+PLUS II】/【File】/【Create Default Symbol】命令,即可将文件创建为"example1.bsf"。以后在【Symbol】对话框中可以将它当作默认功能模块使用。

(9) 关闭设计图形文件

在 Quartus II 的菜单中选择【File】/【Close】命令关闭设计图形文件,图形编辑器也随之关闭。

3.1.2　波形输入设计与波形时序仿真

Quartus II 的波形编辑器(Waveform Editor)在系统中充当了设计输入工具和仿真测试结果查看工具双重角色。设计者可以利用它创建含有逻辑波形的设计文件(文件的扩展名为".vwf")。

在设计输入信号时,设计者可根据期望的输出逻辑电平来指定输入逻辑电平。波形设计输入最适合于已经完全确定了输入与输出之间时序关系或者具有重复功能特点的电路,如状态机、计数器和寄存器等。

对于已经用原理图或语言文本创建的功能模块,如何来验证用户的设计是否能实现预期的逻辑功能呢? 这就需要使用 Quartus II 的软件仿真功能——波形仿真。通过波形仿真文件,设计者可以发现问题和分析问题,从而找到解决问题的方法,最终实现需要的逻辑功能。

（1）建立波形仿真文件

因为波形仿真文件是在对原理图进行编译后的基础上创建的,所以在实现电路的时序仿真前首先要建立一个实现该电路的原理图并对其进行编译,然后再建立一个波形仿真文件用以保存波形仿真图。

在 Quartus II 菜单中选择【MAX＋PLUS II】/【Waveform Editor】命令,或单击工具栏的□按钮,在打开的 New 对话框中选中【Other Files】/【Vector Waveform File】选项,点击【OK】按钮后系统就可以打开波形编辑器窗口,如图 1.31 所示。

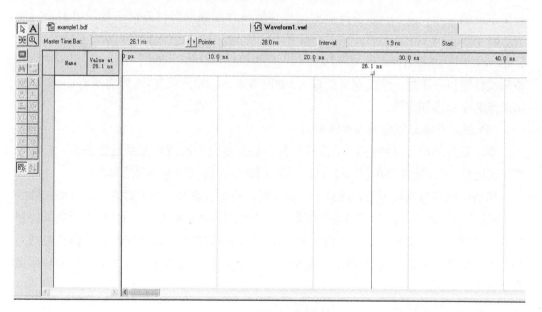

图 1.31　波形编辑器窗口

在菜单中选择【File】/【Save As】命令,将文件保存在工程所在的目录中。如果还是用前面的"example1"为例,则文件名为"example1.vwf"。当然也可以在编辑以后再保存,但保存的文件名必须与工程名相同。

（2）添加节点信号

为了检查自己设计的功能模块或原理图是否符合逻辑功能要求,需要在时序仿真波形文件中添加输入波形信号节点和输出波形信号节点。添加的输入波形信号节点必须是已定义的输入节点,而输出信号节点可以是已定义的输出节点,也可以是内部节点。

在 Quartus II 菜单中选择【Edit】/【Insert Node or Bus ...】,或双击".vwf"文件窗口左侧空白处,系统打开"Insert Node or Bus"对话框,如图 1.32 所示。

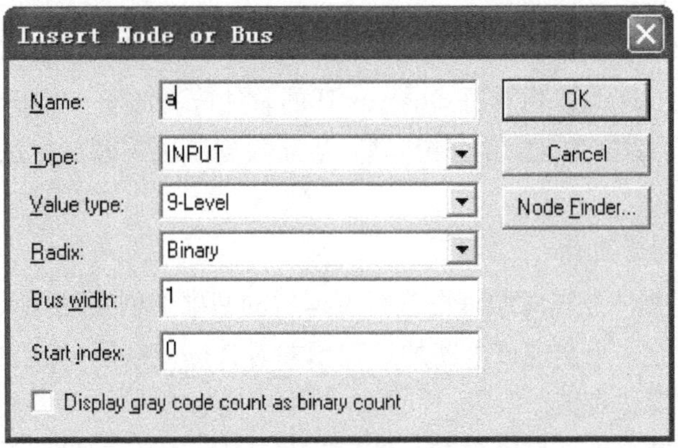

图 1.32 "Insert Node or Bus"对话框

在图 1.32 中,【Name】文本框中可以输入需要添加的节点名。【Type】下拉列表框是给出节点信号的类型。一般系统会根据用户所设计的原理图对节点信号的类型进行定义。对于"Insert Node or Bus"对话框中的【value type】下拉列表框、【radix】下拉列表框、【Bus width】文本框、【Start index】文本框一般取系统默认值。点击【OK】按钮后系统将在波形文件窗口中添加一个已定义的输入/输出节点名。如此反复,直到将所有的输入/输出节点名全部添加完毕。

(3) 设定仿真终止时间和栅格时间

系统设置的仿真时间是 1 μs,这段时间内一般足以判断逻辑关系是否正确。但对于复杂的电路,可以选择菜单【Edit】/【End Time】命令对仿真时间进行适当调整。

栅格时间是仿真过程中系统最小单位时间。在仿真波形文件中对输入信号添加激励源(即输入信号波形)时,对信号的赋值是以栅格时间为最小参考单位的(信号周期是栅格时间的 2 倍),设计者只需要输入相对于信号周期的倍数就行了。系统默认的栅格时间是10.0nS。如果需要的话,也可以通过菜单【Edit】/【Grid Size】命令打开"Grid Size"对话框来调整栅格时间。

(4) 输入信号赋值

波形编辑器窗口左侧是输入波形信号时常用的工具栏,分别根据具体的功能选择相应的工具栏按钮进行操作。

(5) 软件时序仿真

要观察输出节点的波形,需要执行软件仿真功能。系统根据逻辑电路中各模块的逻辑功能和输入节点添加的激励源,通过复杂的时序仿真,最终给出输出节点的波形。对于简单的逻辑电路只需较短的仿真时间就可以给出该逻辑电路的输出波形,设计者可据此输出波形来判断所设计的逻辑电路正确与否。而对于复杂的电路,譬如要使接收电路提取帧同步信号时,就需要将终止仿真的时间设得很长,这样才能观察到接收信号在同步后的结果,代价是 CPU 运行仿真软件所需的时间比较长。

选择菜单的【MAX+PLUS II】/【Simulator】命令,弹出时序仿真界面,如图 1.33 所示。点击【Start】按钮,系统随即进入时序仿真,并用进度条标示仿真进度。

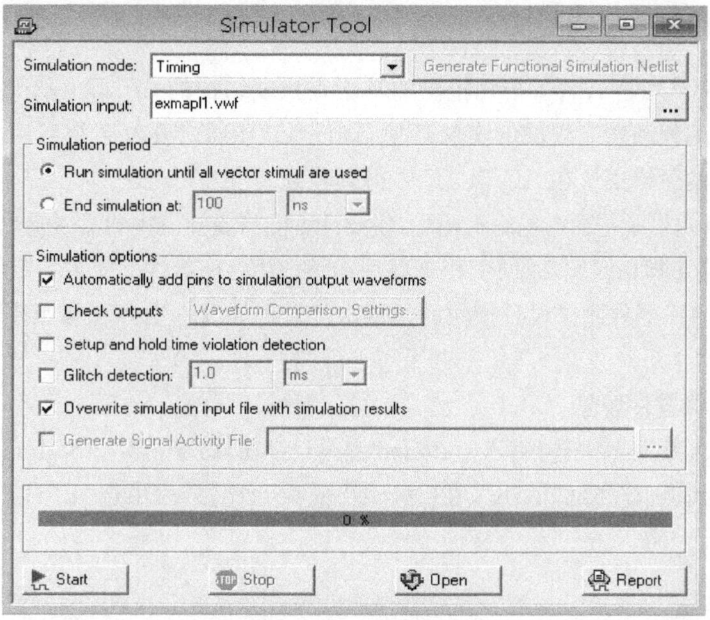

图 1.33　时序仿真界面

仿真结束后,点击【Open】按钮打开波形仿真文件窗口,用户可以通过分析该仿真波形来判断所设计的逻辑电路是否符合预期结果。

(6) 分析仿真结果

1) 时延关系分析

在原理图设计并绘制完毕后,用户将对该原理图进行编译,在编译后产生的警告信息中有一部分信息与时延有关,用户可以不必理会。但需要特别指出的是,对于时钟频率较高的电路有时需要对时延关系进行分析,看看时延结果是否符合要求,对最终结果是否有影响。

2) 信号的组群和分离

可以准确地查看任意一个状态和波形是否正确。如果用户欲将组群信号 ab 分离成单个信号并删除该组群信号,则只要选中该组群信号并右击鼠标,在弹出的快捷菜单中选择【Ungroup】命令即可。

(7) 建立顶层图形文件

在需要多个模块才能实现的系统中,利用图形编辑器、文本编辑器、波形编辑器等工具设计了各功能模块后,如何将各功能模块结合为一个整体,完成系统的总体设计呢? 其实只要建立一个顶层工程,在图形编辑器中创建扩展名为".bdf"的原理图文件,用节点连线和各种总线将这些模块连接成一个整体模块。保存并排除错误后关闭文件。为了查看工程的层次结构,可使用 Quartus II 的层次显示工具。

当前工程为顶层工程时,在菜单栏中选择【MAX+PLUS II】/【Hierarchy Display】命令即可以打开工程的层次显示窗口。工程的组成模块之间结构清晰,便于开发人员按工程内不同的设计为文件打开相应的编辑器。

3.2 引脚布局编辑环境

ACEX 1K 系列是 Altera 公司推出的基于查找表结构的 CPLD。基于提供对 ACEX 1K 进行设计、编程和功能测试的实验环境,Quartus II 通过开发系统利用图形、文本、波形等设计输入的逻辑模块在 ACEX 1K 中得到验证。

Quartus II 提供了平面布局编辑环境,使设计者能将设计模块的输入输出引脚与 ACEX 1K 器件的芯片管脚相匹配,以便编程下载后在 ACEX 1K 器件上完成特定的逻辑功能。

用 ACEX 1K 器件测试设计模块必须依次经过选择器件型号和参照原理图定义管脚两个步骤。

3.2.1 选择器件型号

在 Quartus II 菜单中选择【Assignments】/【Device】命令,弹出"Settings"对话框。在【Family】下拉列表中选"ACEX1K",在【Available devices】列表中选"EP1K10TC144 - 1",如图 1.34 所示。

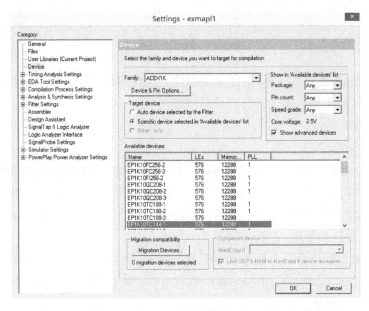

图 1.34 在【Available devices】中选"EP1K10TC144 - 1"型号

如果有些实验环境所用的芯片型号是"EP1K30TC144 - 1",则必须在【Available devices】列表中改选为"EP1K30TC144 - 1";否则,在后续下载文件时,会因在【Available devices】中所选型号与实验环境所用的芯片型号不匹配而造成下载失败。需要特别强调的是,型号为"EP1K30TC144 - 1"器件的 I/O 管脚序号与型号为"EP1K10TC144 - 1"器件的 I/O 管脚序号完全一致。

3.2.2　参照原理图定义管脚

器件管脚用多种不同的符号标出,具体含义也各不相同。在本章中,主要以标有空白圆圈"○"的管脚为例。在 Quartus II 菜单中选择【Assignments】/【Pins】命令,打开 Pin Planner 平面图编辑器,根据选择的器件芯片应有 144 个管脚,如图 1.35 所示。

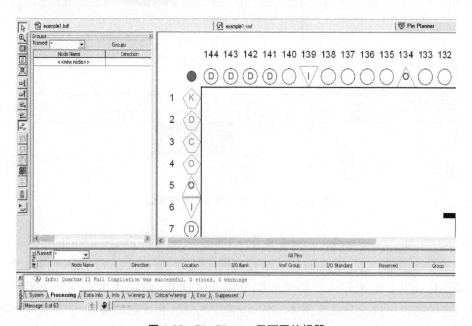

图 1.35　Pin Planner 平面图编辑器

当用户双击器件某个管脚后,在屏幕上自动弹出一个"Pin Properties"对话框,如图 1.36 所示。在【Node name】下拉列表中选择一个引脚(如选择输入引脚 a),对话框中其他内容可以取默认值,点击【OK】按钮系统就将一个所选引脚(如输入引脚 a)与某个管脚(如管脚 135)自动锁定。如此反复,直到将原理图中每个引脚都分别与器件中某个不同管脚锁定为止。图 1.37 为输入引脚 a 和 b 与输出引脚 y 分别与器件管脚 PIN_135、PIN_136、PIN_137 锁定的结果。

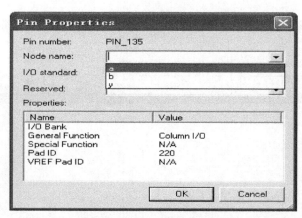

图 1.36　"Pin Properties"对话框

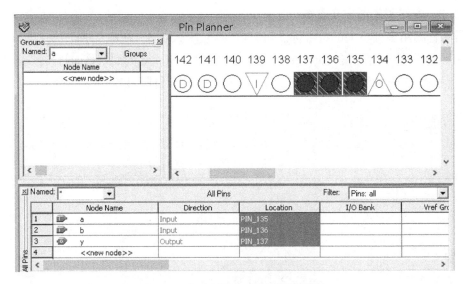

图 1.37 部分引脚与相对应管脚锁定

最后，用户按指定的管脚在实验箱上进行实际配置连线。连线的一端插在"ACEX1K"管脚序号对应的插孔中；连线的另一端若是输入引脚，可以连接到小开关插孔或频率发生器输出插孔。如果输入引脚是连接到小开关插孔，则通过拨动小开关给出输入信号。连线的另一端若是输出信号，则连接到发光二极管或数码管插孔，以便观察输出结果。

3.3 编程文件生成与下载

通过功能模块设计或建立顶层工程，并经过编译排错、仿真调试和分配器件管脚后，要进行的下一步工作就是生成编程文件，以便将所生成的程序下载到实验器件芯片中。

首先打开实验箱电源，然后选择【MAX＋PLUS II】/【Program】命令，打开下载编程界面，如图 1.38 所示。

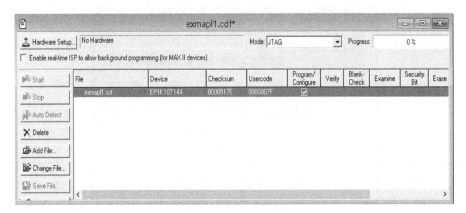

图 1.38 下载编程界面

若发现在【Hardware Setup】按钮右侧文本框显示"No Hardware"信息，则需点击【Hardware Setup】按钮进入硬件设置对话框，如图1.39所示。在下拉列表中选择当前硬件为"USB‒Blaster[USB‒0]"后关闭对话框。

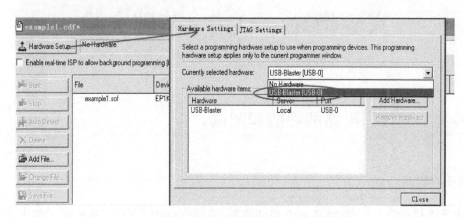

图1.39　选择当前硬件为"USB‒Blaster[USB‒0]"

此时程序下载界面如图1.40所示，并按定义好的管脚连好接线，单击【Start】按钮系统就将下载文件"example1.sof"到FPGA实验模板上。正常情况下，用户在给出所需输入信号后就可以观察到预期的输出结果。

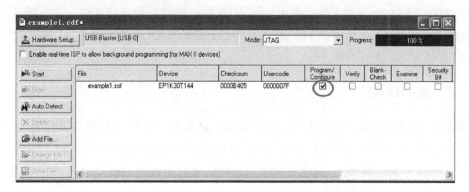

图1.40　系统将下载文件"example1.sof"到FPGA实验模板上

第三部分

实验指导(一)——基础实验

实验一 逻辑门电路的功能和测试

1.1 实验目的

熟悉逻辑电路中、小规模集成电路的外形、管脚和使用方法;了解和掌握基本逻辑门电路的输入与输出之间的逻辑关系及使用规则。

1.2 实验要求及仪器

分别对或门 74LS32、与非门 74LS00 和 74LS20、或非门 74LS02 等进行逻辑功能测试,并填写逻辑功能测试表;具体实验仪器主要包括 DICE - SEM 型数字模拟综合实验箱、USB 口下载电缆、安装 Quartus II 的 PC 机,以及芯片 74LS00、74LS02、74LS04、74LS08、74LS20、74LS21、74LS32、74LS86 等。

1.3 实验原理

实现基本逻辑运算和常用逻辑运算的单元电路通称为逻辑门电路。如实现"与"运算的电子电路称为与逻辑门,简称与门;实现"与非"运算的电子电路称为与非门。与基本逻辑运算和常见逻辑运算相对应,常用的简单逻辑门电路有与门、或门、非门;复合逻辑门电路有与非门、或非门、与或非门、异或门等。

根据制造工艺不同,逻辑门电路有两大类:一类是以晶体三极管为主要元件的双极型逻辑门电路;另一类是以 MOS 场效应管为主要元件的 MOS 型逻辑门电路。

根据门电路输出端结构不同,又可分为基本输出门电路、开路输出门电路(OC 门、OD 门)、三态门电路(TS 门)。基本输出门电路可以完成基本的逻辑功能,开路输出门电路不仅可以完成基本的逻辑功能,还能实现逻辑电平之间的转换,提高负载驱动能力。三态门电路可以完成基本的逻辑功能,在输出的高、低两种电平的基础上还增加了另一个状态——高阻状态,可以用于数字系统中的总线连接。

门电路通常用高电平 VH 表示逻辑值"1",低电平 VL 表示逻辑值"0"。门电路高电平的典型值为 VH=5 V～3.6 V,低电平的典型值为 VL=0.4 V。CMOS 门电路高电平的值为 VH=5 V,低电平的值为 VL=0 V。可以看出只有相同类型的门电路,其电平才相匹配。不同类型的门电路,其电平是不相匹配的。因此当某一类的门电路的输出作为另一类型的门电路的输入信号时,必须在它们之间增加一种电压转换电路,否则会出现错误的输出。

表1.17为与门的输入、输出电压关系,表1.18为与非门的输入、输出电压关系。

表1.17　与门的输入、输出电压关系

输　入		输　出
A	B	Y
V_L	V_L	V_L
V_L	V_H	V_L
V_H	V_L	V_L
V_H	V_H	V_H

表1.18　与非门的输入、输出电压关系

输　入		输　出
A	B	Y
V_L	V_L	V_H
V_L	V_H	V_H
V_H	V_L	V_H
V_H	V_H	V_L

1.4　实验内容及步骤

实验前按使用说明先检查实验箱电源是否正常,然后选择实验用的集成电路。按自己设计的实验接线图连线,特别注意Vcc及地线不能接错。本实验箱上的接线采用自锁紧插头、插孔。接线时首先把插头插进插孔,然后按顺时针方向轻轻一拨就锁紧了。拔出插头时,首先按逆时针方向轻轻拧一下插头,使插头和插座松开,然后将插头从插孔中拔出。不要使劲拔插头,以免损坏插头和连线。

线接好后经实验指导教师检查无误方可通电实验。实验中改动接线须先断开电源,接好线后再通电实验。

1.4.1　或门的逻辑功能测试

对四2输入或门74LS32进行逻辑功能测试。

参考74LS32芯片的引脚号,将引脚1、2(A、B)分别连接到任意一个小开关插孔;引脚3(F)连接到任意一个发光二极管电平指示灯插孔;引脚7连接接地插孔;引脚14连接

+5 V 电源插孔。

拨动开关(开关拨向下方为 0,拨向上方为 1)组合 A、B 的值,观察 F(上方的发光二极管指示 0,下方的发光二极管指示 1)的结果并填写或门的逻辑功能真值表。

1.4.2　与非门 74LS00 的逻辑功能测试

对四 2 输入与非门 74LS00 进行逻辑功能测试。

参考 74LS00 芯片的引脚号,将引脚 1、2(A、B)分别连接到任意一个小开关插孔;引脚 3(F)连接到任意一个发光二极管电平指示灯插孔;引脚 7 连接接地插孔;引脚 14 连接 +5 V 电源插孔。

拨动开关(开关拨向下方为 0,拨向上方为 1)组合 A、B 的值,观察 F(上方的发光二极管指示 0,下方的发光二极管指示 1)的结果并填写与非门的逻辑功能真值表。

1.4.3　或非门 74LS02 的逻辑功能测试

参照 74LS02 芯片的引脚号接线,按表 1.19 设置 A、B,验证输出,测试结果填入表 1.19。

表 1.19　74LS02 芯片测试表

A	B	F
0	0	
0	1	
1	0	
1	1	

1.4.4　与非门 74LS20 的逻辑功能测试

选用四输入双与非门 74LS20,参照 74LS20 芯片的引脚号插入实验板,将电平开关按表 1.20 置位,分别测试输出端逻辑状态,结果填入表 1.20。

表 1.20　74LS20 测试表

输　入				输　出
1	2	3	4	Y
H	H	H	H	
L	H	H	H	
L	L	H	H	
L	L	L	H	
L	L	L	L	

实验二 复合逻辑电路功能的实现测试

2.1 实验目的

了解和掌握复合逻辑电路的输入与输出之间的逻辑关系及使用规则;掌握用基本逻辑门电路构造复合逻辑门电路的原理和基本方式;学习使用可编程逻辑器件的开发工具Quartus II。

2.2 实验要求及仪器

分别用一片二输入端四与非门组成异或门、用与非门构成同或门、用或非门实现逻辑函数等功能并进行测试验证,填写逻辑功能测试表;具体实验仪器主要包括 DICE-SEM型数字模拟综合实验箱、USB口下载电缆和安装 Quartus II 的 PC 机,以及芯片 74LS00、74LS02、74LS04、74LS20、74LS86 等。

2.3 实验原理

从理论上讲,由与、或、非三种简单逻辑门电路可以实现各种逻辑功能。最常用的复合逻辑门电路与非门、或非门、与或非门、异或门等都是由简单逻辑门组合而成的电路。

2.4 实验内容及步骤

2.4.1 用与非门组成异或门并测试验证其功能

用一片二输入端四与非门组成异或门 $Y = A \circ + B$ 的功能,画出电路图并测试填表。

① 将异或门表达式转化为与非门表达式。

② 画出逻辑电路图。

③ 测试并填表 1.21。

表 1.21 异或门测试表

输 入		输 出
A	B	Y
L	L	
L	H	
H	L	
H	H	

2.4.2　用与非门构成同或门并测试验证其功能

用一片二输入端四与非门 74LS00 组成同或门 $Y = A \odot B$ 的功能,画出电路图并测试填表。

① 将同或门表达式转化为与非表达式。

② 画出逻辑电路图。

③ 测试并填表 1.22。

表 1.22　同或门测试表

输　　入		输　　出
A	B	Y
L	L	
L	H	
H	L	
H	H	

2.4.3　用或非门实现逻辑函数的功能并进行测试验证

用一片四 2 输入端或非门 74LS02 及一片六反向器 74LS04 实现下列逻辑函数的功能,画出电路图,测试并填表 1.28。

$$F(A,B,C,D) = CD + \bar{A}C\bar{D} + ABD + A\bar{C}D \tag{1.12}$$

① 将函数表达式转化为或非表达式。

② 画出逻辑电路图。

③ 测试并填表 1.23。

表 1.23　测 试 表

输　　入				输　　出
A	B	C	D	F

实验三　组合逻辑电路

3.1　实验目的

掌握用基本电路实现逻辑函数的原理;熟悉组合电路的分析方法,测试组合逻辑电路的功能;掌握 TTL 非门、与非门、或非门构成逻辑电路的基本方式。

3.2　实验要求及仪器

分别分析逻辑电路的逻辑关系、74LS00 构成的组合电路及功能、利用既有器件实现特定逻辑函数功能的电路并进行测试验证,填写逻辑功能测试表;具体实验仪器主要包括 DICE - SEM 型数字模拟综合实验箱、USB 口下载电缆和安装 Quartus II 的 PC 机,以及芯片 74LS00、74LS02、74LS04、74LS20、74LS86 等。

3.3　实验原理

组合电路的功能特点是电路在任一时刻的输出仅取决于该时刻的输入,与电路的状态无关。在结构上电路由门电路构成,且电路的输出与输入之间没有反馈,因此电路没有记忆功能。

组合电路分析的目的是确定已知电路的逻辑功能。具体的分析过程包括根据既定组合电路图,从输入端开始逐级推导出逻辑函数表达式,并根据化简后的函数表达式列出真值表,最后根据真值表推导出电路的逻辑功能。

组合逻辑电路设计是指按实际问题的描述抽象出其逻辑功能,进而给出实现逻辑功能的最简单的逻辑电路图。主要的设计实现方式包括用小规模集成电路、中规模集成电路、专用集成电路等。具体的设计过程包括将实际的文字描述转换为真值表描述,由真值表列出输出函数表达式;随后化简或作出相应变换,最后根据表达画出逻辑图。

3.4　实验内容及步骤

3.4.1　逻辑电路的逻辑关系分析

① 写出电路的逻辑表达式。

② 用两片四 2 输入与非门 74LS00 按照图 1.41 接线。

③ 测试并填写逻辑关系表 1.24。

④ 分析实验结果,查找不同实验现象的原因。

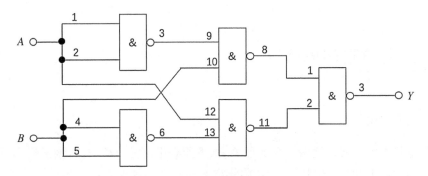

图 1.41 电路图

表 1.24 测 试 逻 辑 表

输 入		输 出
A	B	Y
L	L	
L	H	
H	L	
H	H	

3.4.2 分析 74LS00 构成的组合电路及功能

① 选用二输入双与非门 74LS00 两片,参照 74LS00 芯片的引脚号插入实验板,按照图 1.42 接线。

② 将输入、输出逻辑关系分别填入表 1.25 中。

③ 写出逻辑表达式。

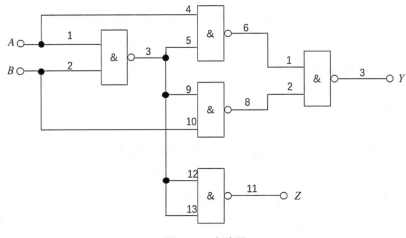

图 1.42 电路图

表 1.25　逻 辑 关 系 表

输　　入		输　　出	
A	B	Y	Z
L	L		
L	H		
H	L		
H	H		
逻辑表达式 Y= Z=			

3.4.3　利用现有器件,实现具有以下逻辑函数功能的电路并进行测试验证。

$$F(A, B, C) = AB + C \tag{1.13}$$

① 将表达式转化为用与非门等组成的最小项表达式的形式。

② 画出逻辑电路图。

③ 测试并填逻辑关系表 1.26。

表 1.26　逻 辑 关 系 表

输　　入			输　　出
A	B	C	Y

实验四　编码器、译码器、数据选择器和数值比较器

4.1　实验目的

　　熟悉编码器、译码器、数据选择器和数值比较器及它们的构成方法;掌握用逻辑门实

现不同的组合逻辑电路的基本原理;了解集成译码器应用;熟练掌握可编程逻辑器件的开发工具 Quartus II 设计电路的方法。

4.2 实验要求及仪器

利用 Quartus II 对 ACEX 器件编程实现特定 4 线/2 线编码器,测试 2 线/4 线译码器功能,填写逻辑功能测试表;具体实验仪器主要包括 DICE - SEM 型数字模拟综合实验箱、USB 口下载电缆和安装 Quartus II 的 PC 机,以及芯片 74LS139、74LS153、74LS00、74LS04、74LS32、74LS21、74LS08 等。

4.3 实验原理

4.3.1 编码器

编码器是指能够将指定信息转换为二进制代码的电路,例如 3 线/8 线编码器,具体原理结构如图 1.43 所示。

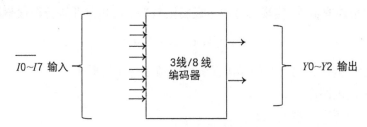

图 1.43 3 线/8 线编码器原理结构

从图 1.43 看出,3 线/8 线编码器八个输入端(I0、I1、I2…I7)是低电平有效信号。当某一端输入为低电平时,输出端输出 3 位 Y2、Y1、Y0 二进制代码。于是,需要编码的信息越多,输出的二进制位数越多。当输入端指定的信息数是 $2n$ 位时,则输出的编码为 n 位二进制代码。此外,优先编码器是指在编码器允许同时输入两个以上信号的情况下,电路只对其中优先级别最高的进行编码,而级别低的信号不起作用的编码器。

4.3.2 译码器

译码器是指将二进制代码所代表的特定对象还原出来的组合逻辑电路。译码器是编码器的逆过程,根据译码对象不同,可以分成二进制译码器(变量译码器)和二-十进制译码器(码制变换译码器、显示译码器)。图 1.44 为 3 线/8 线二进制译码器基本原理结构。

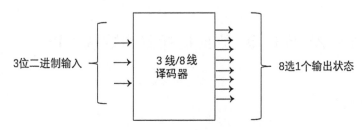

图 1.44 3 线/8 线二进制译码器原理结构

从图 1.44 看出，3 线/8 线二进制译码器是图 1.43 的逆过程。在 3 线/8 线二进制译码器中，通常有 3 个输入端和 8 个输出端，主要功能是将输入的 BCD 码翻译成 8 个高、低电平的输出信号。

4.3.3　数据选择器

数据选择器是指数字系统中能够将多个通道信号中指定某个通道的信号送到公共数据总线上的器件。图 1.45 为数据选择器框图和等效电路示意图。

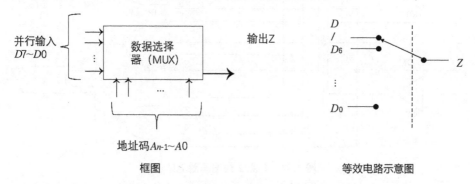

图 1.45　数据选择器框图和等效电路示意图

4.3.4　数值比较器

数值比较器是指对两个二进制数据进行比较，判断它们是否相等的逻辑电路。图 1.46 为数值比较器基本原理结构。

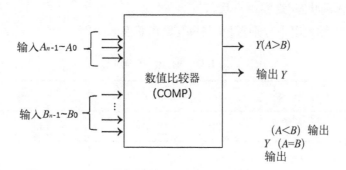

图 1.46　数值比较器基本原理结构

从图 1.46 看出，数值比较器对若干输入数据进行比较操作后输出的结果包括 $A>B$、$A<B$、$A=B$ 等三种情况。

4.4　实验内容及步骤

4.4.1　用 Quartus II 对 ACEX 器件编程，实现图 1.47 所示 4 线／2 线编码器

① 在 Quartus II 开发环境中建立功能原理图。

② 根据引脚功能接线原理图建立波形图。

③ 仿真运行，产生波形图。

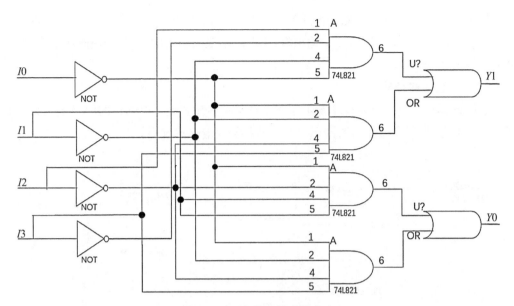

图 1.47　4 线/2 线编码器电路

④ 建立平面布局图。

⑤ 按照设计好的平面引脚布局接线图,将输入端接逻辑电平开关,输出端接电平显示发光二极管。

⑥ 打开电源,编程下载到可编程逻辑器件 ACEX。

⑦ 改变输入端状态,观察输出状态。

⑧ 按表 1.28 输入电平分别置位,并填写输出状态表 1.27。

表 1.27　输　出　状　态

输　　入				输　　出	
I0	I1	I2	I3	Y1	Y0
1	0	0	0		
0	1	0	0		
0	0	1	0		
0	0	0	1		

4.4.2　2 线/4 线译码器功能测试

① 74LS139 芯片包括两个 2 线/4 线译码器,具体结构如图 1.48 所示。其中,A、B 为输入端,Y0、Y1、Y2、Y3 为输出端。每个译码器由一个使能控制端 G 控制,且低电平有效。按照图 1.48 接线。

② 按表 1.28 输入电平分别置位,并填写输出状态表 1.28。

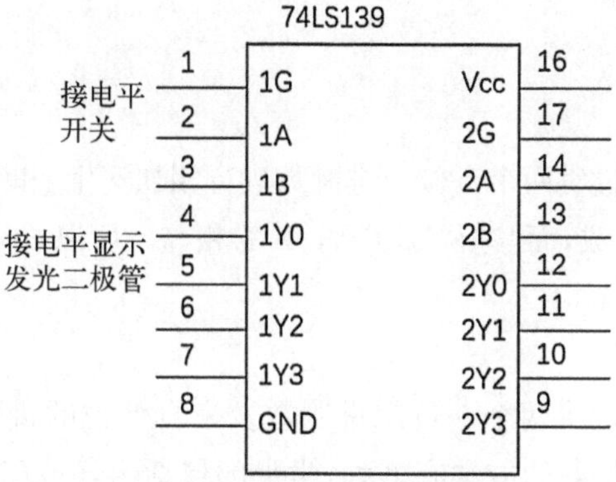

图 1.48 74LS139 芯片结构

表 1.28 输 出 状 态

输 入			输 出			
使 能	选 择					
G	B	A	Y0	Y1	Y2	Y3
1	X	X				
0	0	0				
0	0	1				
0	1	0				
0	1	1				

实验五 半加器、全加器和逻辑运算实验

5.1 实验目的

掌握组合逻辑电路的功能测试;学会二进制数的运算规律;掌握构造半加器和全加器的逻辑功能;学习使用可编程逻辑器件的开发工具 Quartus II 设计电路。

5.2 实验要求及仪器

利用异或门、与非门组成半加器与全加器,分别进行逻辑功能测试,填写逻辑功能测试表;具体实验仪器主要包括 DICE - SEM 型数字模拟综合实验箱、USB 口下载电缆和安装 Quartus II 的 PC 机,以及芯片 74LS00、74LS04、74LS86 等。

5.3　实验原理

5.3.1　半加器

半加器是指能够通过对两个 1 位二进制数进行相加产生"和"与"进位"的器件。半加器的"和"Y 是 A、B 的异或,而"进位"Z 是 A、B 的相与。所以,半加器通常用一个集成异或门、两个与非门组成。

5.3.2　全加器

全加器是指能够通过将两个一位二进制数及来自低位的进位进行相加产生"和"与"进位"的器件。构成全加器的方法有多种,常见的包括由异或门和与非门、与门、半加器和或门等门电路组成。

5.3.3　加法器

加法器是数字系统中的基本逻辑器件。为了节省资源,减法器和硬件乘法器通常由加法器来构成。一般来说,在实际的设计和相关系统的开发中,通常综合考虑资源利用率和进位速度之间的关系,力求达到合理的平衡点。

此外,多位加法器主要由并行进位和串行进位方式构成。其中,并行进位加法器设有并行进位产生逻辑,运算速度快;串行进位方式能够将全加器级联构成多位加法器。与串行级联加法器相比,并行加法器占用资源多,且随着位数的增加,在相同位数条件下并行加法器占用资源增速越来越大。

5.4　实验内容及步骤

5.4.1　组合逻辑电路功能测试

① 用两片 74LS00 组成图 1.49 所示逻辑电路。为便于接线和检查,应注明芯片编号和各引脚对应的编号。其中,G1、G2、G3、G4 用一片 74LS00,G5、G6、G7 用一片 74LS00。

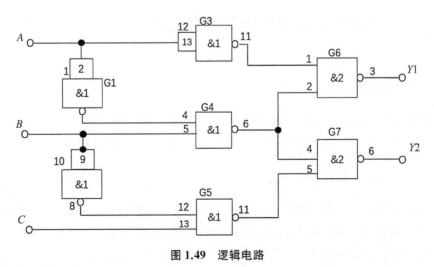

图 1.49　逻辑电路

② A、B、C 接电平开关，Yl、Y2 接电平显示发光二极管。

③ 按表 1.29 要求改变 A、B、C 的状态，并填写输出状态表 1.29。

④ 将运算结果与实验进行比较。

表 1.29　输　出　状　态

输　　入			输　　出	
A	B	C	Y1	Y2
0	0	0		
0	0	1		
0	1	0		
0	1	1		
1	0	0		
1	0	1		
1	1	0		
1	1	1		

5.4.2　用异或门和与非门 74LS000 组成的半加器逻辑功能测试

半加器 Y 是 A、B 的异或，而进位 Z 是 A、B 的相与，因此半加器可用一个集成异或门和两个与非门组成。例如：

① 在实验箱上用异或门 74LS86 和与非门 74LS00 组成图 1.50 所示逻辑电路。

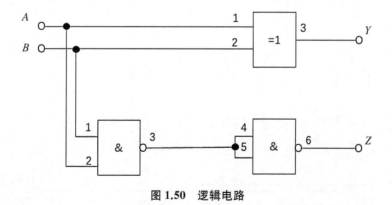

图 1.50　逻辑电路

② A、B 接电平开关 K；Y、Z 接电平显示发光二极管。

③ 按表 1.30 要求改变 A、B 的状态，并填写输出状态表 1.30。

表 1.30 输 出 状 态

输入端	A	0	1	0	1
	B	0	0	1	1
输出端	Y				
	Z				

5.4.3 全加器的逻辑功能测试

① 在表 1.31 中写出如图 1.51 所示逻辑电路的逻辑表达式。

表 1.31 逻 辑 表 达 式

Y=
Z=
X1=
X2=
X3=
Si=
Ci=

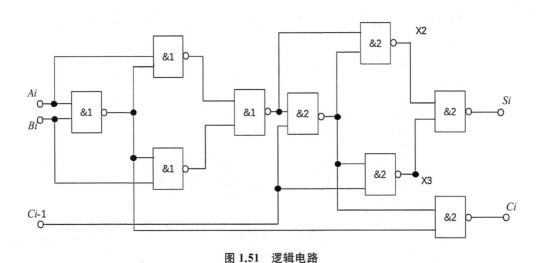

图 1.51 逻辑电路

② 根据逻辑表达式的描述,按表 1.32 设置 A、B、Ci－1 的状态,并填写真值表 1.32。

表 1.32 真 值 表

Ai	Bi	Ci-1	Y	Z	X1	X2	X3	Si	Ci
0	0	0							
0	1	0							
1	0	0							
1	1	0							
0	0	1							
0	1	1							
1	0	1							
1	1	1							

③ 根据真值表 1.32 结果画出逻辑函数 S_i、C_i 的卡诺图(图 1.52)。

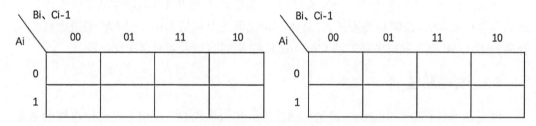

图 1.52 逻辑函数 S_i、C_i 的卡诺图

④ 用 Quartus II 对 ACEX 器件进行编程,实现上述逻辑电路功能并进行测试验证,将测试结果记入表 1.33,与表 1.32 进行比较,看逻辑功能是否一致。

表 1.33 观 察 结 果

Ai	Bi	Ci-1	Ci	Si
0	0	0		
0	1	0		
1	0	0		
1	1	0		
0	0	1		
0	1	1		

续　表

Ai	Bi	Ci－1	Ci	Si
1	0	1		
1	1	1		

实验六　RS 触发器的功能测试

6.1　实验目的

熟悉基本 RS、同步 RS 触发器的电路结构；掌握基本 RS、同步 RS 触发器的逻辑功能。

6.2　实验要求及仪器

分别进行基本 RS、同步 RS 触发器逻辑功能测试，利用基本 RS 触发器组成 4 位二进制数码寄存器，填写逻辑功能测试表；具体实验仪器主要包括 DICE－SEM 型数字模拟综合实验箱、USB 口下载电缆和安装 Quartus II 的 PC 机，以及芯片 74LS00 等。

6.3　实验原理

触发器为具有记忆功能的二进制存储器件。作为构成数字逻辑系统时序电路的基本逻辑单元，触发器的输出与输入之间具有反馈延迟通路，产生的新输出的逻辑值不仅取决于该时刻的输入，还取决于电路以前的状态。

触发器具有以下基本特征：

① 具有两个能自行保持的稳定状态，常用二进制数 0 或 1 表示。在没有外来触发信号时将维持一个稳定状态永久不变。

② 根据不同需要，触发器的预置状态可以为 0 和 1 中任意一个。

按结构的不同，触发器可细分为没有时钟控制的基本触发器和有时钟控制的门控触发器两类。其中，门控触发器按触发方式可分为电位触发、主从触发、边沿触发，按逻辑功能可分为 RS 触发器、D 触发器、JK 触发器、T 触发器。触发器的重点在于逻辑功能和触发方式。

触发器触发方式是指触发器在控制脉冲的什么阶段（上升沿、下降沿和高或低电平期间）接收输入信号改变状态。其中，门控触发器（电平触发方式）是在门控脉冲的高电平期间接收输入信号改变状态。门控触发器存在"空翻"现象，即在一个控制信号期间触发器发生多于一次的翻转。主从触发器（主从触发方式）是指在门控脉冲的一个电平期间主触发器接收信号，另一个电平期间从触发器改变状态，普遍存在输入信号发生改变时导致触发器状态的确定复杂化现象。边沿触发器（边沿触发方式）是在门控脉冲的上升沿或下降沿接收输入信号改变状态。其中,对于同一功能,触发器触发方式多种多样,各不相同。

6.3.1 基本 RS 触发器

基本 RS 触发器是由两个与非门交叉耦合而成,是最基本的触发器之一。基本 RS 触发器如图 1.53 所示。

基本 RS 触发器的逻辑结构如图 1.54 所示。

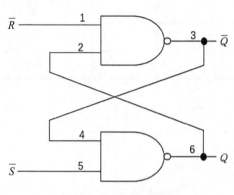

图 1.53 基本 RS 触发器

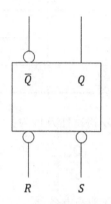

图 1.54 基本 RS 触发器逻辑结构

表 1.34 为 RS 基本触发器真值表。

表 1.34 RS 基本触发器真值表

R	S	Q_n	逻辑功能
0	1	0	置 0
1	0	1	置 1
1	1	Q_n	保持
0	0	不定	不允许

基本 RS 触发器的特性方程为:

$$\begin{cases} Q_{n+1} = S + RQ_n \\ \bar{R} + \bar{S} = 1 \end{cases} \qquad (1.14)$$

式中 $\bar{R} + \bar{S} = 1$ 为约束条件。

6.3.2 同步 RS 触发器

同步 RS 触发器是指在外加的 R、S 信号加到 R 端、S 端后不引起触发器的翻转,只有在时钟脉冲配合下才能使触发器由原状态翻转到新的状态。此时,触发器状态转换是在时钟信号 CP 的控制下顺序进行。

同步 RS 触发器逻辑结构如图 1.55 所示。

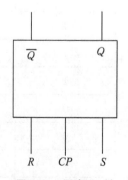

图 1.55 同步 RS 触发器逻辑结构

同步 RS 触发器真值表如表 1.35 所示。

表 1.35 同步 RS 触发器真值表

R	S	Q_{n+1}	逻辑功能
0	1	0	置 0
1	0	1	置 1
1	1	Q_n	保持
0	0	不定	不允许

同步 RS 触发器特性方程为：

$$\begin{cases} Q_{n+1} = S + \bar{R}Q_n \\ SR = 0 \end{cases} \quad (1.15)$$

式中 $SR = 0$ 为约束条件。

6.4 实验内容及步骤

6.4.1 基本 RS 触发器

① 根据基本 RS 触发器逻辑原理图，选用 74LS00 的两个与非门按图 1.56 连接成 RS 基本触发器。

② 逻辑功能测试。根据表 1.36 改变输入电平信号，填写状态输出表 1.36 并验证其逻辑功能。

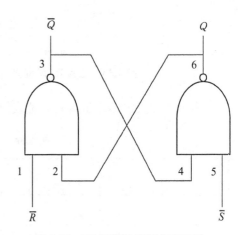

图 1.56 RS 触发器逻辑电路示例

表 1.36 状 态 输 出

R	S	Q_n	Q_{n+1}	逻辑功能
1	1	1		
1	1	0		
1	0	1		
1	0	0		
0	1	1		
0	1	0		
0	0	1		
0	0	0		

6.4.2 同步 RS 触发器(时钟控制 RS 触发器)

① 根据同步 RS 触发器逻辑原理图,选用 74LS00 的四个与非门按图 1.57 接成同步 RS 触发器。其中,R、S、CP 为输入小开关电平信号,Q 和 /Q 接输出信号发光二极管。

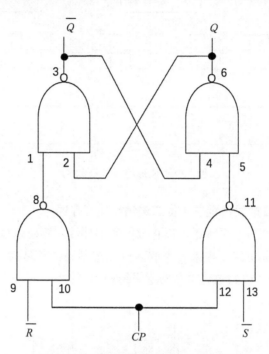

图 1.57 同步 RS 触发器逻辑电路示例

② 逻辑功能测试。按表 1.37 改变输入电平信号,填写输出状态表 1.37 并验证其逻辑功能。

表 1.37 输 出 状 态

R	S	Q_n	Q_{n+1}	逻辑功能
1	1	1		
1	1	0		
1	0	1		
1	0	0		
0	1	1		
0	1	0		
0	0	1		
0	0	0		

③ 改变触发器时钟信号,CP=0 和 CP=1,画出如图 1.58 所示波形的输出 Q 和/Q。

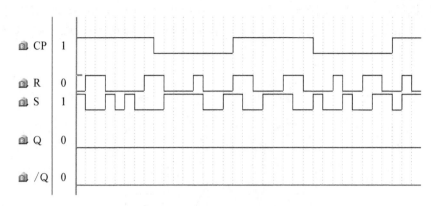

图 1.58   波形的输出 Q 和/Q

6.4.3   用基本 RS 触发器组成 4 位二进制数码寄存器

数码寄存器是指在数字系统中可以存放数码的部件。双稳态触发器就是一种能够存储 1 位二进制码的单元电路。如果要存放多位二进制码,则需要综合利用多触发器共同完成。图 1.59 为一个 4 位的数码寄存器逻辑结构示例。

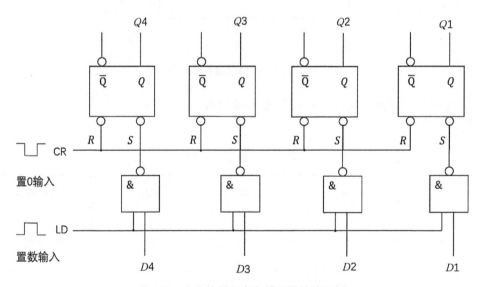

图 1.59   4 位的数码寄存器逻辑结构示例

从图 1.59 中看出,4 位数码寄存器包括清零指令 CR 和置数指令 LD 两个控制信号,四个输入端 D0~D3,四个输出端 Q0~Q3。其中,清零是低电平有效,置数是高电平有效。

（1）清零过程

清零时,CR 加低电平,LD 加低电平。此时,4 个与非门的输出均为高电平,即各触发器的 S 端为高电平,使各触发器均为 0 态,CR 信号撤去（回到高电平）后,R、S 均为高电平,触发器转为不变状态。

（2）置数过程

在清零后,LD端加有效电平(高电平)使各与非门打开,D0～D3以反码方式加入对应触发器的S端。根据触发器逻辑功能可知,各触发器的状态与D0～D3的状态一致,在LD信号撤去(回到低电平)后,各触发器的R、S端均为1,又回到不变状态,且LD将与非门封锁。

（3）验证其逻辑功能

① 建立图1.59所示结构的原理图。

② 建立波形文件。

③ 设置数据端D4～D1,通过波形设置CR、LD分别为00、01、10、11。

④ 执行仿真,观察Q4～Q1变化,并填入状态输出表1.38。

表1.38 状态输出

D4	D3	D2	D1	Q4	Q3	Q2	Q1
0	0	0	0				
0	0	0	1				
0	0	1	0				
0	0	1	1				
0	1	0	0				
0	1	0	1				
0	1	1	0				
0	1	1	1				
1	0	0	0				
1	0	0	1				
1	0	1	0				
1	0	1	1				
1	1	0	0				
1	1	0	1				
1	1	1	0				
1	1	1	1				

实验七　异步二进制计数器实验

7.1　实验目的

掌握异步二进制计数器的工作原理;测试集成电路 74LS74 的逻辑功能。

7.2　实验要求及仪器

利用 74LS74 设计 3 位二进制异步加计数器,通过 Quartus II 对 ACEX 可编程逻辑器件编程设计 4 位二进制异步减计数器,并测试其逻辑功能,填写逻辑功能测试表;具体实验仪器主要包括 DICE‐SEM 型数字模拟综合实验箱、USB 口下载电缆和安装 Quartus II 的 PC 机,以及芯片 74LS74 等。

7.3　实验原理

计数器是数字电路中应用最广的时序电路之一。基本触发器可构成简单的计数器,而功能完善的计数器则可用集成中规模器件来构成。

按照时钟信号作用方式不同,计数器可分为同步计数器和异步计数器。同步计数器属于同步时序电路,异步计数器属于异步时序电路。

其中,同步计数器划分方法多样,常见的分类方法包括:

① 根据计数值的增减不同,计数器可分为加计数器(数值递增)、减计数器(数值递减)、可逆计数器(数值可递增可递减)。

② 根据计数的数制不同,计数器可以分为二进制、十进制或其他进制计数器。

③ 根据功能不同,计数器可分为可预置数计数器、双时钟计数器、七段译码计数器等。

异步时序逻辑电路没有统一的时钟,各级触发器的状态变化直接由输入信号决定,所以电路结构相对简单,但是速度较慢。随着位数的增加,异步计数器从接受脉冲开始直到达到稳定状态时的延时也大大增加。

用 D 触发器构成的异步二进制加计数器是将计数脉冲加到第一级触发器的 CP 端,第一级触发器的输出 Q1 接到第二级触发器的 CP 端,Q2 接第三级触发器的 CP 端,以此类推。

图 1.60 为 3 位二进制异步加计数器。

从图 1.60 中看出,各触发器的反相输出端与该触发器的 D 输入相连($D_i = /Q^n$),将 D 触发器转换成计数型 T 触发器。同时,各反相输出端又与相邻触发器的时钟脉冲输入端相连。

图 1.61 为 3 位二进制异步加计数器状态。从初态 000(由清零脉冲所置)开始,每输入一个计数脉冲,计数器的状态按二进制数递增加 1,输入第 8 个计数脉冲后,计数器又回到 000 状态。因此它是 2^3 进制加计数器,又称模八(M=8)加计数器。

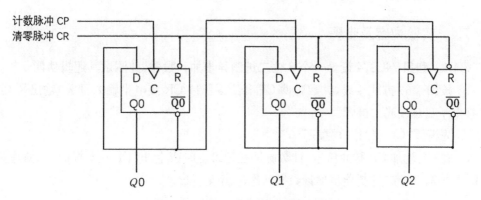

图 1.60　3 位二进制异步加计数器

Q2,Q1,Q0

$$\longrightarrow 000\rightarrow001\rightarrow010\rightarrow011\rightarrow100\rightarrow101\rightarrow110\rightarrow111 \longrightarrow$$

图 1.61　3 位二进制异步加计数器状态

图 1.62 为 D 型正边沿触发器 74LS74 器件结构。

从图 1.62 中看出,74LS74 芯片共包含两个 D 型正边沿触发器,在控制端 CP (CLK)的上升沿产生后发生变化。其中非同步输入端 Sd(PRE)叫作预置端,能将 D 触发器预置为"1";Rd(CLR)叫作清除端,将 D 触发器清除为"0"。这两输入端的输入与 CP 及输入的 D 无关。

表 1.39 为边沿 D 触发器的特性表。

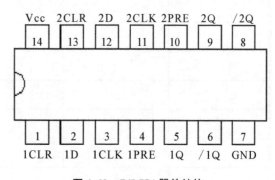

图 1.62　74LS74 器件结构

表 1.39　边沿 D 触发器的特性表

输 入				输 出		
PRE	CLR	CLK	D	Q	$\overline{Q}$	
0	1	X	X	1	0	置 1
1	0	X	X	0	1	置 0
0	0	X	X	Illeg	1	置 1
1	1	↑	0	a0	1	保持
1	1	↑	1	1	0	
1	1	0	X	Q0	$\overline{Q0}$	

7.4　实验内容及步骤

7.4.1　利用 74LS74 设计一个 3 位二进制异步加计数器,并测试其逻辑功能。

① 按图 1.68 方式接线,计数脉冲 CP 和清零脉冲 CR 接电平输入开关,输出端 Q2~Q0 接电平显示发光二极管。

② 先清零,CR 置"1",再拨回"0"。

③ 在 CP 端加 CP 脉冲信号,计数脉冲在正跳变时产生,即 CP 从 0 拨向 1。观察显示结果,并填写 3 位二进制异步加计数器状态输出表 1.40。

表 1.40　二进制异步加计数器状态输出

输　　入		输　　出		
CR	CP 脉冲	Q2	Q1	Q0
	1			
	2			
	3			
	4			
	5			
	6			
	7			
	8			
	9			
	10			

④ 根据图 1.62 和表 1.40 记录结果,画出该电路的工作时序图。

7.4.2　利用 Quartus II 对 ACEX 可编程逻辑器件编程,设计一个 4 位二进制异步减计数器,并测试其逻辑功能。

① 在 Quartus II 中,用 74LS74 芯片建立 4 位二进制异步减计数器结构原理图,增加公用的清零信号,连接各触发器 CR 输入端。

② 建立波形文件。

③ 在波形文件中设置若干个时钟周期的 CR 为"0",以便清零数据端 Q3~Q0。随后设置 CR 为"1"进行计数。

④ 执行仿真后,观察 Q3~Q0 变化并记录仿真波形。

⑤ 用时钟分析功能分析时钟对数据变化的影响并记录结果。

⑥ 建立平面布局图,设计布线。

⑦ 连接电路,打开电源。

⑧ 生成下载文件并下载到 ACEX 中。

⑨ 测试调试结果并记录在 4 位二进制异步减计数器状态输出表 1.41 中。

表 1.41　4 位二进制异步减计数器状态输出

输　　入		输　　出		
CR	CP 脉冲	Q2	Q1	Q0
	1			
	2			
	3			
	4			
	5			
	6			
	7			
	8			
	9			
	10			

第四部分

实验指导(二)——扩充实验

实验八   JK、D 触发器逻辑功能及主要参数测试

8.1   实验目的

学习触发器逻辑功能的测试方法;掌握集成 JK 触发器的逻辑功能;掌握 JK 触发器转换成 D 触发器的方法及 D 触发器的逻辑功能。

8.2   实验要求及仪器

集成 JK 触发器 74LS112 逻辑功能测试,利用 JK 触发器构成 D 触发器;具体实验仪器主要包括 DICE - SEM 型数字模拟综合实验箱、USB 口下载电缆和安装 Quartus II 的 PC 机,以及芯片 74LS04、74LS112 等。

8.3   实验原理

8.3.1   JK 触发器

当没有时钟信号产生时,无论触发器的 J、K 输入端怎样变换,JK 触发器状态保持不变。当时钟信号到来时,若输入 $J=0$,$K=0$,触发器状态保持原来状态不变;若输入 $J=0$、$K=1$,无论触发器的现态如何,其次态总为 0;若输入 $J=1$、$K=0$,无论触发器的现态如何,其次态总为 1;若输入 $J=1$、$K=1$,触发器状态必将发生变化。

图 1.63 为 JK 触发器的逻辑符号,其中 J、K 是控制输入端,S、R 分别是异步置"1"和异步置"0"端。

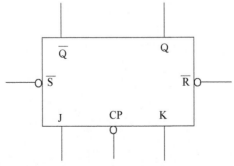

图 1.63   JK 触发器逻辑符号

表 1.42 为 JK 触发器的特性表。

表 1.42　JK 触发器特性表

J	K	Q_n	Q_{n+1}	说　明
0	0	0	0	保持 $Q_{n+1} = Q_n$
		1	1	
0	1	0	0	置 0
		1	0	
1	0	0	1	置 1
		1	1	
1	1	0	1	翻转 $Q_{n+1} = \overline{Q_n}$
		1	0	

图 1.64 为双下降沿 JK 触发器 74LS112(有预置、清除端)。

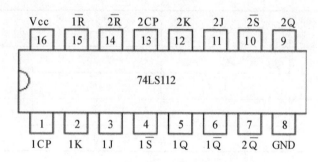

图 1.64　双下降沿 JK 触发器 74LS112

从图 1.64 中看出,74LS112 包含两个下降沿 JK 触发器,在控制端 CP 的下降沿输出后发生变化。其中,非同步输入端 $\overline{Sd}$ 为预置端,$\overline{Rd}$ 为清除端,可提前将 JK 触发器预置为"1"或清除为"0",而与 CP 及输入的 JK 无关。

8.3.2　D 触发器

当没有时钟信号产生时,无论触发器的输入端 D 是 0 还是 1,D 触发器状态保持不变。当时钟信号到来时,若输入 $D=0$,则触发器输出 $Q=0$,即触发器置 0;若输入 $D=1$,则触发器输出 $Q=1$,即触发器置 1。

图 1.65 为 D 触发器的逻辑符号。

表 1.43 为 D 触发器的真值表。

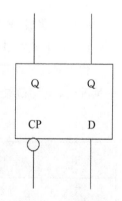

图 1.65　D 触发器的逻辑符号

表 1.43 D 触发器的真值表

D	Q_{n+1}
0	0
1	1

8.3.3 T 触发器

当没有时钟信号产生时,无论输入端怎样变换,T 触发器状态保持不变。当时钟信号到来时,若输入 $T=1$,触发器状态发生变化;若输入 $T=0$,触发器状态保持不变。

由此可知,当 T 输入端为 1 时,没有产生时钟信号,输出就翻转一次,即相当于一个二进制计数器。因此,一定程度上 T 触发器又称为计数触发器。此时,T 端起到了一个控制端的作用,当 T 输入端为 0 时,停止计数。

图 1.66 为 T 触发器的逻辑符号。

表 1.44 为 T 触发器的真值表。

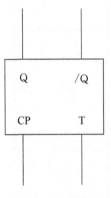

图 1.66 T 触发器的逻辑符号

表 1.44 T 触发器的真值表

T	Q_n	Q_{n+1}	功能描述
0	0	0	保持
	1	1	
1	0	1	翻转
	1	0	

8.4 实验内容及步骤

8.4.1 集成 JK 触发器 74LS112 逻辑功能测试

(1)异步置位及复位功能的测试

将 J、K、CP 端开路,将/R、/S 端分别接到数据开关对应的插孔,设置/R、/S 为表 1.45 中情况时,观察 Q 端显示的高低电平并转换成逻辑状态,填写参数和观察结果表 1.45。

表 1.45 参数和观察结果

CP	J	K	/R	/S	Q	/Q
X	X	X	0	1		
X	X	X	1	0		

（2）逻辑功能的测试

将 $\overline{S}$、$\overline{R}$ 端按照表 1.45 连接，并将 $\overline{S}$、$\overline{R}$ 置高电平，J、K 端分别接至数据开关对应的插孔，在 CP 端接至单脉冲的插孔。将触发器置 0 或 1，按照表 1.46 的要求改变 CP、J、K 的状态，观察 Q 端的显示，并转换逻辑状态填入表 1.46。

表 1.46　参数和观察结果

CP		0	↑	↓	0	↑	↓	0	↑	↓	0	↑	↓
J		0	0	0	0	0	0	1	1	1	1	1	1
K		0	0	0	1	1	1	0	0	0	1	1	1
Q	1												
	0												

将 JK 触发器接成计数状态，即 J＝1、K＝1，然后将 CP 端接至开关插孔，拨动开关产生跳变，用示波器观察 Q 及波形。

（3）用 Quartus Ⅱ 测试 74LS112(JK 双下降沿触发器)的仿真波形

① 用该符号建立原理图文件。

② 建立波形文件。

③ 通过波形图设置 J、K 的波形组合。

④ R、S 设为高电平，当改变 J、K 分别为时钟周期的 2 倍、4 倍时，观察仿真操作后 Q 和/Q 的结果波形(图 1.67)，分析时钟对数据变化的影响并记录波形变化。

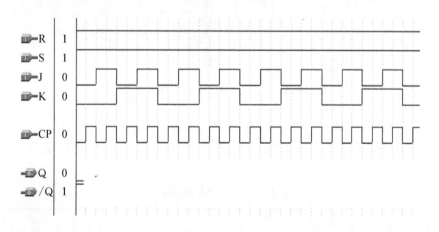

图 1.67　波形变化

⑤ 改变 R、S 的状态组合为 00、01、10、11，执行仿真后观察产生的 Q 和/Q 的结果并记录波形变化(图 1.68)。

⑥ 分析时钟和 R、S 对输出的数据变化的影响。

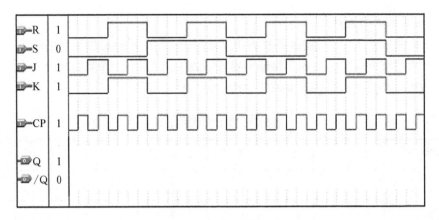

图 1.68 波形变化

8.4.2 JK 触发器转换成 D 触发器

用 Quartus II 编程将 JK 触发器 74LS112 转换成 D 触发器,即 $K = \bar{J}$,结果如图 1.69 所示。

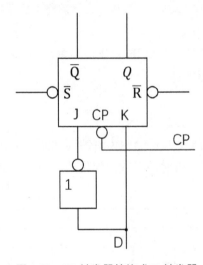

图 1.69 JK 触发器转换成 D 触发器

测试 D 触发器的连接功能,将/S、/R 和 D 分别接到数据开关,CP 接单脉冲。设置表 1.47 中的数据情况,观察 Q 和/Q 的显示,并用万用表测量 Q 端及/Q 的电位,将上述结果填入表 1.47。

表 1.47　参数和观察结果

输　　　入				输　　出	
S	R	CP	D	Q	$\bar{Q}$
0	1	X	X		
1	0	X	X		

续　表

输　　入				输　　出	
S	R	CP	D	Q	$\bar{Q}$
1	1	↑			
1	1	↑			
1	1	↓			
1	1	↓			

实验九　三态输出触发器和锁存器

9.1　实验目的

掌握三态触发器和锁存器的功能及使用方法；了解用三态触发器和锁存器构成功能电路。

9.2　实验要求及仪器

利用 74LS75 芯片组成数据锁存器，验证特定锁存器功能并填写逻辑功能状态表；具体实验仪器主要包括 DICE - SEM 型数字模拟综合实验箱、USB 口下载电缆和安装 Quartus II 的 PC 机，以及芯片 74LS175 等。

9.3　实验原理

三态输出门(TS)是在普通门电路的基础上通过增加控制电路构成。在控制端的作用下，电路的状态有高阻态、输出高电平态和输出低电平态等三种状态。其中，当控制端为"1"时，电路呈正常工作状态，称为高电平有效电路；当控制端为"0"时，电路呈正常工作状态，称为低电平有效电路。

在数字系统中，三态门在同一根导线上分时传送若干个门的输出信号以减少各单元电路之间的连线数目，是最常用的器件之一。只要分别使各个门控制信号轮流为"0"(在低电平有效的情况下)，其余门的控制信号为"1"(高阻态)，此时可让相应门的输出送到公共总线上，这种分时传送信号的连接方式叫作总线结构。

利用三态门实现数据的双向传送也是主要的应用之一。对于两个三态反相器，一个低电平有效，一个高电平有效，三态控制端为"1"时，数据经高电平有效的门传送到数据总线；三态控制端为"0"时，低高电平有效的门将数据总线的数据反相后输出。

9.4　实验内容及步骤

图 1.70 为 74LS75 四 D 锁存器。

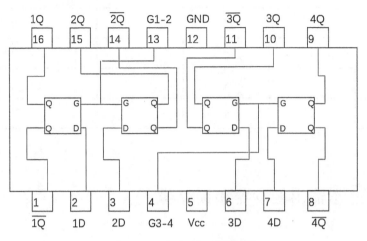

图 1.70　74LS75 四 D 锁存器

从图 1.70 中看出,每两个 D 锁存器由一个锁存信号 G 控制。当 G 为高电平时,输出端 Q 随输入端 D 信号的状态变化;当 G 由高变为低时,Q 锁存在 G 端由高变低前 Q 的电平上。

9.4.1　用 74LS75 组成数据锁存器

图 1.71 为数据锁存器结构。按照图 1.71 接线,D0~D3 接逻辑开关作为数据输入端,Gl-2 和 G3-4 接到一起作为锁存选通信号 ST,Q0~Q3 分别接到 7 段译码器的输入端,数据输出由数码管显示。

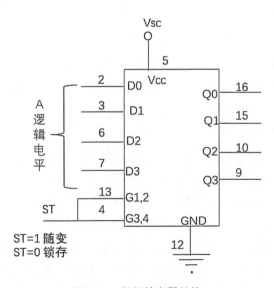

图 1.71　数据锁存器结构

假设存在逻辑电平 H 为"1"、L 为"0",则此时执行以下操纵:

$ST=1$,输入 0、0、0、1、0、0、1、1、0、1、1、1,观察数码管显示。

$ST=0$,输入不同数据,观察输出变化。

9.4.2　验证

验证图 1.71 锁存器功能,并填写功能状态表 1.48。

表 1.48　锁存器功能状态

ST	D1	D2	D3	D4	Q1	Q2	Q3	Q4
0	0	1	1	1				
0	0	1	0	1				
1	0	0	10	1				
1	0	1	1	0				
1	0	1	1	0				
1	1	0	0	1				
0	0	1	1	0				
0	1	0	0	1				
0	0	1	1	1				

9.4.3　讨论

若按图 1.72 所示波形设置 D4~D1 时,请画出 Q4~Q1 呈现波形,并进行验证。

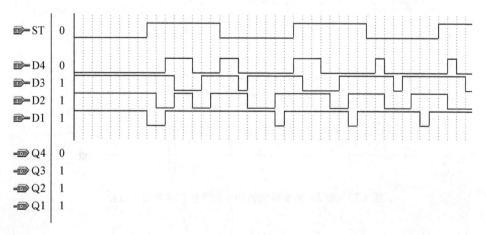

图 1.72　波形

实验十 同步二进制计数器实验

10.1 实验目的

掌握计数器的工作原理及电路组成;测试集成电路 74LS161 构成的 4 位二进制递加计数器。

10.2 实验要求及仪器

利用可编程逻辑器件 ACEX 分别设计 4 位二进制同步加计数器和 4 位二进制同步减计数器,构造模 12 计数器,并测试其逻辑功能,填写逻辑功能测试表;具体实验仪器主要包括 DICE-SEM 型数字模拟综合实验箱、USB 口下载电缆和安装 Quartus II 的 PC 机,以及芯片 74LS161 等。

10.3 实验原理

同步时序逻辑电路是以触发器状态为标志的,因此又称为时钟同步时序逻辑电路。同步时序逻辑电路的状态存储器是触发器,时钟输入信号连接到所有触发器的时钟控制端,在时钟信号的有效触发边沿才改变状态,即同步改变。

同步计数器就是将每个触发器的时钟端均接在同一个时钟脉冲源上,各触发器如要翻转,应在时钟脉冲作用下同时翻转,因此时钟端不能再由其他触发器来控制。

10.3.1 同步二进制加计数器

图 1.73 为一个由 JK 触发器构造的 4 位同步二进制加计数器。

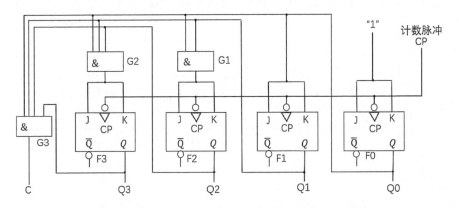

图 1.73 由 JK 触发器构造的 4 位同步二进制加计数器

各触发器的驱动方程为:

$$\begin{cases} J0 = K0 = 1 \\ J_1 = K_1 = Q_0 \\ J_2 = K_2 = Q_0 Q_1 \\ J_3 = K_3 = Q_0 Q_1 Q_2 \end{cases} \qquad (1.16)$$

计数器的状态方程为：

$$\begin{cases} Q_0^{n+1} = \overline{Q_0} \\ Q_1^{n+1} = Q_0 \overline{Q_1} + \overline{Q_0} Q_1 \\ Q_2^{n+1} = Q_0 Q_1 \overline{Q_2} + \overline{Q_0 Q_1} Q_2 \\ Q_3^{n+1} = Q_0 Q_1 Q_2 \overline{Q_3} + \overline{Q_0 Q_1 Q_2} Q_3 \end{cases} \qquad (1.17)$$

电路的输出方程即进位为：

$$C = Q_0 Q_1 Q_2 Q_3 \qquad (1.18)$$

式中需要在 CP 下跳沿状态时有效。计数前应清零，以后每输入一个脉冲，计数器将按照加 1 规律变化，即 0000→0001→0010→0011→…→1111→0000。

10.3.2 同步二进制减计数器

图 1.74 为一个用 JK 触发器构造的 4 位同步二进制减计数器。

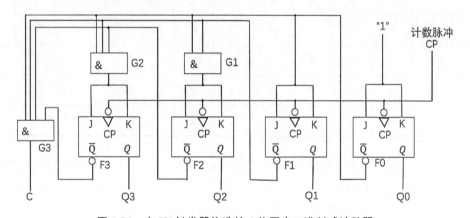

图 1.74 由 JK 触发器构造的 4 位同步二进制减计数器

每输入一个脉冲计数器减 1，计数状态变化规律为 1111→1110→1101→1100→…0000→1111。

当输入第一个脉冲，第一级触发器翻转，$J0 = K0 = 1$。当第一级触发器为 0 时，再输入一个脉冲，要向第二级触发器借位，使第二级翻转，故要求 $J1 = K1 = \overline{Q0}$。依此类推，$J2 = K2 = \overline{Q0}\ \overline{Q1}$，…。对于 4 位二进制递减计数器，当各位均为 0 时，输入一个脉冲，必然产生向高位的借位，即 $C = \overline{Q0}\ \overline{Q1}\ \overline{Q2}\ \overline{Q3}$。

10.3.3 集成计数器

计数器对输入的时钟脉冲进行计数，每接收一个 CP 脉冲计数器状态就变化一次。

根据计数器计数循环长度 M,称为模 M 计数器(M 进制计数器)。通常,计数器状态编码按二进制数的递增或递减规律来编码,对应地称为加法计数器或减法计数器。

1 个计数型触发器就是 1 位二进制计数器。N 个计数型触发器可以构成同步或异步 N 位二进制加法或减法计数器。但是需要注意的是,计数器状态编码并非必须按二进制数的规律编码,可以给 M 进制计数器任意地编排 M 个二进制码。

在数字集成产品中,通用的计数器是二进制和十进制计数器。按计数长度、有效时钟、控制信号、置位和复位信号等不同,可以进一步划分为不同的型号。其中,74LS161 是一种典型的集成 TTL 4 位二进制加法计数器。图 1.75 为 74LS161 芯片管脚分布结构,表 1.49 为 74LS161 芯片功能表。

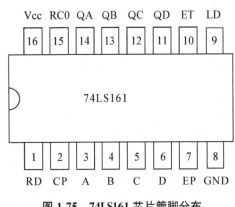

图 1.75　74LS161 芯片管脚分布

表 1.49　74LS161 芯片功能表

$\overline{RD}$	$\overline{LD}$	CT_T	CT_P	CP	D3	D2	D1	D0	Q3	Q2	Q1	Q0
L	X	X	X	X	X	X	X	X	L	L	L	L
H	L	X	X	↑	d3	d2	d1	d0	d3	d2	d1	d0
H	H	L	X	X	X	X	X	X	保持			
H	H	X	L	X	X	X	X	X	保持			
H	H	H	H	↑	X	X	X	X	计数			

从图 1.75 和表 1.49 中看出,74LS161 芯片是一种 16 脚的 4 位可预置数二进制加计数器和双列直插式中规模集成电路。其中,$\overline{RD}$ 为异步复位端,即复位不需要时钟信号。在复位端高电平条件下,预置端 $\overline{LD}$ 为低电平时实现同步预置功能,即需要有效时钟信号才能使输出状态 Q3~Q0 等于并行输入预置数 D3~D0。在复位和预置端都为无效电平时,两计数使能端输入使能信号,ET、EP 为 1;两计数使能端输入禁止信号,ET、EP 为 0,集成计数器实现状态保持功能,进位输出端 CP 为 1。

10.4　实验内容及步骤

10.4.1　设计计数器

利用可编程逻辑器件 ACEX 分别设计一个 4 位的二进制同步加计数器和 4 位二进制同步减计数器,并测试其逻辑功能。

① 在 Quartus II 中,选择 74LS112(双下降沿 JK 触发器)和其他电路建立二进制同

步加计数器和二进制同步减计数器原理图。

② 建立波形文件。

③ 在波形文件中设置 1 端为"1",再进行计数。

④ 执行仿真后,观察产生的 Q3~Q0 的结果。

⑤ 画波形图,用时钟分析功能分析时钟对数据变化的影响并记录结果。

⑥ 建立平面布局图,设计布线,连接电路。

⑦ 生成下载文件并下载到 ACEX。

⑧ 调试结果,并记录在表 1.50 中。

表 1.50 观 察 结 果

输入脉冲序号	电 路 状 态				等效十进制数	进位输出 C
	Q3	Q2	Q1	Q0		
0	0	0	0	0	0	0
1						
2						
3						
4						
5						
6						
7						
8						

10.4.2 构造模 12 计数器

利用 74LS161 芯片实现十二进制计数有以下两种方法:反馈清零法和反馈置数法。其中,反馈置数法按预置不同又有多种接法。下面以反馈置数法为例进行简单介绍。

反馈置数法是通过反馈产生置数信号 $\overline{LD}$,将预置数 $D_3 \sim D_0$ 预置到输出端。74LS161 是同步置数的,需 CP 和 $\overline{LD}$ 都有效才能置数,因此 $\overline{LD}$ 应先于 CP 出现。所以 M−1 个 CP 后就应产生有效 $\overline{LD}$ 信号。若用 4 位二进制数前 12 个数作为计数状态,预置数 $D_3 \sim D_0 = 0$、0、0、0,应在 $Q_3 \sim Q_0 = 1,0,1,1$ 时预置端变为低电平,即 $\overline{LD} = \overline{Q_3 Q_1 Q_0}$。

图 1.76~1.78 分别为电路图、时序图和波形图。

① 用计算机仿真实验在 Quartus II 中对 ACEX 可编程逻辑器件编程,选择 74LS161 (4 位二进制数码计数器)和其他电路符号建立模 12 计数器原理图。

② 建立波形文件,设定 RD 为若干周期的低电平,进行清零复位,LD 设为高电平。

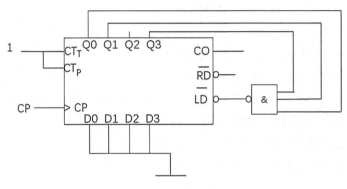

图 1.76 电路图

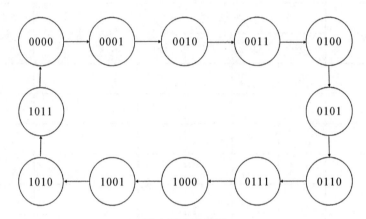

图 1.77 时序图

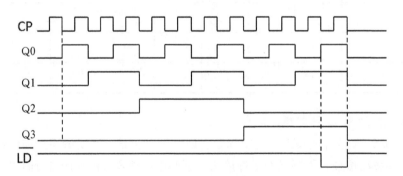

图 1.78 波形图

③ 执行仿真后,观察产生的 Q3～Q0 的结果。

④ 用时钟分析功能分析时钟对数据变化的影响。

⑤ 建立平面布线图,设计布线。

⑥ 连接电路,打开电源。

⑦ 生成下载文件并下载到 ACEX 器件。

⑧ 测试结果,填写观察结果表 1.51。

表 1.51 观 察 结 果

RD	LD	CT$_T$	CT$_P$	脉冲数	电路状态					等效十进制
					Q3	Q2	Q1	Q0	CO	
				1						
				2						
				3						
				4						
				5						
				6						

实验十一 移位寄存器的功能测试

11.1 实验目的

掌握移位寄存器的工作原理及电路组成;测试集成电路 74LS194 的 4 位双向移位寄存器的逻辑功能。

11.2 实验要求及仪器

利用 D 触发器构成的单向(右向)移位寄存器,测试移位寄存器 74LS194 逻辑功能并填写逻辑功能测试表;具体实验仪器主要包括 DICE‑SEM 型数字模拟综合实验箱、USB口下载电缆和安装 Quartus II 的 PC 机,以及芯片 74LS74、74LS194 等。

11.3 实验原理

寄存器用于存储一组二进制信号,通常是由多个锁存器或触发器组成,是数字系统中最常用的器件之一。

移位寄存器是指在时钟信号控制作用下,寄存器中所寄存的数据依次向左(由低位向高位)或向右(由高位向低位)移位的寄存器。根据移位方向的不同,移位寄存器可以划分为左移寄存器、右移寄存器和双向寄存器等三类。

图 1.79 为移位寄存器的原理结构示意。

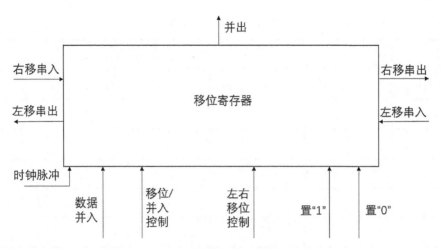

图 1.79　移位寄存器的原理结构示意

通常来说,移位寄存器包括以下全部或部分输入、输出端:

① 并行输入端:寄存器中的每一个触发器输入端都是寄存器的并行数据输入端。

② 并行输出端:寄存器中的每一个触发器输出端都是寄存器的并行数据输出端。

③ 移位脉冲 CP 端:寄存器的移位脉冲。

④ 串行输入端:寄存器中最左侧或最右侧触发器的输入端是寄存器的串行数据输入端。

⑤ 串行输出端:寄存器中最左侧或最右侧触发器的输出端是寄存器的串行数据输出端。

⑥ 置 0 端:能够将寄存器中的所有触发器置 0。

⑦ 置 1 端:能够将寄存器中的所有触发器置 1。

⑧ 移位/并入控制:控制寄存器是否进行数据串行移位或数据并行输入。

⑨ 左/右移位控制端:控制寄存器的数据移位方向。

尽管上述移位寄存器的输入、输出和控制端等功能并不是每一个移位寄存器都具有,但是移位寄存器一定具有移位脉冲端功能。

图 1.80 为由边沿 RS 触发器组成的移位寄存器电路。其中,移位寄存器串行输入的数据在时钟脉冲的作用下移动。

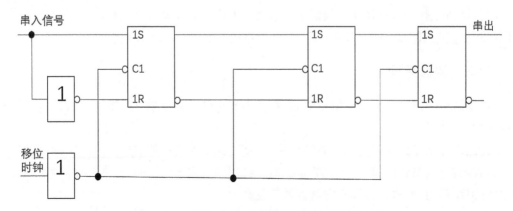

图 1.80　由边沿 RS 触发器组成的移位寄存器电路

11.3.1　单向移位寄存器

图 1.81 和图 1.82 分别为由 D 触发器连接组成的 4 位右移位寄存器和左移位寄存器,同时也都是同步时序电路。

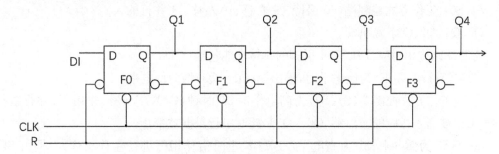

图 1.81　由 D 触发器连接组成的 4 位右移位寄存器

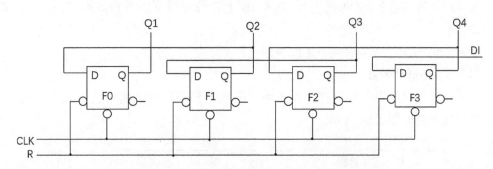

图 1.82　由 D 触发器连接组成的 4 位左移位寄存器

从图 1.81 和 1.82 中看出,每个触发器的输出连到下级触发器的控制输入端,在时钟脉冲作用下,存储在寄存器中的信息逐位右移或左移。

移位寄存器的清零方式包括以下两种:

① 异步清零:将所有触发器的清零端 R 连在一起,置位端 S 连在一起;当 R=0、S=1 时,Q 端为 0。

② 同步清零:在串型输入端输入"0"电平,接着从 CLK 端送 4 个脉冲,则所有触发器也可清到零状态。

11.3.2　双向移位寄存器

74LS194 是一种典型的集成 4 位双向移位寄存器,也是最常见的芯片之一。图 1.83 为 74LS194 芯片引脚示意结构。

从图 1.83 中看出,74LS194 芯片引脚分别为:

CLK:时钟脉冲输入端。

CLR:清除端(低电平有效)。

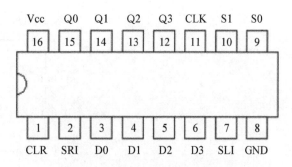

图 1.83　74LS194 芯片引脚示意结构

D0、D1、D2、D3：并行数据输入端。

SLI：左移串行输入端。

SRI：右移串行输入端。

S1、S0：工作方式控制端（00 保持、01 右移、10 左移、11 并行输入）。

Q0、Q1、Q2、Q3：输出端。

与芯片结构相对应，74LS194 引脚的具体功能包括：

① 当清除端（CLR）为低电平时，输出端（Q0～Q3）均为低电平。

② 当工作方式控制端（S1、S0）为高电平时，在时钟（CLK）上升沿作用下，并行数据（D0～D3）被送入相应的输出端（Q0～Q3），此时串行数据被禁止。

③ 当 S0 为低电平、S1 为高电平，在 CLK 上升沿作用下进行左移操作，数据由 SLI 送入。

④ 当 S0 为高电平、S1 为低电平，在 CLK 上升沿作用下进行右移操作，数据由 SRI 送入。

⑤ 当 S0、S1 均为低电平时，CLK 被禁止。

11.3.3　环形计数器

环形计数器是将单向移位寄存器的串行输入端和串行输出端相连构成一个闭合的环。其逻辑电路如图 1.84 所示。

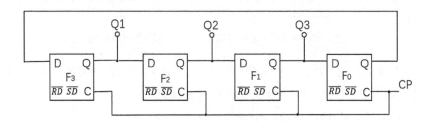

图 1.84　环形计数器逻辑电路

为了实现环形计数器的计时功能，需要设置适当的初态且输出 Q3～Q0 端初始状态不能完全一致，即不能全为"1"或"0"。此时，环形计数器的进制数 N 与移位寄存器内的触发器个数 n 相等，环形计数器的状态变化如图 1.85 所示。

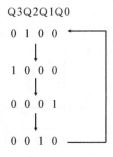

图 1.85　环形计数器的状态变化（电路中初态为 0100）

11.3.4 扭环计数器

扭环形计数器是指为了提高环形计数器电路状态利用率,通过改变反馈函数得到如图 1.86 所示的逻辑电路。扭环计数器电路在每次状态转换时只有一位触发器改变状态,具有译码电路简单和电路译码时不会产生竞争冒险现象等优点。图 1.87 为扭环计数器的状态变化。

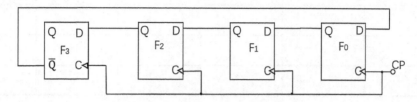

图 1.86　扭环计数器的逻辑电路

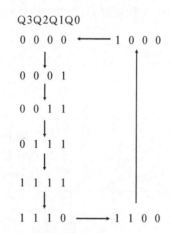

图 1.87　扭环计数器的状态变化(电路中初态为 0100)

11.4　实验内容及步骤

11.4.1　由 D 触发器构成的单向(右向)移位寄存器

由两片双 D 触发器 74LS74 构成 4 位移位寄存器,根据原理图和芯片引脚图在实验箱上正确连线。

① 按图 1.81 接线,CLK 接单脉冲插孔,/R、DI 端接相应电平。

② 用同步清零法或异步清零法清零;其中,同步清零:置/R=0,拨 CLK 0→1(1 个脉冲);异步清零:置/R=1,DI=0,拨 4 次 CLK 0→1(4 个脉冲)。

③ 清零后置/R=1。

④ 置 DI=1,输入 1 个 CLK 脉冲(0→1),即将数码 1 送入 Q0。

⑤ 置 DI=0,再输入 3 个 CLK 脉冲(0→1),此时 Q3Q2Q1Q0=1000,即已将数码串行送入寄存器,并完成数码 1 的右向移动过程。

⑥ 每输入 1 个 CLK 脉冲,同时观察 Q0～Q3 的状态显示,并将结果填入表 1.52。

表 1.52 观 察 结 果

CP 计数	DI	Q0	Q1	Q2	Q3
0	0	0	0	0	0
1	1				
2	0				
3	0				
4	0				

11.4.2 移位寄存器 74LS194 的逻辑功能测试

① 用 Quartus II 建立 74LS194 移位寄存器的功能原理图。

② 设计波形图,仿真运行。

③ 设计如图 1.88 所示的布线图。

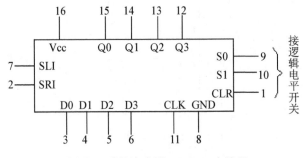

图 1.88 移位寄存器 74LS194 布线图

④ 按布线图接线,D3~D0、SLI、SRI、S0、S1、CLR、CLK 接电平开关,Q3~Q0 接显示发光二极管。

⑤ 并行输入送数,接通电流,将 CLR 端置低电平,使寄存器清零,观察 Q0~Q3 状态为 0,清零后将 CLR 端置高电平;令 S0=1,S1=1,在 0000~1111 之间任选几个二进制数,由输入端 D0~D3 送入,在 CLK 脉冲作用下,看输出端 Q0~Q3 状态显示是否正确,将结果填入表 1.53。

表 1.53 观 察 结 果

序号	输 入				输 出			
	D0	D1	D2	D3	Q0	Q1	Q2	Q3
1	0	0	0	0				
2	1	0	0	0				

续 表

序号	输 入				输 出			
	D0	D1	D2	D3	Q0	Q1	Q2	Q3
3	1	0	1	0				
4	0	1	0	1				
5	1	1	1	1				
6	1	1	0	0				

⑥ 右移,将 Q3 接 SRI,即将管脚 12 与脚 2 连接,实现清零;令 S0＝1、S1＝1,送数 Q3～Q0＝0、0、0、1,然后令 S0＝1、S1＝0,连续发出 4 个 CLK 脉冲,观察 Q0～Q3 状态显示,并填入表 1.54。

表 1.54 观 察 结 果

输 入	输 出			
CLK 脉冲	Q3	Q2	Q1	Q0
0	0	0	0	1
1				
2				
3				
4				

⑦ 左移,将 Q0 接 SLI,即将脚 15 与脚 7 连接,实现清零;令 S0＝1、S1＝1,送数 Q3～Q0＝1、0、0、0,然后令 S0＝0、S1＝1,连续发出 4 个 CLK 脉冲,观察 Q0～Q3 状态显示,并填表 1.55 中。

表 1.55 观 察 结 果

输 入	输 出			
CLK 脉冲	Q3	Q2	Q1	Q0
0	1	0	0	0
1				
2				

续　表

输　入	输　　出			
CLK 脉冲	Q3	Q2	Q1	Q0
3				
4				

⑧ 保持,清零后送入一个 4 位二进制数,例如为 Q3～Q0＝0、1、0、1,然后 S0＝0、S1＝0,连续发出 4 个 CLK 脉冲,观察 Q0～Q3 的状态显示,并记入表 1.56。

表 1.56　观　察　结　果

输　入	输　　出			
CLK 脉冲	Q0	Q1	Q2	Q3
0	1	0	1	0
1				
2				
3				
4				

实验十二　计数时序电路综合应用

12.1　实验目的

熟悉和测试 74LS290 器件的逻辑功能;运用中规模集成电路组成计数、译码、显示电路。

12.2　实验要求及仪器

测试 74LS290 的二、五-十进制计数器功能,完成时序电路综合应用;具体实验仪器主要包括 DICE－SEM 型数字模拟综合实验箱、USB 口下载电缆和安装 Quartus II 的 PC 机,以及芯片 74LS290、74LS138、74LS161 等。

12.3　实验原理

计数器常用于计数、分频、定时及产生数字系统的节拍脉冲等,是目前最常见的时序

电路之一。通常根据不同的标准,类型也各不相同。例如:

① 按照触发器是否同时翻转,分为同步计数器或异步计数器。

② 按照计数顺序的增减,分为加、减计数器,计数顺序增加称为加计数器,计数顺序减少称为减计数器,计数顺序可增可减称为可逆计数器。

③ 按照计数容量和构成计数器的触发器的个数之间的关系,可分为二进制和非二进制计数器。计数器所能记忆的时钟脉冲个数(容量)称为计数器的模。

在数字集成产品中,通用的计数器是二进制和十进制计数器。按计数长度、有效时钟、控制信号、置位和复位信号的不同又有着很多不同的型号。下面以常见的异步集成计数器 74LS290 为例进行简单介绍。

图 1.89 为 74LS290 芯片的符号图和管脚排列结构。

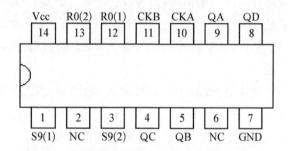

图 1.89 74LS290 芯片的符号图和管脚排列结构

从图 1.89 中看出,S9(1)、S9(2)称为置"9"端,R0(1)、R0(2)称为置"0"端,CP0、CP1(CKB、CKA)端为计数时钟输入端,Q3、Q2、Q1、Q0(Qd、Qc、Qb、Qa)为输出端,NC 表示空脚。

表 1.57 为 74LS290 芯片的功能表。

表 1.57 74LS290 芯片的功能

输　入				输　出			
R0(1)	R0(2)	S9(1)	S9(2)	Q0	Q1	Q2	Q3
1	1	0	X	0	0	0	0
1	1	X	0	0	0	0	0
X	X	1	1	1	0	0	1
X	0	X	0	计数			
0	X	0	X	计数			
0	X	X	0	计数			
X	0	0	X	计数			

从表 1.57 中看出,74LS290 芯片具有以下功能:

(1) 置"9"功能

当 S9(1)＝S9(2)＝1 时,不论其他输入端状态如何,计数器输出(Q3～Q0)＝1、0、0、1,而(1001)$_2$＝(9)$_{10}$,故又称为异步置数功能。

(2) 置"0"功能

当 S9(1)和 S9(2)不全为 1,并且 R0(1)＝R0(2)＝1 时,不论其他输入端状态如何,计数器输出(Q3～Q0)＝0000,故又称为异步清零功能或复位功能。

(3) 计数功能

当 S9(1)和 S9(2)不全为 1,并且 R0(1)和 R0(2)不全为 1 时,输入计数脉冲 CP,计数器开始计数。例如:

① CP0 输入计数脉冲,Q0 为输出时,则构成二进制计数器。

② CP1 输入计数脉冲,Q3、Q2、Q1 为输出时,则构成五进制计数器。

③ 若将 Q0 和 CP1 相连,计数脉冲由 CP0 输入,输出端为 Q3、Q2、Q1、Q0 时,则构成十进制(8421 码)计数器。

④ 若将 Q3 和 CP0 相连,计数脉冲由 CP1 输入,输出为 Q0、Q3、Q2、Q1 时,则构成十进制(5421 码)计数器。

因此,74LS290 芯片又被称为"二-五-十进制型集成计数器"。

12.4　实验内容及步骤

12.4.1　测试 74LS290 的二-五-十进制计数器功能

① 用 Quartus II 建立 74LS290 二-五-十进制计数器的功能图。

② 设计波形图,仿真运行。

③ 设计布线图。

④ 按布线图接线,其中,D3～D0、R0(1)、R0(2)、S9(1)、S9(2)、CP0、CP1 接电平开关,Q3～Q0 接显示发光二极管。

⑤ 打开实验箱电源。

⑥ 生成 ACEX 的编程程序并下载。

⑦ 拨动 CP0 若干次从 1→0,观察 Q0 并记录结果。

⑧ 拨动 CP1 若干次从 1→0,观察 Q3～Q1 并记录结果。

⑨ 将 Q0 和 CP1 相连,拨动若干次 CP0,观察并记录结果。

⑩ 将 Q3 和 CP0 相连,拨动若干次 CP1,观察并记录结果。

⑪ 将 D3～D0 接到数码管的 8、4、2、1 端,观察并记录结果。

12.4.2　时序电路综合应用

某工厂生产由 A(加料)、B(加热)、C(加压)、D(清洗)、E(取出)五个工艺流程组成,一个生产周期分为 8 个工序,各段的时间关系如表 1.58 所示,试采用 3 线/8 线译码器 74LS138 和 4 位二进制同步加计数器 74LS161 以及其他电路设计该生产流程的控制,给出每一个工艺的进行操作的控制信号。

表 1.58　生产周期中的时间关系

工艺＼工序	0	1	2	3	4	5	6	7
A	√	√						
B			√	√	√	√		
C				√	√	√		
D							√	
E								√

① 根据时间表得出的输出时序特征,结果如图 1.90 所示。

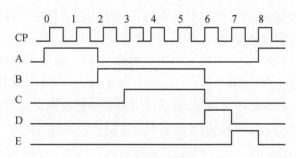

图 1.90　时序特征

② 分析 74LS138 和 74LS161 的功能,画出电路图。

③ 用计算机仿真实验方法设计并验证控制功能。

④ 写出设计步骤和实验过程,并验证结果。

第五部分

小　　结

　　数字逻辑作为计算机专业的基础课程,简单清晰的知识点组织和编排结构有助于计算机组成原理、微机与接口技术等后续知识的理解与学习。本篇通过介绍数字逻辑中的关键内容,简洁凝练地为读者展现了数字逻辑系统的整体逻辑思路。其一,理论部分分别介绍了数字逻辑基础概述、数制与编码、逻辑代数基础、组合逻辑电路、时序逻辑电路、大规模可编程逻辑器件、VHDL 硬件描述语言、基于集成电路的逻辑设计等知识点。其二,详细介绍了 Quartus II 数字逻辑开发工具。实验部分针对理论基础中的重要知识点设计了相应的实验,具体包括基础实验和扩充实验。基础实验中包括一些较为简单的逻辑门电路、复合逻辑电路、组合逻辑电路、编码器、译码器、数据选择器、半加器、全加器、RS 触发器、异步二进制计数器等基础的理论知识点的验证实验,以及小型的逻辑电路设计;扩充实验则在基础实验上进行拓展,涉及 JK 与 D 触发器、三态输出触发器、同步二进制计数器、移位寄存器、计数器时序电路等,要求读者熟练掌握逻辑电路设计的理论和设计方法。实验与理论部分相互支撑,促进读者对有关知识的理解与应用。

第六部分

附 录

附录 A 部分芯片引脚

(1) 74LS00($Y=\overline{AB}$)

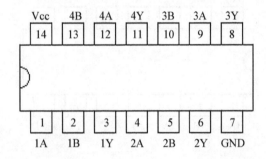

(2) 74LS02($Y=\overline{A+B}$)

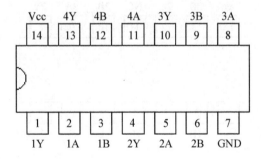

(3) 74LS04(同 CD4069)($Y=\overline{A}$)

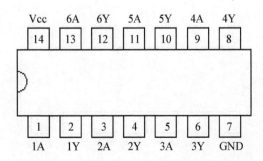

（4）74LS08（同 CD4081）（$Y=AB$）

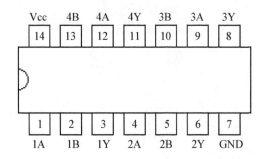

（5）74LS10（$Y=\overline{ABC}$）

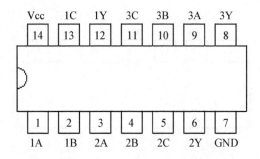

（6）74LS20（$Y=\overline{ABCD}$）

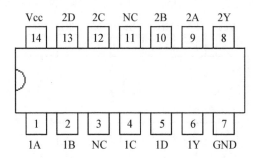

（7）74LS21（$Y=ABCD$）

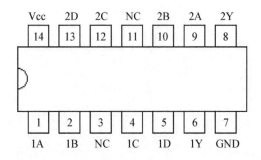

(8) 74LS32($Y=A+B$)

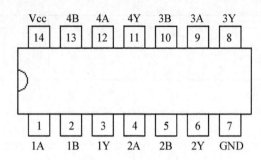

(9) 74LS73(双 JK 触发器)

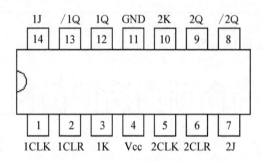

CLR	CLK	J	K	Q	/Q
0	X	X	X	0	1
1	↓	0	0	Qo	/Qo
1	↓	1	0	1	0
1	↓	0	1	0	1
1	↓	1	1	Toggle	
1	1	X	X	Qo	/Qo

(10) 74LS74(双 D 触发器)

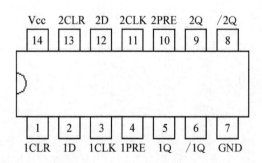

PRE	CLR	CLK	D	Q	/Q
0	1	X	X	1	0
1	0	X	X	0	1
0	0	X	X	1*	1*
1	1	↑	1	1	0
1	1	↑	0	0	1
1	1	0	X	Q0	/Q0

(11) 74LS75(四位 D 锁存器)

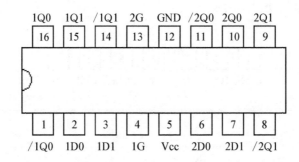

D	G	Q	/Q
0	1	0	1
1	1	1	0
X	0	Q0	/Q0

(12) 74LS54($Y=\overline{AB+CD+EF+GH}$)

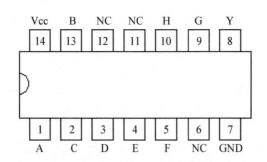

A	B	C	D	E	F	G	G	Y
1	1	X	X	X	X	X	X	0
X	X	1	1	X	X	X	X	0
X	X	X	X	1	1	X	X	0
X	X	X	X	X	X	1	1	0
All other combinations									1

(13) 74LS86($Y = A \oplus B$)

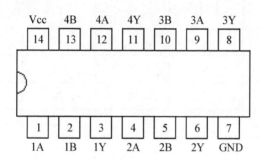

(14) 74LS90(二-五-十进制计数器)

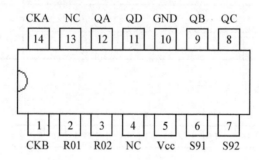

输　　入				输　　出			
R0(1)	R0(2)	S9(1)	S9(2)	QA	QB	QC	QD
1	1	0	X	0	0	0	0
1	1	X	0	0	0	0	0
X	X	1	1	1	0	0	1
X	0	X	0	计数			
0	X	0	X	计数			
0	X	X	0	计数			
X	0	0	0	计数			

（15）74LS112（双 JK 触发器）

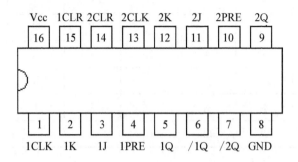

PRE	CLR	CLK	J	K	Q	/Q
0	1	X	X	X	1	0
1	0	X	X	X	0	1
0	0	X	X	X	1^*	1^*
1	1	↓	0	0	1	0
1	1	↓	1	0	0	1
1	1	↓	0	1	Q_0	$/Q_0$
1	1	↓	1	1	Toggle	
1	1	1	X	X	Q_0	$/Q_0$

（16）74LS138（3 线/8 线译码器）

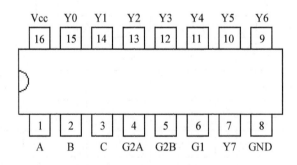

G1	G^*	C	B	A	Y0	Y1	Y2	Y3	Y4	Y5	Y6	Y7
X	1	X	X	X	1	1	1	1	1	1	1	1
0	X	X	X	X	1	1	1	1	1	1	1	1
1	0	0	0	0	0	1	1	1	1	1	1	1
1	0	0	0	1	1	0	1	1	1	1	1	1

G1	G*	C	B	A	Y0	Y1	Y2	Y3	Y4	Y5	Y6	Y7
1	0	0	1	0	1	1	0	1	1	1	1	1
1	0	0	1	1	1	1	1	0	1	1	1	1
1	0	1	0	0	1	1	1	1	0	1	1	1
1	0	1	0	1	1	1	1	1	1	0	1	1
1	0	1	1	0	1	1	1	1	1	1	0	1
1	0	1	1	1	1	1	1	1	1	1	1	0

$G^* = G2A + G2B$

(17) 74LS139(2 线/4 线译码器)

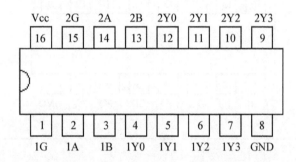

G	B	A	Y0	Y1	Y2	Y3
1	X	X	1	1	1	1
0	0	0	0	1	1	1
0	0	1	1	0	1	1
0	1	0	1	1	0	1
0	1	1	1	1	1	0

(18) 74LS153(双四选一数据选择器)

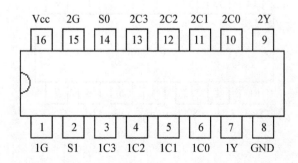

S1	S0	G	Y
X	X	1	1
0	0	0	C0
0	1	0	C1
1	0	0	C2
1	1	0	C3

(19) 74LS175(四 D 触发器)

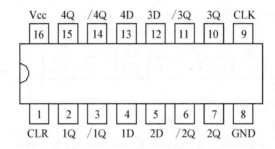

CLR	CLK	D	Q	/Q
0	X	X	0	1
1	↑	1	1	0
1	↑	0	0	1
1	0	X	Qo	/Qo

(20) 74LS290(二-五-十进制计数器)

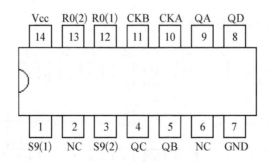

输　　入				输　　出			
R0(1)	R0(2)	S9(1)	S9(2)	QA	QB	QC	QD
1	1	0	X	0	0	0	0
1	1	X	0	0	0	0	0
X	X	1	1	1	0	0	1
X	0	X	0	计数			
0	X	0	X	计数			
0	X	X	0	计数			
X	0	0	0	计数			

(21) 556 时钟芯片

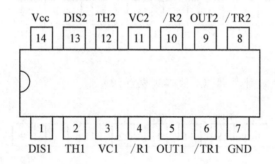

(22) CD4043（三态输出四 RS 触发器）

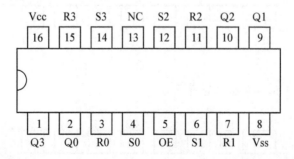

OE	S	R	Q
0	X	X	Z
1	0	0	保持不变

OE	S	R	Q
1	1	0	1
1	0	1	0
1	1	1	无效

(23) 74LS183（全加器）

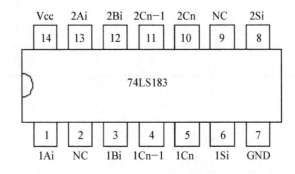

(24) 74LS161（集成计数器）（4 位二进制加法）

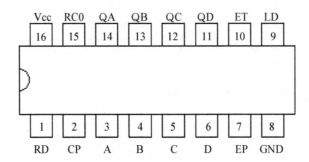

(25) 74LS194（4 位双向移位寄存器）

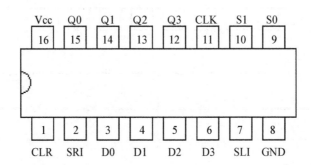

(26) CD4511 – BCD 码(七段译码器/驱动器)

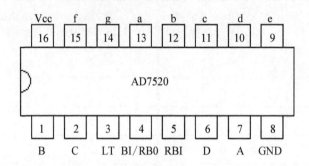

(27) 10 位 D/A 转换器 AD7520

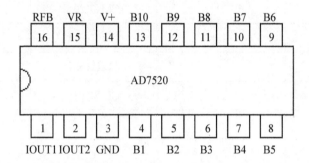

附录 B DICE – SEMII 实验箱 ISP1032 与 EP1K10 引脚对照表

实验箱 ISP1032 引脚	MAX＋plus II 软件 EP1K10 引脚	实验箱 ISP1032 引脚	MAX＋plus II 软件 EP1K10 引脚
3	131	47	59
4	130	48	60
5	133	49	62
6	132	50	63
7	136	51	64
8	135	52	65
9	138	53	68
10	137	54	67
11	8	55	70

实验箱 ISP1032 引脚	MAX+plus II 软件 EP1K10 引脚	实验箱 ISP1032 引脚	MAX+plus II 软件 EP1K10 引脚
12	9	56	69
13	13	57	73
14	17	58	72
15	18	59	79
16	19	60	78
17	21	CLK0(20)	126
18	23	CLK1(61)	125
26	26	CLK2(63)	55
27	27	CLK3(62)	54
28	29	68	81
29	30	69	80
30	32	70	86
31	33	71	83
32	36	72	88
33	37	73	87
34	38	74	91
35	39	75	90
36	41	76	95
37	43	77	92
38	44	78	117
39	46	79	96
40	47	80	119
41	48	81	118
45	49	82	121
46	51	83	120

第二编

计算机组成基础及应用

第 一 部 分

理 论 基 础

1 计算机系统概述

1.1 计算机的发展简史

世界上第一台电子数字计算机诞生于 1946 年的宾夕法尼亚大学,当时这台计算机一共使用了 18 000 多个电子管,重量约 30 吨,运算速度约为每秒 5 000 次。此后,计算机逐渐向小型化、集成化、智能化的方向发展。

目前,常以计算机逻辑元件的变革作为标志将计算机的发展划分为以下时期:

电子管计算机时代(1946～1958 年),又称电子管时代,此时计算机硬件主要采用的逻辑元件是电子管,主存储器先采用延迟线,后采用磁鼓磁芯,外存储器采用磁带。在软件方面,用机器语言和汇编语言编写程序。计算机呈现出以下特点:体积庞大、运算速度低、成本高、可靠性差、内存容量小等。

晶体管计算机时代(1959～1964 年),又称晶体管时代,此时计算机硬件采用的主要逻辑元件是晶体管,主存储器采用磁芯,外存储器使用磁带和磁盘。在软件方面,最初使用管理程序,后期使用操作系统来管理计算机,陆续出现了 FORTRAN、COBOL、ALGOL 等高级程序设计语言。

集成电路计算机时代(1965～1970 年),此时计算机硬件开始采用中小规模集成电路代替分立元件,用半导体存储器代替磁芯存储器,外存储器采用磁盘。在软件方面,操作系统进一步完善,高级语言数量增多,逐渐出现了并行处理、多处理机、虚拟存储系统和多款针对不同应用对象的应用软件。

大规模和超大规模集成电路计算机时代(1971～1990 年),又称大规模集成电路时代,此时计算机硬件主要的采用逻辑元件是大规模和超大规模集成电路,存储器采用半导体存储器,外存储器采用大容量的软、硬磁盘,并开始引入光盘。在软件方面,操作系统不断发展和完善,形成了多款数据库管理系统、通信软件等。

巨大规模集成电路计算机时代(1991 年以来),运算速度提高到 10 亿次/秒。此时由一片巨大规模集成电路实现的"单片计算机"逐渐出现。

纵观计算机出现以来的发展历程,大约每隔五年运算速度提高 10 倍,可靠性提高 10 倍,成本降低 10 倍,体积缩小 10 倍。而从 20 世纪 70 年代起,计算机的生产数量每年以

25%的速度飞速递增。

1.2　计算机硬件

在冯·诺依曼体制中,计算机硬件系统是由存储器、运算器、控制器、输入设备和输出设备五大部件组成的。但随着计算机技术的发展,计算机硬件系统的组成已发生许多重大变化,例如,将运算器和控制组合为一个整体,即中央处理器(CPU);存储器已成为包括主存、辅存和高速缓存等在内的多级存储器。

图 2.1 为一个常见的计算机硬件系统结构示意图,系统中具体包括 CPU、存储器、输入/输出(I/O)设备和接口等部件,这些部件之间通过系统总线相连接。

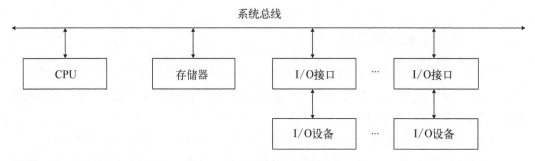

图 2.1　计算机硬件系统结构

1.2.1　CPU

CPU 包括运算部件、寄存器组、控制器等部件,不同部件之间通过总线相互交换信息,是整个微型计算机系统的核心。CPU 的功能主要包括完成数学运算(算数运算、逻辑运算)和读取并执行指令。这两项功能分别由 CPU 的运算部件和控制器、寄存器组等部件实现。例如,运算部件负责算术和逻辑运算;控制器负责指令的读取和执行,并在执行指令的过程中向系统中的各个部件发出各种控制信息,或者收集各部件的状态信息;寄存器组用来保存从存储单元中读取的指令或数据,也保存来自其他各部件的状态信息。

作为计算机系统质量的一个重要标志,最重要的 CPU 指标是主频与字长。主频是指 CPU 的时钟频率,单位通常是 MHz,主频越高,CPU 的运算速度越快;反之,CPU 的运算速度越慢。字长直接反映一台计算机的计算精度,为适应不同的要求及协调运算精度和硬件造价间的关系,大多数计算机均支持变字长运算,即机内可实现半字长、全字长(或单字长)和双倍字长运算。在其他指标相同时,字长越大,计算机处理数据的速度越快。

1.2.2　存储器

存储器是用来存储包括程序、数据和文档等信息的部件。存储器的存储容量越大、存取速度越快,计算机系统的处理能力越强、工作速度越快。然而,一个存储器很难同时满足大容量和高速度的要求,因此常将存储器分为主存、高速缓存和辅存。

(1) 主存

主存一般位于主机之内,因此又称内存。主存是直接与 CPU 相连的存储部件,主要用来存放即将执行的程序以及相关数据。主存的每个存储单元都有一个唯一的编号（内存单元地址），CPU能够通过地址实现直接访问。主存通常用半导体存储器构造，存储速度快，但是容量有限。主存通常包括只读存储器（ROM）、随机存储器（RAM）和互补金属氧化物半导体存储器（CMOS）。

ROM以只能读出而不能写入数据为特征，主要用来存放一些固定不变的程序和数据，例如基本输入输出系统（BIOS）程序等。根据工作原理不同，ROM分为可编程ROM（PROM）、可擦除可编程ROM（EPROM）、电擦除可编程ROM（EEPROM）等。

RAM以可随机读出和写入数据为特征，主要用来存放系统程序用户程序以及相关数据。根据工作方式不同，RAM分为动态RAM（DRAM）和静态RAM（SRAM）两大类。动态RAM集成度高，价格低，存取速度慢，静态RAM存取速度快，运行稳定，价格高。

（2）高速缓存

高速缓存（Cache），即高速缓冲存储器，是为了提高CPU的访问速度，在CPU和主存之间设置的一级速度很快的存储器，容量较小，用来存放CPU当前正在使用的程序和数据。高速缓存的地址总是与主存某一区间的地址相映射，工作时CPU首先访问高速缓存，如果未找到所需的内容，再访问主存。高速缓存由高速的半导体存储器构成。在现代计算机中，高速缓存主要集成在CPU内部（片内Cache或一级Cache）和外部（片外Cache或二级Cache）。

（3）辅存

辅存又称外存，与主存的区别在于，存放在辅存中的数据必须调入主存后才能被CPU使用。辅存在结构上大多由存储介质和驱动器两部分组成。其中，存储介质是一种可以表示两种不同状态并以此来存储数据的材料，而驱动器则主要负责向存储介质中写入或读出数据。

1.2.3　输入/输出设备

输入设备将各种形式的外部信息转换为计算机能够识别的代码形式送入主机。常见的输入设备有键盘、鼠标等。输出设备将计算机处理的结果转换为人们所能识别的形式输出。常见的输出设备有显示器、打印机等。

从信息传送的角度来看，输入设备和输出设备都与主机之间传送数据，只是传送方向不同，因此常将输入设备和输出设备合称为输入/输出（Input/Output，I/O）设备。在逻辑划分上，由于输入/输出设备位于主机之外，又称为外围设备或外部设备（外设）。此外，磁盘、光盘等外存既可看成存储系统的一部分，又可看成具有存储能力的I/O设备。

1.2.4　总线和接口

总线是一组能为多个部件分时共享的信息传送线。计算机系统就是通过总线结构将CPU、存储器和I/O设备等连接起来进行信息交换。具有如下规定：任意时刻只允许一个部件或设备向总线发送信息，但允许多个部件同时从总线接收信息。

根据系统总线上传送的信息类型，系统总线可分为以下三类：

① 地址总线：用来传送CPU或外设发向主存的地址码。

② 数据总线：用来传送CPU、主存以及外设之间需要交换的数据。

③ 控制总线：用来传送控制信号，如时钟信号、CPU 发向主存或外设的读/写命令、外设送往 CPU 的请求信号等。

由于计算机系统采用的是标准的系统总线，因而每种总线标准都规定了其地址线和数据线的位数、控制信号线的种类和数量等。然而，真实的计算机系统中各种外部设备并不是标准的，且种类和数量也是变化的。因此，需要通过在系统总线与 I/O 设备之间设置一些部件实现标准的系统总线与各具特色的 I/O 设备连接起来，即 I/O 接口。

1.3　计算机软件

计算机软件是与计算机硬件相对而言的，因为它是无形的东西，所以称为计算机软件。例如，用键盘进行运算，键盘本身是硬件，而键盘输入的运算法则和解题步骤是软件。

利用计算机进行工作时，需要多种不同用途的程序相互支持和配合，这些众多程序统称为这台计算机的程序或软件系统。其中，计算机软件划分为系统软件和应用软件两大类。

1.3.1　系统软件

系统软件作为计算机系统的一部分，属于计算机基础软件，主要负责系统的调度管理，提供程序的运行环境和开发环境，向用户提供各种服务，以保证计算机系统能够良好地运行。

（1）操作系统

操作系统是直接运行在裸机上的最基本的系统软件，是系统软件的核心，任何其他软件必须在操作系统的支持下才能运行。操作系统由一系列程序组成，其目的是管理和控制计算机硬件与软件资源。

一个典型的操作系统包括处理机调度、存储管理、设备管理、文件系统、作业调度等模块。对用户而言，操作系统提供人机交互界面，为用户操作和使用计算机提供方便。例如，Windows 操作系统提供窗口操作界面，允许用户使用鼠标或键盘通过选择菜单命令来完成包括文件管理、设备管理、打开或关闭计算机等在内的各种计算机操作。

（2）语言处理程序

用户通常使用程序设计语言来编写源程序，程序设计语言包括汇编语言、BASIC、Pascal、C、C++等各种编程语言。但是，计算机硬件只能识别和执行由二进制代码表示的指令序列，只有将源程序转换为指令序列，即用机器语言表示的目标程序，计算机才能识别和执行。当前，常用的转换方式包括解释方式和编译方式，相对应的，语言处理程序分别为解释程序和编译程序。

在解释方式中，操作系统调用某种编程语言的解释程序，计算机执行该解释程序，将源程序逐段地转换为具有相同功能的指令序列，然后执行该段对应的指令序列，直到整个源程序被解释执行完。属于典型的边翻译边执行工作方式，目标代码的执行始终离不开源程序和解释程序。

在编译方式中，操作系统调用的是某种编程语言的编译程序，计算机执行该编译程序，将整个源程序全部转换为指令序列，即可执行的目标程序。然后不再需要源程序和编译程序,由计算机单独执行目标程序。属于典型的先翻译后执行工作方式,目前大多数程序设计语言都采用此种方式。

（3）数据库管理系统

数据库是指在计算机存储器中合理存放的、相互关联的数据集合,能提供给不同的用户共享使用。数据库管理系统通过数据库的建立、编辑、维护、访问等操作实现数据内容的增删查改等功能,提供数据独立、完整、安全的保障。根据数据模型的不同,常见的数据库管理系统可分为层次型、网状型和关系型等类别。

（4）服务性程序

服务性程序是指为了帮助用户使用和维护计算机,向用户提供服务性手段而编制的一类程序统,通常包括输入与装配程序、编辑程序、调试程序、诊断程序、硬件维护和网络管理等。

为了使用户能够更有效、更方便地操作计算机,现在软件开发中的一个重要趋势是将开发及运行过程中所要用到的各种软件集成为一个综合的软件系统,称为软件平台。这种软件平台技术为用户提供了一个完善的集成环境,具有良好的人机界面和完善的服务支持。

1.3.2　应用软件

除了系统软件以外的所有软件都称为应用软件。应用软件直接面向用户需要,是为用户在各自的应用领域中解决各类问题而编写的程序。计算机的应用软件几乎涉及各行各业,按照应用目的的不同,应用软件大致可分为科学计算、工程设计、数据处理、信息管理、自动控制和情报检索等类型。

尽管可以将计算机软件划分为系统软件和应用软件,但这种划分并不是一成不变的。对于一些具有通用价值的应用软件,有时也将其归入系统软件领域。例如,多媒体播放软件、文件解压缩软件、反病毒软件等有时也归入系统软件范畴。

1.4　计算机系统的层次结构

计算机系统是一项由复杂的硬、软件结合组成的整体,通常由五级组成,每一级都能进行程序设计,如图 2.2 所示。

微程序设计级（逻辑电路级）：计算机系统的第一级,硬件级,由硬件直接执行。如果应用程序是由微指令编写而成,则可直接在这一级上运行。

一般机器级：计算机系统的第二级,又称机器语言级,由微程序解释机器指令

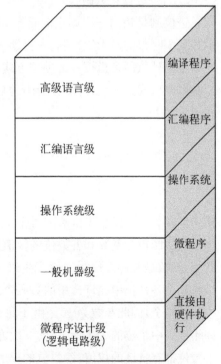

图 2.2　计算机系统层次结构

系统,也属于计算机系统的硬件级。

操作系统级:计算机系统的第三级,由操作系统程序实现。这些操作系统由机器指令和广义指令组成,所以有时又称混合级。

汇编语言级:计算机系统的第四级,由汇编程序支持和执行,主要为程序人员提供一种符号形式语言以减少程序编写的复杂性。如果应用程序采用汇编语言编写,则机器必须要具备这一级功能,反之,则可以不要这一级。

高级语言级:计算机系统的第五级,面向用户,主要是为方便用户利用各种高级语言编写应用程序而设置的。

在图 2.2 中,除了微程序设计级(逻辑电路级)外,其他各级都是在得到相应下一级的支持的同时,还受到下级上运行程序的支持。其中,第 1~3 级结构编写程序所采用的语言基本是二进制数字化语言,易于机器执行和解释;第 4~5 级编写程序所采用的语言是用英文字母和符号来表示程序的符号语言,易于不熟悉硬件的人员认识和使用计算机。

2　数据信息的表示和运算

2.1　数制与编码

2.1.1　进位计数制

进位制是指用一组固定的符号和统一的规则来表示数值大小的一种计数方法,如表示每天小时数的二十四进制、一星期天数的七进制、一年月数的十二进制等。

进位计数制是指按一定进位方式计数的数制,由一串代码序列构成,简称进位制。进位制以多项式方式展开,能够清晰地展示位制之间的转换规律。进位制展开的多项式通式表示如下:

$$S = X_n R^n + X_{n-1} R^{n-1} + \cdots + X_0 R^0 + X_{-1} R^{-1} + X_{-2} R^{-2} + \cdots + X_{-m} R^{-m} = \sum_{i=n}^{-m} X_i R_i$$

$$(2.1)$$

式中包含 $n+1$ 位整数和 m 位小数, $X_i \in [0, n-1]$。

进位制包含基数和各数位的权值两个基本概念,这也是构成不同进位制的基本要素。其中,基数是某种进位制中会产生进位的数值,等于每个数位中所允许的最大数码值加1,也就是各数位中允许选用的数码个数。例如,十进制中的每个数位允许选用 0~9 数码中的某一个,因此基数为 10。由于每个数码处在不同的数位上时它所代表的数值不同,如十进制中个位的 1 表示 10 的 0 次方,百位上的 1 表示 10 的 2 次方,因此在进位制中每个数位都有自己的权值,各数位的权值也是不同的。可以发现,相邻两位的权值之比等于基数值。

2.1.2 信息编码

编码就是用少量简单的基本符号通过一定的组合规则来表示大量复杂的信息。基本符号的种类和符号间的组合规则是编码的两大要素。例如,在生活中,人们常用 10 个阿拉伯数字码表示数字,用 26 个英文字母表示英文词汇,这都是编码的典型例子。

(1) 字符编码

字符是计算机系统中使用最多的信息之一。在计算机系统中,要为每个字符指定一个确定的编码,作为识别与使用这些字符的依据。国际上广泛采用美国信息交换标准码(ASCII 码)作为标准。由输入设备将字符信息送入主机,由主机将字符信息输出供显示、打印,各计算机系统之间就是通过 ASCII 码来传递字符信息。

ASCII 字符集中共有 128 种常用字符,其中包含数字 0～9、大写英文字母、小写英文字母、一些常用符号(运算符、括号、标点符号、标识符)和控制符等。ASCII 码字符种类基本上能够满足当前各种编程语言、西文字、常见控制命令等需要。

每个 ASCII 字符自身用 7 位编码,存储器中的一个字节单元正好可以存放一个 ASCII 字符编码。一个字节共 8 位,空出的高位可以用来存放一位奇偶校验位。字符与编码的对应关系如表 2.1 所示。

表 2.1 ASCII 编码

十六进制	字　符	十六进制	字　符	十六进制	字　符	十六进制	字　符
00	NULL	20	SP	40	@	60	、
01	SOH	21	!	41	A	61	a
02	STX	22	—	42	B	62	b
03	ETX	23	#	43	C	63	c
04	EOT	24	$	44	D	64	d
05	ENQ	25	%	45	E	65	e
06	ACK	26	&	46	F	66	f
07	BEL	27	.	47	G	67	g
08	BS	28	(	48	H	68	h
09	HT	29	)	49	I	69	i
0A	LF	2A	*	4A	J	6A	j
0B	VT	2B	+	4B	K	6B	k
0C	FF	2C	.	4C	L	6C	l

十六进制	字　符	十六进制	字　符	十六进制	字　符	十六进制	字　符
0D	CR	2D	—	4D	M	6D	m
0E	SO	2E	.	4E	N	6E	n
0F	SI	2F	/	4F	O	6F	o
10	DLE	30	0	50	P	70	p
11	DC1	31	1	51	Q	71	q
12	DC2	32	2	52	R	72	r
13	DC3	33	3	53	S	73	s
14	DC4	34	4	54	T	74	t
15	NAK	35	5	55	U	75	u
16	SYN	36	6	56	V	76	v
17	ETB	37	7	57	W	77	w
18	CAN	38	8	58	X	78	x
19	EM	39	9	59	Y	79	y
1A	SUB	3A	:	5A	Z	7A	z
1B	ESC	3B	;	5B	〔	7B	{
1C	FS	3C	<	5C	\	7C	|
1D	GS	3D	=	5D	〕	7D	}
1E	RS	3E	>	5E	↑	7E	～
1F	US	3F	?	5F	—	7F	DEL

（2）中文的编码表示

与西文不同，汉字字符很多，所以汉字编码比西文编码复杂。在一个汉字信息处理系统的不同部位，通常需要使用多种编码方式，例如输入码、内部码、交换码等。

汉字输入码：当前最常用的汉字输入码包括拼音码、字形码、音形结合，以及具有某些提示和联想功能的方案等。输入码能够通过其与内部码的对照表（输入字典）转换成便于后续加工处理的内部码。

汉字内部码：计算机内部供存储、处理、传输用的代码，又称内码。在早期，不同的设计者设计了自己的汉字内部码，因而各种计算机使用的汉字内部码不统一，这造成了交换汉字信息时的困难。

汉字交换码：为了克服早期的各种汉字系统的内部码不统一引起在各汉字系统之间或汉字系统与通信系统之间进行汉字信息交换时推出的一种编码标准。例如，我国制定的国家标准 GB-1988，除个别字符外，GB-1988 与 ASCII 是一致的，可看作是 ASCII 码的"中国版本"。

2.2 定点数的表示和运算

真值：用正、负符号加绝对值表示的数值为真值。例如用十进制表示的真值 12、−12 和用二进制表示的真值 1100、−1100 等。编程时常采用真值形式表示数值。

机器数：在计算机内部使用的将符号数字化的数。在具体运算中，分别形成将符号位和数值位一起编码来表示相应的数的表示方法，如原码、补码、反码、移码。

2.2.1 原码表示法

原码表示法具有如下约定：数码序列的最高位为符号位，符号位为 0 表示该数为正，为 1 表示该数为负；数码序列的其余部分为有效数值，用二进制数绝对值表示。即原码表示法是数码化的符号位加上数的绝对值。

若定点整数的原码形式为 $x_n x_{n-1} \cdots x_1 x_0$（$x_n$ 为符号位），则原码表示为：

$$[x] = \begin{cases} x & 2^n > x \geqslant 0 \\ 2^n - x = 2^n + |x| & 0 \geqslant x > -2^n \end{cases} \tag{2.2}$$

式中 $[x]$ 是机器数，x 是真值。

一般情况下，对于正数 $x = +x_{n-1} \cdots x_1 x_0$，则有 $[x] = 0x_{n-1} \cdots x_1 x_0$；对于负数 $x = -x_{n-1} \cdots x_1 x_0$，则有 $[x] = 1x_{n-1} \cdots x_1 x_0$。

对于 0，原码在机器中往往又有以下两种表现形式：

$$\begin{cases} [+0] = 000 \cdots 0 \\ [-0] = 100 \cdots 0 \end{cases} \tag{2.3}$$

尽管采用符号位加上二进制数绝对值的原码表示法简单易懂，但是加法运算复杂。为了克服这一困难，于是出现了补码表示法。

2.2.2 补码表示法

以钟表对时为例，假设现在的标准时间为 4 点正，而有一只表已经 7 点了，为了校准时间，可以采用两种方法：将时针退 7−4＝3 格或时针向前拨 12−3＝9 格。这两种方法都能对准到 4 点。于是，减 3 和加 9 是等价的，即 9 是（−3）对 12 的补码，可用同余式表示：

$$-3 = +9 \qquad (\text{mod}12) \tag{2.4}$$

式中 mod12 为模数，表示被丢掉的数值。

式（2.4）中 7−3 和 7+9（mod 12）等价，其原因就是表指针超过 12 时，将 12 自动丢掉,最后得到 $16-12=4$。归纳起来就是负数用补码表示时,可以把减法转化为加法运算,更便于在计算机中实现。

对定点整数,补码形式为 $x_n x_{n-1} \cdots x_1 x_0$,$x_n$ 为符号位,则补码定义为:

$$[x] = \begin{cases} x, & 2^n > x \geqslant 0 \\ 2^{n+1} + x = 2^{n+1} - |x|, & 0 \geqslant x \geqslant -2^n \end{cases} \qquad (2.5)$$

采用补码表示法进行减法运算比原码更加方便,这是因为不论正数或负数,机器总是做加法,减法运算可变成加法运算。然而,根据补码定义,求负数的补码时还要做减法,这显然不方便,于是出现了反码以解决这一问题。

2.2.3 反码表示法

反码是指用机器数的最高位代表符号,数值位是对负数值各位取反的一种表示方法。其定义为:

$$[X] = \begin{cases} X, & 0 \leqslant X < 1 \\ (2 - 2^{-n}) + X, & -1 < X \leqslant 0 \end{cases} \qquad (2.6)$$

正数的反码与其原码、补码相同,负数的反码为补码最低位减 1。

在反码表示中,机器数的最高位为符号位。其中,0 代表正号,1 代表负号。其机器数和它的真值之间的关系为:

$$[X] = [(2 - 2^{-n}) + X] \qquad \mathrm{mod}(2 - 2^{-n}) \qquad (2.7)$$

当反码进行两数相加时,若最高位有进位出现,为了得到真正的结果,还须将该进位值加到结果的最低位,又称为"循环进位"。

2.3 浮点数的表示和运算

不论是哪一种定点数,如果位数固定,则它的表示范围和分辨率两项指标也就固定不变。定点数如何做到既能够按照实际需要表示数的大小,又能具有足够的相对精度? 于是出现了浮点数。浮点数是指一种小数点位置不固定,可随需要浮动的数。

2.3.1 浮点数格式

浮点数计算公式为:

$$N = \pm R^E + M \qquad (2.8)$$

式中 N 为真值,R^E 为比例因子,M 为尾数。对于某种浮点格式,R 固定不变且隐含约定,因此浮点数代码序列中只需分别给出 E 和 M 两部分(包含符号)。

根据浮点数表示规则,相应浮点数格式如图 2.3 所示。

在图 2.3 中,E 是阶码,即比例因子 R^E 的指数值是一个带符号的定点整数,可用补码或移码表示;R 是阶码的底,与尾数 M 的基数相同;M 是尾数,是一个带符号的定点小数,可用补码或原码表示。

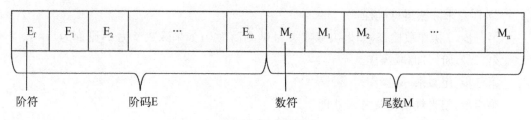

图 2.3 浮点数格式

为了充分利用尾数部分的有效位数,使精度尽可能地高,一般都采取规格化的约定。以 R=2 为例,规格化尾数的含义是满足条件 $1/2 \leqslant [M] < 1$。对于正数,规格化的特征是 $M=1$。对于用补码表示的负数,除 $N=-1/2$ 这个特例外,规格化的特征是 $M=0$。总之,规格化的特征是让绝对值的最高有效数位为 1,这就充分利用了尾数部分的有效位数。其中,数符 M 决定数的正负,阶符 E 决定阶码本身的正、负(E 为正,则将尾数 M 扩大若干倍;E 为负,则将 M 缩小若干倍),即需将数扩大还是缩小。

2.3.2 移码

移码是一种专门用于浮点数阶码表示的码制,又称增码。移码可以方便地比较两数阶码的大小。设阶码共 m+1 位,代码序列为 $X_m X_{m-1} \cdots X_1 X_0$,则移码定义为:

$$X = 2^m + X \qquad -2^m \leqslant X < 2^m \tag{2.9}$$

式中 x 是阶码的真值,2^m 是符号位 X_m 的位权。X 相当于将真值 x 沿数轴正向平移 2^m(移码)或将 X 增加 2^m(增码)。

2.3.3 浮点数的逻辑运算

(1)加减法运算

对于浮点数 $X = M_x \times 2^{E_x}$ 和 $Y = M_y \times 2^{E_y}$,实现两个浮点数加减法运算的过程包括以下步骤:

① 计算阶差,比较浮点数的阶码值大小。

② 对阶操作,取浮点数相同的阶码值。

③ 尾数加(减)运算,对完成对阶后的浮点数执行求和(差)操作。

④ 规格化处理,具体包括右规和左规等规格化处理规则。

⑤ 舍入操作降低误差累积。

⑥ 判断结果的正确性,检查阶码是否溢出。

(2)乘除法运算

1)浮点乘除法运算规则

浮点乘法运算规则:乘积的尾数是相乘两数的尾数之积,乘积的阶码是相乘两数的阶码之和。

浮点除法运算规则:商的尾数是相除两数的尾数之商,商的阶码是相除两数的阶码之差。

浮点乘除法不存在两个数的对阶问题,因此比浮点加减法要简单。

2）浮点乘除法运算过程

第一步,0 操作数检查,如果被除数 x 为 0,则商为 0;如果除数 y 为 0,则商为∞。

第二步,阶码加/减操作。

第三步,尾数乘/除操作。

第四步,结果规格化及舍入处理。

3）浮点数的阶码运算

浮点乘除法中,对阶码的运算有＋1、－1、两阶码求和、两阶码求差等方式,运算时还必须检查结果是否溢出。

4）尾数处理

浮点加减法对结果的规格化及舍入处理也适用于浮点乘除法。

2.4　算数逻辑单元

利用集成电路技术,可将若干位全加器、并行进位链、输入选择门等集成在一块芯片上,称为多功能算术、逻辑运算部件(ALU)。ALU 不仅具有多种算术运算和逻辑运算功能,还具有先行进位逻辑,可以实现高速运算。

2.4.1　ALU 组成

一个完整的 ALU 单元包括以下三个部分:

① 由两个半加法器构成的一位全加器和由与或非门构成的一位进位门。

② 由一对与或非门构成一位输入选择器。

③ 用来选择 ALU 做算术运算或逻辑运算的控制门。

ALU 单元的逻辑关系如表 2.2 所示。

表 2.2　ALU 单元逻辑关系

S_3	S_2	X_i	S_1	S_0	Y_i
0	0	1	0	0	A_i
0	1	$A_i + \overline{B_i}$	0	1	$A_i B_i$
0	0	$A_i + B_i$	0	0	$A_i \overline{B_i}$
1	1		1	1	0

在 ALU 单元中,可以通过选择不同的控制信号获得不同的输出,进而实现相应的运算功能。

2.4.2　ALU 运算功能

型号为 74181ALU 的正逻辑运算功能如表 2.3 所示。

对正逻辑操作数来说,算术运算称高电平操作,逻辑运算称正逻辑操作,即高电平为"1",低电平为"0"。对于负逻辑操作数来说,正好相反,即高电平为"0",低电平为"1"。由于 ALU 运算功能表 2.3 中的输入方式有 16 种状态组合,因此对正逻辑输入与输出而言,则分别存在 16 种算术运算功能和 16 种逻辑运算功能。同理,对于负逻辑输入与输出而言,亦有 16 种算术运算功能和 16 种逻辑运算功能。

表 2.3　74181ALU 的正逻辑运算功能

工作方式选择输入				正逻辑输入与输出	
S_3	S_2	S_1	S_0	逻辑 M=1	算术运算 M=O,C=1
0	0	0	0	$\bar{A}$	A
0	0	0	1	$\overline{A+B}$	A+B
0	0	1	0	$\bar{A}B$	$A+\bar{B}$
0	0	1	1	逻辑 0	减 1
0	1	0	0	$\overline{AB}$	A 加 AB
0	1	0	1	B	(A+B)加 AB
0	1	1	0	$A\oplus B$	A 减 B 减 1
0	1	1	1	$A\bar{B}$	$A\bar{B}$ 减 1
1	0	0	0	$\bar{A}+B$	A 加 AB
1	0	0	1	$\overline{A\oplus B}$	A 加 B
1	0	1	0	B	$(A+\bar{B})$加 AB
1	0	1	1	AB	AB 减 1
1	1	0	0	逻辑 1	A 加 A
1	1	0	1	$A+\bar{B}$	(A+B)加 A
1	1	1	0	A+B	$(A+\bar{B})$加 A
1	1	1	1	A	A 减 1

在表 2.3 中,需注意以下三个条件:

① 由于算术运算操作是用补码表示法来表示的,"加"是指算术加,运算时要考虑进位,而符号"+"是指"逻辑加"。

② 减法是用补码方法表示的,其中数的反码是内部产生的,而结果输出"A 减 B 减 1",因此做减法时须在最末尾产生一个强迫进位(加 1),以便产生"A 减 B"的结果。

③ "A=B"输出端可指示两个数相等,因此它与其他 ALU 的"A=B"输出端按"与"逻辑连接后,可用于判断两个数是否相等。

3　存储系统

3.1　存储系统概述

存储系统的基础与核心是存储器,存储器是记忆信息的实体,是计算机存储、运行和信息处理的重要基础。在传统的 CPU 中,为数不多的寄存器只能暂存少量信息,绝大部分的程序和数据需要存放在专门的存储器中。

信息存储技术类型多样,根据不同的需求,现有的存储器技术在组织方式、性能上差异很大。从不同的角度来看,计算机的存储系统表现出的特性也各有不同。例如,从物理构成的角度,着重于整个存储系统是如何分级组成的;从用户调用的角度,关心有哪几种存取方式;从存储原理的角度,讨论各类存储器的记忆信息原理。

3.2　主存储器

主存储器是指 CPU 直接编程访问的存储器,主要存放 CPU 当前需要执行的程序和处理的数据。由于主存储器通常与 CPU 位于同一主机的范畴之内,因此主存储器又称为内存。

对于复杂巨系统而言,需要运行的程序和数据多,在程序的编译、调试和运行过程中需要占用大量的计算资源,但是 CPU 在某一段时间内只运行所需要的部分程序和数据,其他的大部分并不会用到。因此,可将当前将要运行的程序和数据调入主存,其他暂时不运行的程序与数据则存储在磁盘等外存储器中,根据需要进行替换。

为了满足 CPU 编程直接访问的需要,主存储器具备以下基本特征:

① 采用随机访问方式。

② 工作速率足够快。例如,动态随机存储器(DRAM)平均访问时间约为 100 ns,同步动态存储器(SDRAM)平均访问时间约为 1~10 ns。

③ 具有一定的存储容量。系统主存的容量和存取速率都对程序的运行具有重要的影响。如果主存容量过小,CPU 将很难有效地运行大规模程序。这是因为十分频繁地在主存与外存之间切换,会增加系统开销,使效率严重下降。但是,对于一个计算机系统究竟需要配置多大的主存容量更加合理,则取决于系统的设计规模,即需求与成本的"平衡"。

主存储器一般由动态随机存储器所组成,这种存储器具有单片存储容量大、存取速率较慢和动态刷新等特点。常用的这种动态存储器类型主要包括快速页面模式动态随机存储器(FPMD RAM)、具有检错纠错功能的动态随机存储器(ECCD RAM)、扩充输出的动态随机存储器(EDOD RAM)和同步动态随机存储器(SDRAM)等。此外,主存储器除了采用大量的动态随机存储器外,还有少量用于保存固态程序和数据的只读存储器 ROM。通常,这些只读存储器中保存的程序只在系统启动时调用。

3.3 高速缓冲存储器

高速缓冲存储器(Cache)位于主存和 CPU 的通用寄存器之间,其容量约为千字节到几百兆字节,存储当前正在运行的程序段,且全部功能均由硬件实现,编程地址与主存地址相同。Cache 的工作速度远快于主存储器,随着程序的执行,Cache 中的内容会有序地被主存中相应的内容所替换。

程序访问存在局部性,例如,程序对局部范围的存储器地址的访问频繁,而对此范围以外的地址则访问较少。这也在大量典型程序运行结果中得到证实。因此,可以在主存和 CPU 之间设置一个高速容量相对较小的存储器,将当前正在执行的程序和被处理的数据事先存放在此存储器中,当程序运行时可直接访问高速存储器,避免从主存储器中读取指令和数据,能够显著提高程序的运行速度。

当 CPU 需要数据或指令时,它首先访问 Cache,看看所需要的数据或指令是否在 Cache中。具体方法为 CPU 提供的数据或指令在内存的存放地址,与 Cache 中已存放的数据或指令地址相比较,若相等,说明可以在 Cache 中找到需要的数据或指令,称为 Cache 命中;若不相等,则说明 CPU 需要的数据或指令不在 Cache 中,称为 Cache 未命中,需要从内存中提取。即 CPU 访问 Cache 的命中率越高,系统性能就越好。Cache 命中率受限于 Cache大小、组织结构和程序特性。容量相对较大的 Cache,命中率会相应地提高,但容量太大,成本则会快速增加。针对具体应用,通常需要综合兼顾性能与 Cache 大小、结构和程序特性等因素。目前,在绝大多数有 Cache 的系统中,Cache 的命中率一般能高于 85%。

3.4 虚拟存储器

在采用主存-辅存结构组织起来的存储系统中,依托存储管理软件为用户提供一种虚拟存储器。虚拟存储器显著地扩大了存储容量,大大超过 CPU 可以直接访问的主存储器。用户可以在这个大的存储空间中自由编程,而不用受限于主存容量和程序在主存中的实际存放位置。目前,虚拟存储技术已经大规模地应用于计算机系统中。

采用虚拟存储技术后,可将主存和辅存的地址空间统一编制,用户按其程序需要使用逻辑地址即虚地址进行编程。所编程序和数据在操作系统管理下先送入辅存,然后操作系统自动地将所需运行部分调入主存,其余暂不运行部分留在辅存中。在程序执行中,操作系统自动地按预设算法分别进行辅存和主存之间的调换。同时,CPU 按照程序提供的虚地址访问主存的过程中,需要存储管理硬件先判断该地址内容是否已在主存中。如果调入主存,则通过地址变换机制将程序中的虚地址转换为主存的物理地址以实现访问主存的实际单元;反之,如果未调入主存,则通过缺页中断程序,以页为单位进行调入或实现主存内容更换。

此外,对于操作系统开发人员来说,还需要考虑以下问题:主存与辅存之间的空间划分和分区管理、虚实之间如何映像、虚实地址如何转换、主存与辅存之间的调换等。当前,为了解决上述问题,开发人员采取了与 Cache 相似的页式、段式、段页式等策略来实现虚拟存储器的这些功能,且目前已经将有关的存储管理硬件集成在 CPU 芯片之内直接供支持操作系统选用相关策略方案。

3.5 辅助存储器

辅助存储器通常具有存储容量大、成本低、便于脱机保存等优点,因此被广泛作为主存的后援存储器存放 CPU 暂时不用的程序和数据,以便后续需要时再成批地调入内存。由于所有辅助存储器都属于外部设备,所以辅助存储器必须通过接口与主机相连,并且只有通过接口才能实现与主机之间的信息交换。

根据存储介质不同,辅助存储器可划分为磁表面存储器和光盘两类。其中,磁表面存储器进一步细分为磁盘、磁带和磁鼓等类型。由于存储密度低、存取速度慢,磁鼓和磁盘中的软盘存储器基本上淘汰掉了。目前,磁盘中的硬盘存储器是应用最广泛的辅助存储器。在磁表面存储器中,硬盘的存取速度最快,适用于频繁调用的环境,辅助主存为虚拟存储器提供物理基础。

4　指令系统

指令系统是计算机硬件的语言系统,包括一台计算机中的所有指令。指令系统作为计算机软件和硬件的接口,反映了计算机的全部功能。下面分别从指令格式、寻址方式、指令种类等方面进行详细介绍。

4.1 指令格式

指令格式是指令字用二进制代码表示的结构形式,主要包括操作码字段和地址码字段。操作码字段表示指令的操作特性和功能,地址码字段指定参与操作的操作数的地址。因此,一条指令的基本格式如图 2.4 所示。

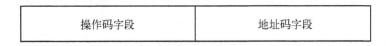

操作码字段	地址码字段

图 2.4　指令表示的基本格式

4.1.1 操作码

操作码是指指令应该要完成什么性质的操作,如加法、减法、乘法、除法、传送、移位等。指令系统中的每一条指令都要有一个对应的操作码。不同的指令用操作码字段的不同编码来表示,每一种编码代表一种指令。组成操作码字段的位数反映了机器的操作种类,即机器所允许的指令条数,主要取决于计算机指令系统的规模。例如,一个指令系统只有 8 条指令,则有 3 位操作码就够;如果有 32 条指令,那么就需要 5 位操作码。

对于指令系统而言,操作码字段和地址码字段长度通常是固定的。在单片机中,由于指令字较短,为了充分利用指令字长度,指令字的操作码字段和地址码字段是不固定的,即不同类型的指令有不同的划分,以便尽可能用较短的指令字长来表示更多的操作种类,并在更多的存储空间中寻址。

4.1.2 地址码

地址码是指用来表示指令中源操作数、结果和下一条指令的地址。地址码表示的地址可以是主存的地址,也可以是寄存器的地址。根据一条指令中操作数地址的个数,可将该指令称为几操作数指令或几地址指令。一般情况下操作数有被操作数、操作数和操作结果三种形式,相对应的,分别形成三地址指令格式。这也是早期计算机指令的基本格式。在三地址指令格式的基础上,后来又发展成二地址格式、一地址格式和零地址格式。目前二地址和一地址格式被用得最多。各种不同操作数的指令格式如图2.5所示。

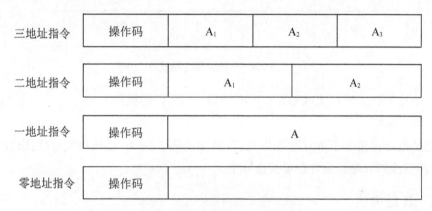

图 2.5 不同操作数的指令格式

（1）三地址指令

三地址指令字中有三个操作数地址:A_1、A_2、A_3。其格式如图2.6所示。

图 2.6 三地址指令格式

在图2.6中,OP表示操作码;A_1表示被操作数地址,又称源操作数地址;A_2表示操作数地址,又称终点操作数地址;A_3表示存放操作结果的地址。

三地址指令可以完成 $(A_1)\mathrm{OP}(A_2) \rightarrow A_3$ 的操作,后续指令的地址隐含在程序计数器PC之中。如果指令字长度不变,设OP为8位,则三个地址字段各占8位,故三地址指令直接寻址范围可达256。

（2）二地址指令

二地址指令常称为双操作数指令,其指令字中有两个操作数地址——A_1 和 A_2,分别指明参与操作的两个数在内存中或运算器通用寄存器的地址。二地址指令格式如图2.7所示。

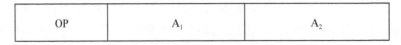

图 2.7 二地址指令格式

二地址指令格式可以完成 $(A_1)\,OP(A_2) \to A_1$ 的操作。

（3）一地址指令

一地址指令常称为单操作数指令，其地址码字段只有一个。这种指令通常是以运算器中累加寄存器 AC 中的数据为被操作数，指令字的地址码字段所指明的数为操作数，操作结果又放回累加寄存器 AC 中，而累加寄存器中原来的数随即被冲掉。一地址指令格式如图 2.8 所示。

图 2.8 一地址指令格式

一地址指令格式可以完成 $(ACC)\,OP(A_1) \to ACC$ 的操作。

（4）零地址指令

零地址指令即指令字中只有操作码，没有地址码。例如，进栈（PUSH）、出栈（POP）等指令，其操作数的地址隐含在堆栈指针中。

4.2 寻址方式

寻址方式是指确定本条指令的数据地址和下一条执行的指令地址的方法，直接影响指令格式和指令功能。寻址方式与硬件结构紧密相关，通常可分为指令寻址和数据寻址。其中，指令寻址是指寻找下一条将要执行的指令地址，数据寻址是指寻找操作数的地址。

4.2.1 指令寻址

指令寻址包括顺序寻址和跳跃寻址两种方式，相对比较简单。

（1）顺序寻址方式

由于指令地址在内存中按顺序排列，当执行一段程序时，通常是一条指令接一条指令地顺序进行。亦即从存储器取出并执行第一条指令，接着从存储器取出并执行第二条指令……以此类推。这种按照程序顺序执行的过程称为指令的顺序寻址方式。其中，必须使用程序计数器（指令指针寄存器）来计数指令的顺序号，该顺序号就是指令在内存中的地址。图 2.9(a) 为指令顺序寻址方式的示意。

（2）跳跃寻址方式

当程序转移执行的顺序时，指令的寻址就采取跳跃寻址方式。跳跃寻址方式是指下条指令的地址码由本条指令给出，而不是由程序计数器给出。图 2.9(b) 为指令跳跃寻址方式的示意。当程序跳跃后，按新的指令地址开始顺序执行。因此，指令计数器的内容也必须相应改变，以便及时跟踪新的指令地址。

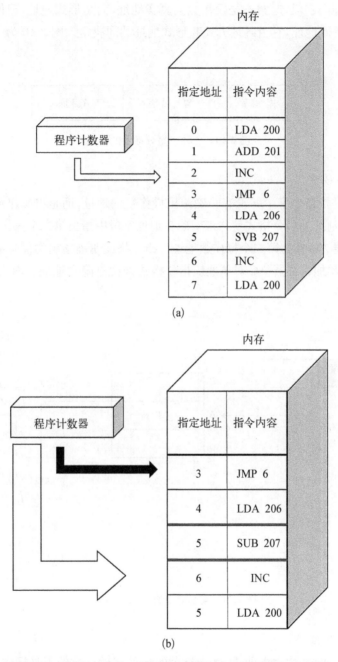

图 2.9　指令寻址方式:(a) 顺序寻址方式,(b) 跳跃寻址方式

　　采用指令跳跃寻址方式能够实现程序转移或构成循环程序,从而将某些程序作为公共程序引用进而缩短程序长度。其中,指令系统中的各种条件转移或无条件转移指令,就是为了实现指令的跳跃寻址而设置的。

4.2.2　数据寻址

　　数据寻址方式的种类较多,在指令字中必须设置一个字段来指明属于哪一种寻址方式。指令的地址码字段,通常不是操作数的真实地址,而是形式地址,记作 A。操作数的真实地址叫作有效地址,它由寻址方式和形式地址共同决定。图 2.10 为一种一地址指令的格式。

| 操作码 | 寻址特征 | 形式地址A |

图 2.10　一种一地址指令的格式

(1) 隐含寻址方式

隐含寻址是指指令字中并没有明确给出操作数的地址,而是将操作数地址隐含在指令中。例如,单地址的指令格式就并未明确在地址字段中指出第二个操作数的地址,而是规定累加寄存器 AC 作为第二个操作数地址。指令格式明确指出的仅是第一个操作数的地址 D。因此,累加寄存器 AC 对单地址指令格式来说是隐含地址。图 2.11 为隐含寻址方式的结构示意。

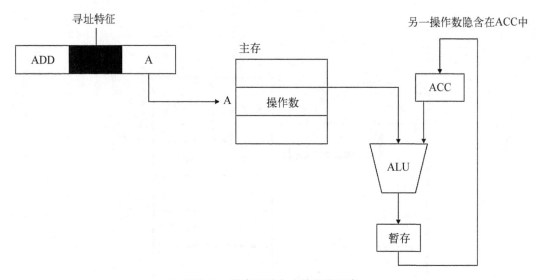

图 2.11　隐含寻址方式的结构示意

(2) 立即寻址方式

立即寻址方式,又称为立即数,是指指令的地址字段存放的不是操作数的地址,而是操作数本身。其中,数据是采用补码形式存放的。立即寻址方式不需要访问内存取数,只要取出指令即可立即获得操作数,具有指令执行时间很短的优势。图 2.12 为立即寻址方式的结构示意。

(3) 直接寻址方式

直接寻址是一种基本的寻址方法,指令格式地址字段中直接包含操作数在内存的真实地址。图 2.13 为直接寻址方式的结构示意。

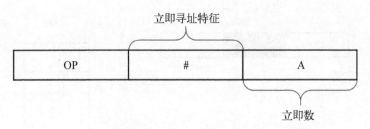

图 2.12 立即寻址方式的结构示意(♯为立即寻址特征标记)

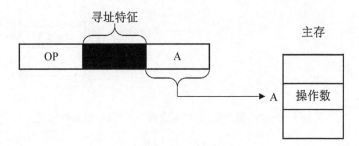

图 2.13 直接寻址方式的结构示意

　　由于操作数的地址直接给出而不需要经过某种变换或运算,所以称这种寻址方式为直接寻址方式。其优点是在指令执行过程中只需对内存进行一次访问,寻找操作数比较简单;缺点是指令的寻址范围受到 A 位数的限制,而且必须通过修改 A 的值才能对操作数的地址进行修改。

　　(4)间接寻址方式

　　与直接寻址相比,间接寻址指令地址字段中的形式地址不直接指出操作数的真正地址,而是指出操作数有效地址所在的存储单元的地址,即有效地址是由形式地址间接提供的。图 2.14 为一次间接寻址和两次间接寻址的结构示意。

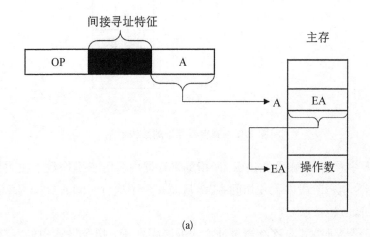

(a)

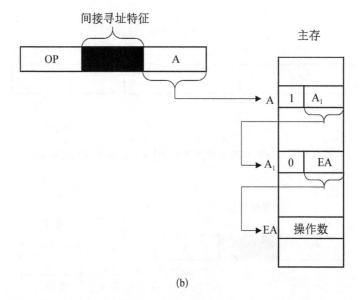

(b)

图 2.14　一次间接寻址(a)和两次间接寻址(b)的结构示意

(5) 寄存器寻址

当操作数放在中央处理器的通用寄存器中而不是放在内存中时,可采用寄存器寻址方式。此时,指令中给出的操作数地址并不是内存的地址单元号,而是通用寄存器的编号。图 2.15 为寄存器寻址的结构示意。

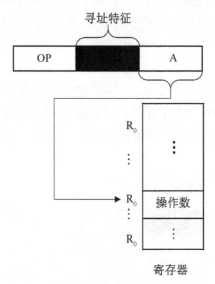

寄存器

图 2.15　寄存器寻址的结构示意

从图 2.15 中看出,操作数在由 R_1 所指的寄存器内。由于操作数不在主存中,所以寄存器寻址在指令执行阶段中无须访问主存,从而减少了执行时间。

(6) 寄存器间接寻址

寄存器间接寻址方式与寄存器寻址方式的区别在于：指令格式中的寄存器内容不是

操作数,而是操作数的地址,该地址指明的操作数在内存中。图 2.16 为寄存器间接寻址的结构示意。

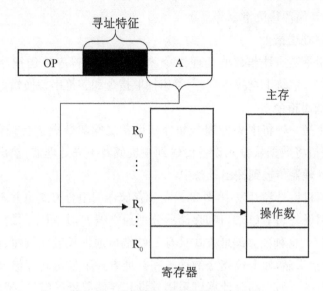

图 2.16　寄存器间接寻址的结构示意

4.3　指令种类

指令系统是决定一台计算机能够正常运转的基本功能。现代计算机的指令种类繁多,通常包含数据传送类指令、算术逻辑运算指令、字符串处理指令、输入输出指令等。

4.3.1　数据传送类指令

数据传送指令是计算机中最基本的指令,主要功能是将数据在主存与 CPU 寄存器之间进行传输,即将数据从一个地方传输到另一个地方。因此,一定程度上可以将数据传送指令看作数据拷贝。例如,汇编助记符有 MOV 和 LD 两套常用符号,分别显示为"MOV AX,BX"和"LD R1,R2"两种形式。

4.3.2　算术逻辑运算指令

计算机的基本功能就是运算数据,通常包括算术运算指令、逻辑运算指令和移位运算指令三类。

（1）算术运算指令

大部分计算机都设置了一些最基本的加、减、比较、求补等算术运算指令。但是不同性能需求的计算机所具有的算术运算指令是有差别的。例如,低档小型机和微型机一般只有加、减、比较、求补等指令,高档小型机和微型机则还具有乘、除、浮点运算以及十进制等运算指令。

（2）逻辑运算指令

逻辑运算指令主要是对数据进行包括按位与、按位或、非和异或等最基本的逻辑运算操作。一般来说,逻辑运算指令的操作结果影响标志寄存器的相应的状态标志位。

（3）移位运算指令

移位运算指令即进行移位操作，是一种常用的操作，根据功能可细分为算术移位指令、逻辑移位指令和循环移位指令等。

4.3.3　字符串处理指令

字符串处理指令是一种非数值处理指令，通常包括字符串传送指令、字符串转换指令、字符串比较指令、字符串查找指令、字符串抽取指令和字符串替换指令等。

4.3.4　输入输出指令

输入输出指令是一种将中央处理器和外部设备之间的数据进行通信的数据传输指令。其中，输入是指将数据从输入设备传输到主机或者中央处理器；输出则相反，指将数据从主机或中央处理器传输到输出设备中。

在现实的计算机设计和开发中，外部设备和存储器的组合方式也并不一致。例如，一部分计算机将外部设备的 I/O 端口和存储器分别独立编址，并用专门的输入输出指令访问外设的 I/O 端口。这种独立编址方式具有 I/O 端口地址长度比较短、译码速度快的优点，但是缺点也非常明显，如 I/O 指令的种类和寻址方式不如访问存储器的指令丰富，程序设计的灵活性较差。另一部分计算机采用外设和存储器统一编址，把外设的寄存器看作是一个存储单元，其输入输出功能是通过存储器指令访问的方式来实现的。

4.3.5　其他指令

除了上述几种比较典型的指令外，还有一些其他指令。例如，堆栈操作指令、系统指令、特权指令等。

5　中央处理器

中央处理器（CPU）是整个计算机的指挥中心，主要包括运算器和控制器两大部分。下面主要介绍中央处理器的功能与组成、指令执行流程、指令周期、指令流水线等知识点。

5.1　功能与组成

5.1.1　功能

当我们用计算机解决某个问题时，我们首先必须为它编写程序，而程序是一个指令序列，这个序列明确告诉计算机应该执行什么样的操作以及在什么地方去获取用来操作的数据。一旦程序进入内存储器，就可以由计算机来自动完成取指令和执行指令的任务。这种专门用来完成此项工作的计算机部件就被称为中央处理器（CPU）。CPU 的主要功能是负责协调并控制计算机的各个部件去执行程序的指令序列。

控制器是整个计算机的核心，对整个计算机系统的运行至关重要，主要功能如下：

（1）指令控制功能

指令控制主要是指程序的顺序控制。由于程序是一个指令序列，而指令在主存中是连续存放的。一般情况下,指令被顺序执行,只有在遇到转移指令时才会改变指令的执行顺序。为了保证指令流的正常流动,就必须严格按程序规定的顺序进行。因此,保证机器按顺序执行程序是 CPU 的首要任务。

（2）操作控制功能

一条指令的功能往往是由若干个操作信号的组合来实现的。在时序信号的控制下,每条机器指令在各个机器周期的各个节拍中应该产生哪些微操作控制信号是有严格规定的。控制器应管理并产生由内存取出的每条指令的操作信号,并把各种操作信号送往相应的部件,从而使得这些部件能够按照指令的要求进行相应的动作以完成各条指令的操作过程。

（3）时序控制功能

时序控制是指对各种操作实施时间上的控制。在计算机中,由于各条机器指令的复杂长度不同,导致每个指令周期中所包含的机器周期数也各不相同,各个机器周期中所包含的节拍数也不相同。为了保证计算机能够有条不紊地自动运行,控制器必须产生指令周期、机器周期以及节拍等时序信号并对操作信号以及指令的执行过程进行严格的时间把控。

（4）数据加工功能

数据加工是指对数据进行算数运算和逻辑运算处理。原始信息只有经过加工处理后才能对人们有用,完成数据的加工处理亦是 CPU 的根本任务。

5.1.2 组成

CPU 主要包括控制器和运算器两大部分。

控制器由程序计数器、指令寄存器、指令译码器、时序产生器和操作控制器组成。作为发布命令的"决策机构",控制器协调和指挥整个计算机系统的操作,其主要功能包括：

① 从内存中取出一条指令,并指出下一条指令在内存中的位置。

② 对指令进行译码或测试,并产生相应的操作控制信号。

③ 指挥并控制 CPU、内存和输入/输出设备之间数据流动的方向。

运算器是计算机中执行各种算术和逻辑运算操作的部件,主要由算数逻辑单元（ALU）、累加寄存器、数据缓冲寄存器和状态条件寄存器组成。运算器是数据加工处理部件,相对控制器而言,运算器接受控制器的命令而进行动作,即运算器所进行的全部操作都是由控制器来指挥的。因此,一定程度上可以将运算器理解为执行部件,其主要功能包括：

① 执行所有的算数运算。

② 执行所有的逻辑运算,并进行逻辑测试。

一般来说,一个算数操作产生一个运算结果,而一个逻辑操作则产生一个判断。

5.2 指令执行流程

指令的执行需要完成取指令、分析指令和执行指令的操作,具体包括取指令、指令译码、按指令操作码执行、形成下一条指令地址等。

① 在程序执行之前,首先将程序的起始地址送入程序计数器中,该地址在程序加载

到内存时确定。其中,程序计数器中首先存的是程序第一条指令的地址,随后将该地址送往地址总线,完成取指操作。

② 取来的指令暂存到指令寄存器中。

③ 指令译码器从指令寄存器中得到指令,分析指令的操作码和地址码,根据地址码找到需要的数据,完成指令的执行;

④ 程序计数器加1或根据转移指令得到下一条指令的地址,以此类推,再进行下一条指令的执行,直到整个程序执行完成。

5.3 指令周期

指令周期是指 CPU 每取出并执行一条指令操作所需的时间,即指令周期是从读取到执行完一条指令的全部时间。图 2.17 为指令周期结构示意。

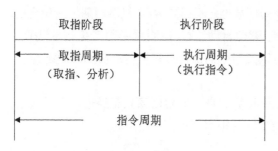

图 2.17 指令周期结构示意

从图 2.17 中看出,取指阶段主要完成取指令和分析指令的任务,又叫作取指周期;执行阶段则主要完成执行指令的任务,又叫作执行周期。由于各种指令的操作功能不同,有的简单,有的复杂,因此各种指令的指令周期是不尽相同的。例如,一条访问内存的指令周期,同一条非访问指令的指令周期是不相同的。

指令周期常常用若干个 CPU 周期数来表示,CPU 周期也称为机器周期。由于 CPU 内部的操作速度较快,而 CPU 访问一次内存所花的时间较长,因此通常用内存中读取一个指令字的最短时间来规定 CPU 周期。换句话说,一条指令的取出阶段需要一个 CPU 周期时间,而一个 CPU 周期时间又包含有若干时钟周期。这些时钟周期的总和则规定了一个 CPU 周期的时间宽度。常见的机器周期包括以下几种:

5.3.1 取指周期(FT)

取指周期完成取指令的工作,这是每条指令都必须经历的过程。在取指周期中完成的操作与指令的操作码无关,但取指周期结束后将转向哪个机器周期,则与取指周期中取出的指令类型及所采用的寻址方式有关。

5.3.2 取源操作数周期(ST)

如果需要从主存中读取源操作数,则进入取源操作数周期。在取源操作数周期中将根据指令的源地址字段形成源操作数地址,读取源操作数。

5.3.3 取目的操作数周期(DT)

如果需要从主存中读取目的操作数,则进入取目的操作数周期。在取目的操作数周期中将根据指令的目的地址字段形成目的操作数地址,读取目的操作数。

5.3.4 执行周期(ET)

这是各个指令都需要经历的最后一个工作阶段。在执行周期中将根据指令的操作码执行相应的操作,例如传送、算数运算、逻辑运算、保存返回地址、获得转移地址等。

5.3.5 中断周期(IT)

除了考虑指令的正常执行,还需要考虑外部请求带来的变化。在响应中断请求之后,到执行中断服务程序之前,需要一个过渡期,这就是中断周期。在中断周期中直接依靠硬件来进行关中断、保护断点、转中断服务程序入口等操作。

5.4 指令流水线

流水线是指在程序执行时多条指令重叠进行操作的一种准并行处理技术。各部件同时处理是针对不同指令而言的,例如,指令流水线把一条指令分为取指、分析和执行等部分,可以同时处理取指和分析,但是不能同时处理一个部分。

指令流水线是将指令执行分成几个子过程,每一个子过程对应一个工位,这个过程称为流水级或流水节拍。图 2.18 为流水线结构示意。

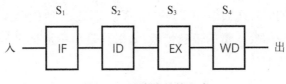

图 2.18 流水线结构示意

从图 2.18 中看出,该工位在计算机中就是可以重叠工作(相同时间同时工作)的功能部件,称为流水部件。流水线要求所有指令在每个部件上执行的时间是一样的。在流水线中,机器周期的长度由最慢的流水级部件处理子过程所需的时间来决定。IF 部件、ID 部件、EX 部件、WD 部件可同时都执行有操作,每条指令按图中一步步执行。在部件执行操作的过程中,尽管允许上一条指令进入,但是该指令只能等待当前指令操作执行完成后方可进入此部件。

流水线这种可同时为多条指令的不同部件进行工作的方式,提高了各部件的利用率和指令的平均执行速度。但是,流水线的关键在于同一时间轴多个部件同时执行,因此如果这个条件不能得到满足,例如遇到转移指令、共享资源访问的冲突、响应中断等情况,则流水线就会被破坏。

6 系统总线

通常来说,计算机中主要部件连接的方法包括分散连接和总线连接。其中,分散连接是指计算机主要部件之间各自通过单独的线相互连接,总线连接是指将各个部件连接到一组信息传输线上并通过传输线来传送数据。

图 2.19 为一种典型的总线结构。

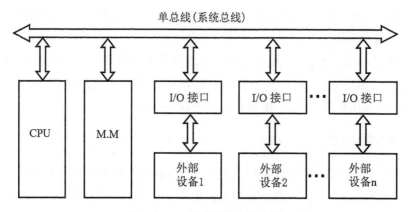

图 2.19   一种典型的总线结构

总线是构成计算机系统的骨架,是多个系统部件之间进行数据传送的公共道路,借助总线连接,计算机在各系统部件之间实现传送地址、数据和控制信息的操作。但是,在总线上,多个设备不能同时发送数据(可以多个设备从总线上接收数据),计算机中有那么多的设备,而且计算机中需要大量的信息传输,如果只是单单地把多个设备连在一条总线上,势必会影响计算机的效率。

6.1   总线分类

总线的应用领域广泛,根据不同的分类标准分别形成不同的分类方式。例如,根据数据传送方式可将总线划分为并行传输总线和串行传输总线;根据使用范围可将总线划分为计算机总线、测控总线、网络通信总线;根据连接部件的不同可将总线划分为片内总线、系统总线、通信总线等。下面主要根据连接部件所作划分进行介绍。

6.1.1   片内总线

片内总线是指同一部件内部连接各寄存器和运算部件的线路。

6.1.2   系统总线

系统总线是指连接 CPU、主存、通道和 I/O 设备等部件的线路。按照传输的信息不同,系统总线可细分为数据总线、地址总线和控制总线等。

（1）数据总线

数据总线上传输的信息被计算机看作是数据,且属于双向数据传输。数据总线位数是衡量计算机性能的一个重要指标,通常与机器字长、存储字长有关。

（2）地址总线

地址总线主要用于传输地址信息,即数据在主存中的位置。每个存储单元都有其相应的存储地址,并存在特定信息。如果想要获取某一信息,首先需要访问存储信息的地址。此外,地址总线的宽度决定计算机能够访问的存储空间容量的大小。

（3）控制总线

数据总线和地址总线是在各个部件之间共享,什么时候使用什么数据需要由控制总线中的指令决定。对任意控制线而言,控制总线中的各种指令(数据)是单向传输的,指令只能从一个部件到另一个部件;但是对控制总线而言,某种程度上又是双向传输的。例如,CPU可以发出信息指令,其他部件也可向CPU请求信息。

6.1.3　通信总线

通信总线是指用于计算机系统之间或计算机系统与其他系统之间通信的线路。计算机网络中的某些线路就可以看作是通信总线。按照传输方式的不同,通信总线可以细分为串行通信总线和并行通信总线。

6.2　系统总线结构

系统总线结构通常包括单总线结构和多总线结构两大类。

6.2.1　单总线结构

单总线结构是指将CPU、主存、I/O设备都挂在一组总线上,允许I/O之间或I/O与主存之间直接进行信息交换的结构。在单总线结构中,所有设备都通过一组总线交换数据,具有便于扩展的优点,但是弊端也很明显,随着计算机设备的增多,计算机运行和数据传输效率较低。因此,为了有效克服数据传输速率以及CPU、主存与I/O设备之间传输速率的不匹配问题,实现CPU与其他设备相对同步,就需要采用多总线结构。

6.2.2　多总线结构

与单总线结构相比,多总线结构的特点是将速度较低的I/O设备从单总线上分离出来,从而形成主存总线与I/O总线分开的结构。图2.20为典型的多总线结构的示意。

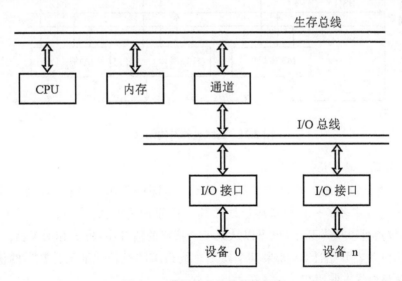

图2.20　典型的多总线结构示意

从图2.20中看出,通道是一个具有特殊功能的处理器,CPU将一部分功能下放到通道,使其对I/O设备具有统一管理的能力,从而完成外部设备与主存之间的数据传送。这种结构具有系统吞吐能力大、数据传输速率快等优点,常用于大、中型计算机系统。

在此基础上,如果将速率不同的 I/O 设备进行分类,并连接在不同的通道上形成多总线结构,能够显著提升计算机系统的利用率。

6.3 系统总线控制

系统总线上连接着各种各样的部件,总线控制规则是非常重要的环节。总线控制包括总线判优控制和总线通信控制两大类。

6.3.1 总线判优控制

总线上连接着多个部件,主动发送请求的设备是主设备,被动接收信息的是从设备。如果总线上同时存在多个主设备请求使用总线发送数据,那么就应该有一个决定哪个先使用总线的机制,这就是判优控制。常用的判优控制主要包括集中式与分布式两种,下面主要讨论三种常用的集中式判优控制策略。

(1) 链式查询

链式查询是指通过一个总线控制器逐个询问这些设备是否需要总线服务。在链式查询中,离总线控制器越近的设备优先级越高。实现链式查询判优目的,需要总线忙(BS)、总线请求(BR)、总线同意(BG)等线路来控制总线。尽管链式查询线路简单,但是缺点明显,那就是一旦线路中的某一处损坏,则整体线路就不能继续下去。图 2.21 为链式查询判优结构示意。

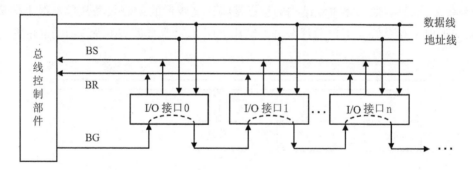

图 2.21 链式查询结构示意

(2) 计数器定时查询

图 2.22 为计数器定时查询方式结构示意。从图中看出,与链式查询方式相比,计数器定时查询方式多了一条设备地址线。其工作原理为:总线控制部件维护一个计数器,这个计数器可以从零开始,也可以从某一个特定的值开始,方式相对灵活。当总线忙(BS=0)时,计数器开始计数,如果某个发出总线请求的设备地址与计数器的值一致,则设备地址就获得优先使用权。

(3) 独立请求方式

图 2.23 为独立请求方式结构示意。从图中看出,独立请求方式中每个设备都有 BG 与 BR。其工作原理为:总线控制器中维护着一个队列,每个请求的总线都需要排队。与前两种方式相比,独立请求方式使用的线路最多。

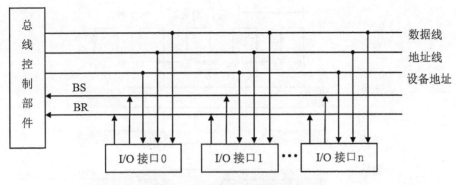

图 2.22 计数器定时查询结构示意

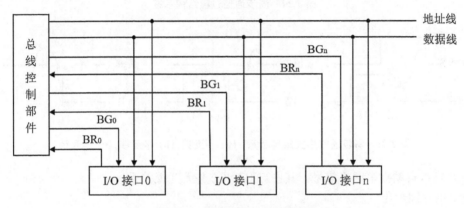

图 2.23 独立请求方式结构示意

6.3.2 总线通信控制

总线通信控制主要是解决通信双方如何获知通信的开始、结束和协调配合工作。一般来说，常用的通信方式包括同步通信、异步通信、半同步通信和分离式通信等四种。

（1）同步通信

同步通信是指通信双方由统一时标控制数据传送的方式。其中，时标发送方式包括：

① 由 CPU 的总线控制部件发出并送到总线上的所有部件。

② 由每个部件各自的时序发生器发出，但必须由总线控制部件发出的时钟信号对它们进行同步。

图 2.24 为某个输入设备向 CPU 传输数据的同步通信过程结构示意。

（2）异步通信

异步通信采用应答模式，即发送方发送了某一信息，必须收到回应才继续。与同步通信相比，尽管步骤没有按照顺序执行，但是显著降低了出错概率。此外，异步通信还可细分为不互锁、半互锁、全互锁等模式。图 2.25 为三种模式结构示意。

1）不互锁方式

主模块发出请求信号后，不用等到回答信号，经过确认从模块已收到请求信号后便撤销其请求信号；从设备接到请求信号后，在条件允许时发出回答信号，确认主设备已收到

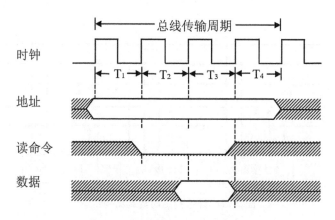

图 2.24　同步通信过程结构示意

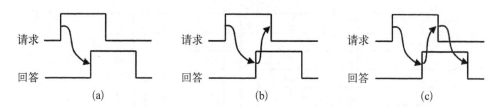

图 2.25　异步通信模式结构示意：(a) 不互锁，(b) 半互锁，(c) 全互锁

回答信号后，自动撤销回答信号。其中，通信双方并无互锁关系。

2）半互锁方式

主模块发出请求信号，等接到从模块的回答信号后撤销其请求信号，存在着简单的互锁关系；而从模块发出回答信号后，不等待主模块回答，在一段时间后便撤销其回答信号，无互锁关系。

3）全互锁方式

主模块发出请求信号，等从模块回答后再撤销其请求信号；从模块发出回答信号，待主模块获知后再撤销其回答信号。

（3）半同步通信

与其他常见通信方式相比，半同步通信方式引入了一条等待响应信号线，按照在特定时间完成特定操作的规则执行；如果中间某一操作不能及时完成，则可通过等待响应信号线传送等待信号，告知另一方等一会儿再执行。

（4）分离式通信

在分离式通信中，一个传输周期被分解为两个子周期。在第一个子周期中，主模块 A 获得总线使用权后将命令、地址和其他相关信息发到系统总线上，经总线传输后由模块 B 接收下来。主模块 A 向系统总线发布这些信息只占用总线很短的时间，一旦发送完毕，立即放弃总线使用权，以便其他模块使用；在第二个子周期中，当模块 B 收到模块 A 发来的有关命令信号后，经选择、译码、读取等一系列内部操作，将模块 A 所需的数据准备好，随后由模块 B 申请总线使用权，一旦获准模块 B 便将模块 B 的地址、模块 A 的编号和所需要的数据等信息送到总线上，以便模块 A 接收使用。但是，在实际应用中，分离式通信方式控制比较复杂，通常使用在复杂的微机系统中，而很少出现在普通微机系统中。

7　输入输出系统

输入输出(I/O)系统是计算机系统的重要组成部分，也是连接计算机与外部世界的桥梁。一般来说，输入输出系统主要包括输入输出接口、控制方式和外围设备等。

7.1　常用的输入输出设备

输入输出设备是指除了主机(中央处理器和主存储器)之外的设备。根据功能可将输入输出设备分为输入设备、输出设备等。

7.1.1　常用的输入设备

输入设备是计算机与人或者其他设备进行交互的最重要装置，其功能是将数据、指令以及某些标志信息等通过输入接口传输进计算机中。因此，从这个角度说，凡是能把程序、数据和命令送入计算机进行处理的设备都是输入设备。输入设备包括文字输入设备、图形输入设备、图像输入设备等。其中，文字输入设备主要用于完成输入程序、数据和操作命令等功能，包括键盘、条形码阅读器、磁卡机等；图形输入设备主要用于输入图像，包括光笔、鼠标器和触摸屏等；图像输入设备有扫描仪、传真机、摄像机和数字相机等。

下面主要介绍常用的键盘、鼠标和扫描仪等输入设备。

(1) 键盘

键盘是计算机系统中不可缺少的输入设备，通过键盘可以将英文字母、数字、标点符号等输入计算机。键盘由排列成矩阵形式的若干按键开关组成，不同型号的计算机键盘所拥有的按键数量也各不相同。

1) 根据按键数目分类

根据按键数目不同，可分为 83 键、87 键、93 键、96 键、101 键、102 键、104 键、107 键等类型。尽管键盘的按键数目有所差异，但按键布局基本相同，大都包括主键盘区、光标控制区、功能键区和数字键区等。

2) 根据键盘的应用分类

根据键盘的应用不同，可分为台式机键盘、笔记本电脑键盘、速录机键盘、工控机键盘、双控键盘、超薄键盘、手机键盘等。

3) 根据键盘的内部结构分类

根据键盘的内部结构不同，可分为接触式键盘和无接触式键盘。接触式键盘又可分为机械式键盘和塑模式键盘，每个键相当于一个开关，按下时金属片会接通并通电；无接触式键盘又可细分为电容式键盘和霍尔元件键盘，其中，电容式键盘是采用电容元件实现非接触的电流变化从而达到与机械键盘相同的效果，霍尔元件键盘则是通过按键时产生的霍尔电势来检测的。

4）根据键盘功能分类

根据键盘功能不同，可分为编码键盘和非编码键盘。编码键盘是指当按下编码键盘中的某个按键时会产生一个相应的字符代码，并转换成对应的 ASCII 码或其他码，最后以串行的方式将其送入主机。在这个过程中，键盘内的单片机负责扫描确定按键的位置及其与主机间的通信；非编码键盘不直接提供被按键的编码信息，只是简单地提供被按键的位置，并提供与被按键相对应的中间代码，然后再在计算机中由相应软件把扫描码按某种规律转换成规定的编码。

（2）鼠标

鼠标是控制计算机显示器上光标移动和实现选择操作的计算机输入设备，因形似老鼠而得名。作为一种计算机图形用户界面人机交互必备的外部设备，鼠标的出现大大简化了计算机的操作复杂程度，在一定程度上代替了键盘的烦琐指令。

鼠标作为最常用的计算机输入设备之一，其分类方法多种多样，常用的分类方法包括：

1）根据接口类型分类

根据接口类型不同，可将鼠标分为串行鼠标、PS/2 鼠标、总线鼠标、USB 鼠标（多为光电鼠标）等。

① 串行鼠标是通过串行口与计算机相连，有 9 针接口、25 针接口两种。

② PS/2 鼠标是通过一个六针微型 DIN 接口与计算机相连，它与键盘的接口非常相似，使用时注意区分。

③ 总线鼠标的接口在总线接口卡上。

④ USB 鼠标通过一个 USB 接口直接插在计算机的 USB 口上。

2）根据工作原理不同分类

根据工作原理不同，可将鼠标分为机械鼠标、光机鼠标、光学鼠标等。

① 机械鼠标是最老式的鼠标。由于机械鼠标的寿命短、精度低且灵活性差，目前机械鼠标逐渐被淘汰。

② 光机鼠标是一种光电和机械相结合的鼠标。目前市场上大多数鼠标都是光机鼠标。光机鼠标具有传送速率快、准确度高且灵敏等特点。

③ 光学鼠标是不需要光电板就能工作的光电鼠标，通过在鼠标底部安装一个小的扫描器对摆放鼠标的桌面进行高速扫描，进而对比扫描结果从而确定鼠标移动的位置。尽管光学鼠标精度高，但是普遍价格较昂贵。

（3）扫描仪

扫描仪是一种图形输入设备，能够将照片、文本页面、图纸、美术图画、纺织品、标牌面板、印制板样品等二维和三维对象作为扫描对象输入计算机。当扫描仪扫描图像时，光线从物体上反射回来，通过透镜射进 CCD；CCD 将光线转换成模拟电压信号并标出每个像素的灰度级；由 ADC 将模拟电压信号转换为数字信号，每种颜色使用 8、10 或 12 位来表示；扫描后以某种设定的格式自动保存在电脑里。

评价扫描仪性能的指标主要包括分辨率、灰度级、色彩度、扫描速度和扫描幅面等。

① 分辨率是扫描仪最重要的技术指标，通常用每英寸长度上扫描图像所含有像素点的个数来表示。分辨率能够充分反映扫描仪对图像细节的表现能力，即决定扫描仪所记录图像的细致度。

② 灰度级表示图像的亮度层次范围，级数越多，扫描仪图像亮度范围越大、层次越丰富。多数扫描仪的灰度为256级。

③ 色彩度表示彩色扫描仪所能产生颜色的范围，通常用表示每个像素点颜色位数即比特位数（bit）表示。比特位数越多，图像信息越复杂，图像越鲜艳真实。

④ 扫描速度有多种表示方法，因为扫描速度与分辨率、内存容量、软盘存取速度以及显示时间、图像大小有关，通常用指定的分辨率和图像尺寸下的扫描时间来表示。

⑤ 扫描幅面表示扫描图稿尺寸的大小，常见的有 A4、A3、A0 等幅面。

7.1.2　常用的输出设备

输出设备是指将内存中计算机处理之后的各种计算结果数据或信息以人或其他设备所能接收的数字、字符、图像、声音等方式表示出来的设备。常用的计算机输出设备包括打印机、凿孔输出设备、显示设备和绘图机等。其中，打印设备和显示设备已成为每台计算机和大多数终端所必需的设备。下面主要对显示设备和打印设备进行介绍。

（1）显示设备

显示器是计算机系统中最重要的输出设备，其工作原理就是将电信号转换为可见的光信号。从早期的黑白世界到色彩世界，显示器走过了漫长而艰辛的历程。显示设备类型多样，例如，阴极射线管（CRT）显示器、液晶显示器（LCD）、LED 显示器、3D 显示器和等离子显示器（PDP）等。通常用于衡量显示器性能优劣的标准有分辨率和灰度级。分辨率指显示器所能显示的像素有多少，显示器可显示的像素越多，画面就越精细，同样的屏幕区域内能显示的信息也越多。灰度级是指显示器所显示的像素点的亮度差别。显示器的灰度级越多，颜色越丰富，色彩越艳丽；反之，显示颜色单一，变化简单。

CRT 显示器是一种使用阴极射线管的显示器，又称为阴极射线显像管，其核心部件是 CRT 显示管。图 2.26 为 CRT 显示器电子枪工作原理。其工作原理是电子枪发射高速电子，经过垂直和水平的偏转线圈控制高速电子的偏转角度，最后由高速电子击打屏幕上的荧光物质使其发光，通过电压来调节电子束的功率，就会在屏幕上形成明暗不同的光电，最终形成各种图案和文字。

尽管 CRT 显示器图像清晰度高、实时性好、动态显示度强，但是 CRT 显示器体积大、笨重、耗电多、小型化难度大，目前已经逐渐被市场所淘汰。

液晶是液态晶体的简称，它是一种有机化合物，在一定的温度范围内以液态和固体之间的中间状态存在，这种中间状态称为液晶状态。液晶分子是棒状结构，具有明显的光学各向异性，它本身不发光，但能够调制外照光显示，因此使用时需要背光源。

液晶显示器是指借助背光源状态实现外照光显示的显示器，具有机身薄、节省空间、省电、不产生高温、低辐射、益健康、画面柔和不伤眼等特点。根据液晶分子排布方式不同，可

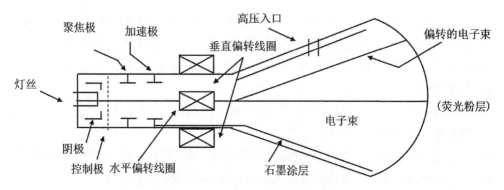

图 2.26 CRT 显示器电子枪工作原理

将液晶显示器分为窄视角的 TN-LCD、STN-LCD、DSTN-LCD 和宽视角的 IPS、VA、FFS 等。液晶显示器的评价指标众多,主要包括可视面积、点距、色彩度、对比度(对比值)、亮度和信号响应时间等。

　　LED 显示器是指通过控制半导体发光二极管的显示方式以显示文字、图像、动画、视频等各种信息的显示屏幕。LED 显示器具有功耗低、刷新速率快、视角广、播放时视觉性能好等优点,擅长显示各种文字、数字、彩色图像、动画和电视、录像、VCD、DVD 等彩色视频信号,应用领域十分广泛。目前,LED 显示器已被广泛地应用于证券交易、机场航班、道路交通、文娱演出、安全监控等领域。

　　(2) 打印设备

　　打印机是重要的输出设备之一。打印设备的结构各不相同,类型也多种多样。目前,单色打印机主要包括点阵打印机、喷墨打印机和激光打印机三种。

　　1) 点阵打印机

　　点阵打印机是指利用打印钢针按字符的点阵打印出字符的打印机,价格最为便宜。根据打印头针数不同,可以将点阵式打印机划分为 9 针打印机、24 针打印机等。

　　2) 喷墨机印机

　　喷墨打印机是指在可移动打印头内置一个墨盒,随着打印头在打印纸上水平移动,墨盒里的墨水流入它的小喷管中,墨滴在喷管中被加热到沸腾点,然后被喷到正对着它的打印纸上。具有价格低、无噪声、输出质量好等优点,已广泛应用于家庭和日常生活工作中。但是,喷墨打印机速度较慢,且墨盒昂贵。

　　3) 激光打印机

　　激光打印机是将激光扫描技术和电子照相技术相结合的打印输出设备,其核心部件是一个可以感光的硒鼓。根据打印输出速度不同,可将激光打印机分为低速激光打印机(10~30 页/分钟)、中速激光打印机(40~120 页/分钟)和高速激光打印机(130~300 页/分钟)等。

7.2　输入输出接口

　　输入输出(I/O)接口通常是指两个系统或两个部件之间的交接部分,即主机与 I/O

设备之间设置的一个硬件电路及相应的软件控制。不同的 I/O 设备都包含有相应的设备控制器，而这些控制器又往往都是通过 I/O 接口与主机进行通信联系。

I/O 接口常位于主机与 I/O 设备之间，其功能主要包括：

① 对于配有多台 I/O 设备的主机而言，这些 I/O 设备各自有其设备号（地址），接口实现 I/O 设备的选择。

② I/O 种类繁多、速度不一、与 CPU 速度相差很大，I/O 接口可以实现数据缓冲，达到速度匹配。

③ I/O 设备可能串行传送数据，而 CPU 为并行传送，I/O 接口可实现数据串并转换。

④ I/O 设备输入输出电平与 CPU 输入输出电平不同，I/O 接口可实现电平转换。

⑤ CPU 启动设备工作，I/O 接口可向 I/O 设备发送控制命令。

⑥ I/O 接口可监视设备工作状态并保存以供 CPU 查询和调阅。

此外，需要注意的是，接口与端口是两个不同的概念。端口是指接口电路中的一些寄存器，这些寄存器保存数据信息、控制信息、状态信息，相应的端口分别称为数据端口、控制端口、状态端口。与端口不同，接口是由若干个端口及其相应的控制逻辑组成。例如，CPU 通过输入指令从端口读入信息，通过输出指令将信息写入端口。

第二部分

计算机组成开发工具

1 CP226 模型机

CP226 模型机包括了一个标准 CPU 所具备的所有部件,例如,运算器(ALU)、累加器(A)、寄存器(W)、左移门(L)、直通门(D)、右移门(R)、寄存器组(R0～R3)、程序计数器(PC)、地址寄存器(MAR)、堆栈寄存器(ST)、中断向量寄存器(IR)、输入端口寄存器(IN)、输出端口寄存器(OUT)、程序存储器(EM)、指令寄存器(IR)、微程序计数器(uPC)、微程序存储器(uM)、中断控制电路、跳转控制电路等。其中,运算器、中断控制电路和跳转控制电路用 CPLD 来实现,其他电路都是用离散的数字电路来组成。微程序控制部分也可以用组合逻辑控制来代替。

模型机为 8 位机,数据总线、地址总线也都为 8 位,其原理与 16 位机相同。

模型机的指令码为 8 位。根据指令类型的不同,可以有 0～2 个操作数。指令码的最低两位用来选择 R0～R3 寄存器,在微程序控制方式中,用指令码作为微地址来寻找微程序存储器,找到该指令的微程序。而在组合逻辑控制方式中,按时序用指令码产生相应的控制位。在模型机中,一条指令最多分四个状态周期,一个状态周期为一个时钟脉冲,每个状态周期产生不同的控制逻辑,实现模型机的各种功能。模型机有 24 位控制位以控制寄存器的输入、输出,选择运算器的运算功能、存储器的读写。

CP226 计算机组成原理实验系统由实验平台、开关电源、软件三大部分组成。

2 CP226 实验平台

2.1 实验平台组成

① 运算单元(ALU)、累加器(A)、暂存器(W)、寄存器组(R0～R3)、直通门(D)、左移门(L)、右移门(R)。相对应的状态位包括进位标志(RCy)、零标志(Rz)、中断请求标志(IREQ)、中断响应标志(IACK0)。

② 程序计数器(PC)、地址寄存器(MAR)、存储器(EM)、指令寄存器(IR)、微程序计数器(uPC)、微程序存储器(uM)、堆栈(ST)、中断源(IA)。相应的状态位包括微程序的

时钟周期(RT0 和 RT1)。

③ 输出寄存器(OUT)、存储器单元、组合逻辑控制器、扩展单元、总线接口区、微动开关/指示灯、逻辑笔、脉冲源、管理单片机、24 个按键、字符式(LCD)。

④ 数据总线(DBUS)、地址总线(ABUS)、指令总线(IBUS)。

2.2　实验平台操作模式

2.2.1　手动模式

（1）系统清零和手动状态设定

K23～K16 开关置零，按实验箱的[RST]钮。按小键盘的[TV/ME]键三次，进入"Hand..."手动状态。

（2）数据总线操作

本实验箱手动状态操作时，将 8 芯扁缆与 J1 和 J3 连接，将数据总线与开关 K23～K16 连接，拨动开关设置 8 位 DSUB 数据，并用其他控制信号来控制，实现的是寄存器 A、W、R0～R3 等的写和读。

当 8 芯扁缆与 J2 和 J3 连接时，将数据总线与开关 K23～K16 连接。拨动开关设置 8 位 DSUB 数据，并用其他控制信号来控制 PC、MAR、EM、IR、uPC 等的写和读。

CP226 实验箱有一些寄存器可以向 DBUS 输出数据，通过控制信号选择 DBUS 和寄存器，其中数据可以通过 LED 显示反映出来。

2.2.2　小键盘模式

实验箱自带的小键盘和显示屏可以用来输入、修改机器指令或微指令，通过键盘控制程序的单指令、单微指令执行。用户可以通过显示屏或 LED 来查看寄存器的值。用小键盘实验时，将 8 芯扁缆与 J1 和 J2 连接，使系统处于非手动状态，实验仪在监控程序的控制下，打开微程序存储器的输出，将微程序的控制传送到寄存器和控制端口。

2.2.3　程序控制模式

CP226 实验箱的操作除了可以在手动状态下进行，也可以在 CP226 集成开发环境中输入、修改程序，汇编成机器码并下载到实验箱中，由软件控制进行单步、单微指令的运行，同时通过软件观察微程序控制过程中数据的流向、控制信号的变化、寄存器的状态等。用微程序控制方式运行时，将 8 芯扁缆与 J1 和 J2 连接，CP226 实验平台的控制方式开关设置成"微程序控制"方式。

2.3　实验平台控制信号

2.3.1　24 位控制信号

XRD：外部设备读信号，当给出了外设的地址后，输出此信号，从指定外部设备读数据。

EMWR：存储器 EM 写信号。

EMRD：存储器 EM 读信号。

PCOE：将程序计数器的值送到地址总线 ABUS 上。

EMEM：将存储器 EM 与数据总线 DBUS 接通，由 EMWR 和 EMRD 决定是将 DBUS 数据写到 EM 中，还是从 EM 中读出数据到 DBUS。

IREN：将存储器 EM 读出的数据打入指令寄存器 IR 和微指令计数器 uPC。

EINT：中断返回时清除中断响应和中断请求标志，以便下次中断。

ELP：PC 打入允许，与指令的 IR2、IR3 位结合，控制程序的跳转。

MAREN：将数据总线 DBUS 上的数据打入地址寄存器 MAR。

MAROE：将地址寄存器 MAR 的值送到地址总线 ABUS。

OUTEN：将数据总线 DBUS 上的数据送到输出端口寄存器 OUT 中。

STEN：将数据总线 DBUS 上的数据存入堆栈寄存器 ST 中。

RRD：读寄存器组 R0～R3，寄存器 R? 的选择由指令的最低两位决定。

RWR：写寄存器组 R0～R3，寄存器 R? 的选择由指令的最低两位决定。

CN：决定运算器是否带进位移位，CN 置"1"带进位，CN 置"0"不带进位。

FEN：将标志位存入 ALU 内部的标志寄存器。

X2、X1、X3：三位组合译码，选择将数据送到 DBUS 上的寄存器。具体的三位组合译码方式如表 2.4 所示。

表 2.4　三位组合译码方式

X2	X1	X3	输 出 寄 存 器	
0	0	0	IN_OE	外部输入门
0	0	1	IA_OE	中断向量
0	1	0	ST_OE	堆栈寄存器
0	1	1	PC_OE	PC 寄存器
1	0	0	D_OE	直通门
1	0	1	R_OE	右移门
1	1	0	L_OE	左移门
1	1	1	没有输出	—

WEN：将数据总线 DBUS 的值打入工作寄存器 W 中。

AEN：将数据总线 DBUS 的值打入累加器 A 中。

S1、S2、S3：三位组决定 ALU 做何种运算。具体的三位组决定 ALU 运算功能如表 2.5 所示。

表 2.5　三位组决定 ALU 运算功能

S1	S2	S3	运　算　功　能	
0	0	0	A+W	加
0	0	1	A−W	减
0	1	0	A｜W	或
0	1	1	A&W	与
1	0	0	A+W+C	带进位加
1	0	1	A−W−C	带进位减
1	1	0	−A	A 取反
1	1	1	A	输出 A

2.3.2　工作脉冲

CP226 实验箱的寄存器输入输出需要脉冲控制,即微程序控制的时序脉冲。手动操作时该脉冲控制信号是由实验箱的 CK 脉冲产生的。CP226 实验箱设置小键盘的 STEP 键作为 CK 脉冲的控制键。当按下小键盘的 STEP 键 CK 脉冲由高变低,根据控制信号选通某个寄存器;放开小键盘的 STEP 键 CK 脉冲由低变高,数据打入选通的寄存器。

2.3.3　寄存器和存储器的控制信号

CP226 实验箱用 74HC574(8D 型上升沿触发器)构成各种寄存器。其中,数据输出:OC 信号为高时,触发器输出端关闭;OC 信号为低时,触发器数据输出到数据总线。数据输入:CLK 产生向上跳变时,数据总线中的数据打入到触发器中。

每个寄存器的选通信号和工作脉冲共同构成 74HC574 的 CLK 信号。选通信号或使能信号来自 74HC32、74HC138、74HC139 等电路。

手动操作时选通信号可以通过小开关控制。用信号线将信号孔与开关相连。表 2.6 为 CP226 实验箱寄存器与选通信号孔和使能信号孔的关系。

表 2.6　寄存器与选通信号孔和使能信号孔的关系

寄存器	选　通　信　号　孔	使能信号孔
A		AEN 写
W		WEN 写
IN	X2、X1、X0　（输出） 0　　0　　0　（IN_OE）	

寄存器	选 通 信 号 孔	使能信号孔
IA	0　0　1　(IA_OE)	
ST	0　1　0　(ST_OE)	
PC	0　1　1　(PC_OE)	
D	1　0　0　(D_OE)	
R	1　0　1　(R_OE)	
L	1　1　0　(L_OE)	
R0~R3	SB,SA(00、01、10、11)	RRD 读
		RWR 写
MAR		MAROE 输出
		MAREN 写
ST		STEN 写
OUT		OUTEN 写
IR		IREN 写
PC		PCOE 输出
EM		EMEN
		EMWR 写
		EMRD 读

2.4　CP226 实验箱小键盘

CP226 实验箱既可以连在 PC 机上调试程序,又可以用实验箱上自带的键盘输入程序及微程序,并可以单步调试程序和微程序,通过液晶显示屏观察各内部寄存器的值,编辑修改程序和微程序存储器。图 2.27 为 CP226 实验箱小键盘界面。

从图中看出,CP226 实验箱小键盘显示屏的显示内容分四个主菜单,分别为观察内部寄存器、观察和修改程序存储器、观察和修改微程序存储器、手动

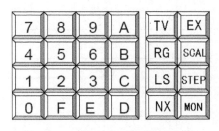

图 2.27　CP226 实验箱小键盘界面

状态。图 2.28 为用 TV/ME 键切换状态下的主菜单界面。

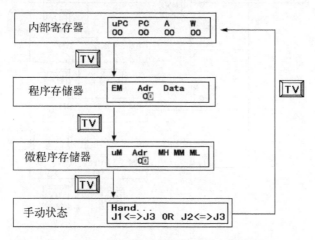

图 2.28　TV/ME 键切换状态下的主菜单界面

2.4.1　观察内部寄存器

内部寄存器显示的内容通过用 LAS 或 NEXT 键向前或向后翻页的方式分别在五页中显示。内部寄存器由程序执行结果决定,不能修改。图 2.29 为内部寄存器结构示意。

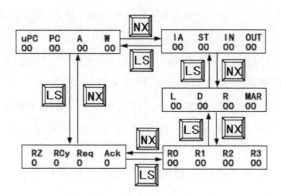

图 2.29　内部寄存器结构示意

2.4.2　观察、修改程序存储器内容

图 2.30 为程序存储器显示页面。"Adr"为程序存储器地址,"DB"为该地址中数据。光标初始停在"Adr"处,此时可以用数字键输入想要修改的程序地址,也可以用 NEXT 和 LAST 键将光标移到"DB"处,输入或修改此地址中的数据。再次按 NEXT 或 LAST 键可自动将地址+1 或将地址-1,并可用数字键修改数据。按 MON 键可以回到输入地址 00 的状态。

2.4.3　观察、修改微程序存储器内容

微程序存储器数据的观察、修改与程序存储器的观察修改方法相似,不同的是微程序要输入 3 个字节,而程序存储器的修改只要输入 1 个字节即可。

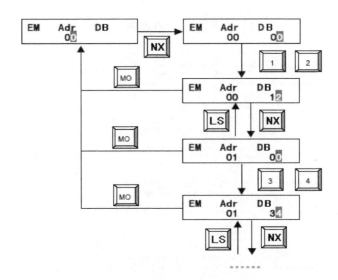

图 2.30　程序存储器显示页面

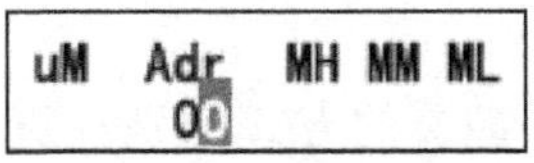

图 2.31 为微程序观察修改的显示页面。"Adr"为微程序地址,"MH"为微程序的高字节,"MM"为微程序的中字节,"ML"为微程序的低字节。

图 2.31　微程序观察修改的显示页面

使用 CP226 实验箱小键盘调试程序的方法包括程序单步、微程序单步、全速执行等三种。其中,当用键盘调试程序时,显示屏显示寄存器第一页的内容。

[STEP]:微程序单步执行键,每次按下此键,就执行一个微程序指令,同时显示屏显示微程序计数器、程序计数器、A 寄存器、W 寄存器的值。可以通过 NX 或 LS 键翻页观察其他寄存器的值,观察各个寄存器的输出和输入灯的状态。

[SCAL]:程序单步执行键,每次按下此键,就执行一条程序指令,同时显示屏显示微程序计数器、程序计数器、A 寄存器、W 寄存器的值。可以通过 NX 或 LS 键翻页观察其他寄存器的值。

[EX]:全速执行键,按下此键时程序就会全速执行,按键盘任一键暂停程序执行,并且显示当前寄存器的值。

[RG]:中断请求键,按下此键时会产生一个中断请求信号 INT。

[RST]:复位键,按下此键,程序中止运行,所有寄存器清零,程序指针回到 0 地址。

3　CP226 集成开发环境

CP226 计算机组成原理实验系统的集成开发环境为 COMPUTE,其借助 PC 机的强大功能实现在线文档和图形界面的动态管理功能。集成开发环境中自带编译器,能够支持汇编语言的编辑、编译和调试,可动态显示数据流向,实时捕捉数据总线、地址总线和控制总线的各种信息。启动后的 COMPUTE 运行界面如图 2.32 所示。

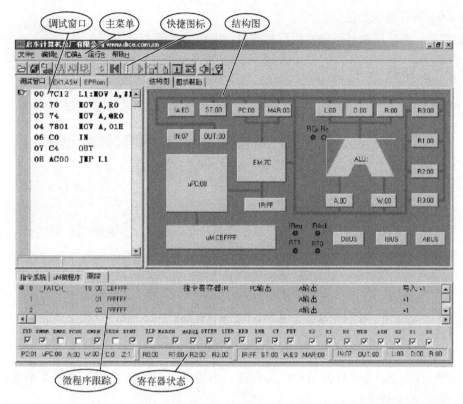

图 2.32　COMPUTE 运行界面

3.1　CP226 集成调试软件界面

CP226 集成调试软件界面具体包括以下部分：

3.1.1　主菜单区

实现实验仪的各项功能的菜单，具体包括［文件］［编辑］［汇编］［运行］［帮助］等选项。

3.1.2　工具栏

工具栏有快速实现各项功能的按键。

3.1.3　调试窗口区

调试窗口区包括调试窗口、源程序窗口、EPRom 代码窗口等选项界面。调试窗口，显示程序编译后的机器码及反汇编的程序，用户可以调试程序单步运行跟踪结果。源程序，用于输入、显示、编辑汇编源程序。EPRom 代码窗口，用十六进制方式显示存储器中的代码。代码窗口中每行显示 16 个字节，最左边就是这一行的起始地址。

3.1.4　结构图区

结构图区结构化地显示模型机的各部件和运行时数据走向寄存器的值。

3.1.5　微程序/跟踪区

微程序表用来显示程序运行时微程序的时序和每个时钟脉冲各控制位的状态。跟踪表用来记录显示程序及微程序执行的轨迹，显示指令系统的指令集。

3.1.6 寄存器状态区

寄存器状态区用来显示程序执行时各内部寄存器的值。

3.2 主菜单

主菜单包括[文件][编辑][汇编][运行][帮助]五部分,具体如图 2.33 所示。

图 2.33 主菜单界面

[文件|打开文件] 打开已有的汇编程序或文本文件。

[文件|保存文件] 将修改过的文件保存。不论是汇编源程序还是其他文本文件,只要被修改过,就会被全部保存。

[文件|新建文件] 新建一个空的汇编源程序。

[文件|另存为...] 将修改过的程序换名保存。

[文件|打开指令系统/微程序] 打开设计好的指令系统和微程序文件,用于修改指令系统和微程序文件。

[文件|调入指令系统/微程序] 调入设计好的指令系统和微程序定义,用于编译汇编源程序。

[文件|退出] 退出集成开发环境。

[编辑|重做] 撤销/恢复上次输入的文本。

[编辑|剪切] 将选中的文本剪切到剪贴板上。

[编辑|复制] 将选中的文本复制到剪贴板上。

[编辑|粘贴] 从剪贴板上将文本粘贴到光标处。

[编辑|全选] 全部选中文本。

[汇编|汇编] 将汇编程序汇编成机器码并下载。

[运行|全速执行] 全速执行程序。

[运行|单指令执行] 每步执行一条汇编程序指令。

[运行|单微指令执行] 每步执行一条微程序指令。

[运行|暂停] 暂停程序的全速执行。

[运行|复位] 将程序指针复位到程序起始处。

［帮助|关于］有关 CPP226 计算机组成原理实验箱的相关说明。

［帮助|帮助］软件使用帮助。

3.3 工具栏

工具栏中的各项按钮是菜单命令的快捷命令按钮,具体功能如图 2.34 所示。

图 2.34 工具栏功能

在图 2.34 中,图标的"刷新"功能是在连机过程中刷新各寄存器、程序存储器、微程序存储器的值,以便观察实验箱的各参数内容。

文件的"打开""保存"功能、编辑功能、执行控制功能、其他快捷命令等与主菜单的相应功能一样。

3.4 调试窗口区

调试窗口区分源程序窗口、调试窗口、EPRom 窗口等三个子窗口,具体如图 2.35 所示。

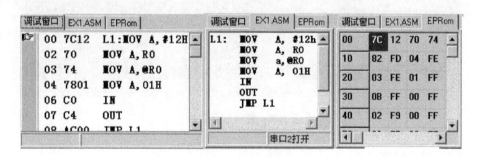

图 2.35 调试窗口区

3.4.1 源程序窗口

源程序窗口用于输入、修改程序。在［文件］菜单中打开一个以"＊.ASM"为后缀的文件时,系统认为此文件为源程序,其内容会在源程序窗口显示,以供修改和编译。若再次打开以"＊.ASM"后缀的文件,则新文件将旧文件覆盖,在源程序窗口只显示最新打开的汇编源程序。在［文件］菜单中使用"新建文件"功能,会清除源程序窗口的内容,让用户重新输入新的程序。

3.4.2 调试窗口

调试窗口用于显示程序地址、机器码、反汇编后的程序。窗口左边的图标 代表指令计数器,指示的是下一条要执行的指令。单步跟踪时用来判断是否按照预期的流程运行。当单指令运行时,每条指令执行后即指向下一条要执行的指令。单微指令运行时,由于一条指令中包括若干条微指令,可能要做几条单微指令才移向下一条要执行的指令。

3.4.3　EPRom 窗口

EPRom 窗口以十六进制数据的形式显示程序编译后的机器码。可以直接输入数值来修改机器码。代码窗口中每行显示 16 个字节,最左边的十六进制数就是这一行的起始地址。

3.5　结构图区

结构图区分为结构图窗口和图示帮助窗口,具体如图 2.36 所示。

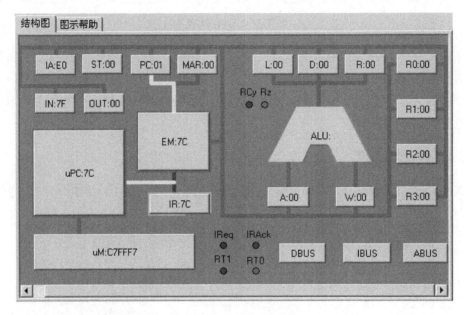

图 2.36　结构图区界面

3.5.1　结构图窗口

结构图窗口显示模型机的内部结构,包括各种寄存器、运算器、程序指针、程序存储器、微程序指针、微程序存储器和各种状态位等。在程序单步运行时,可以在结构图上看到数据的走向及寄存器的输入输出状态。

3.5.2　图示帮助窗口

图示帮助窗口可以进行图示化实验指导。

3.6　指令/微程序/跟踪窗口

指令/微程序/跟踪窗口分为指令集窗口、uM 微程序窗口、跟踪窗口。

3.6.1　指令集窗口

指令集窗口用于显示指令系统,具体如图 2.37 所示。

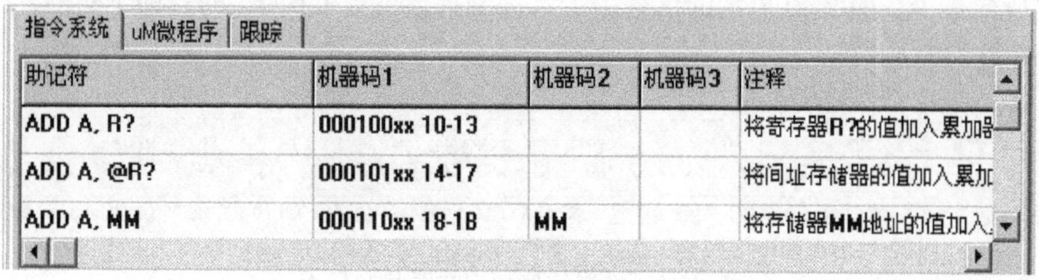

指令系统 | uM微程序 | 跟踪

助记符	机器码1	机器码2	机器码3	注释
ADD A, R?	000100xx 10-13			将寄存器R?的值加入累加器
ADD A, @R?	000101xx 14-17			将间址存储器的值加入累加
ADD A, MM	000110xx 18-1B	MM		将存储器MM地址的值加入.

图 2.37　指令集窗口界面

3.6.2　uM 微程序窗口

uM 微程序窗口用于观察每条指令所对应的微程序的执行过程和微代码的状态。在该窗口中，能够显示数据的输出、输入和地址是由 PC 输出还是由 MAR 输出，以及运算器的运算、移位状态等。

此外，当鼠标移到相应的程序行或微程序行时，界面能够显示执行该指令或微指令时各寄存器、控制位的状态，具体如图 2.38 所示。

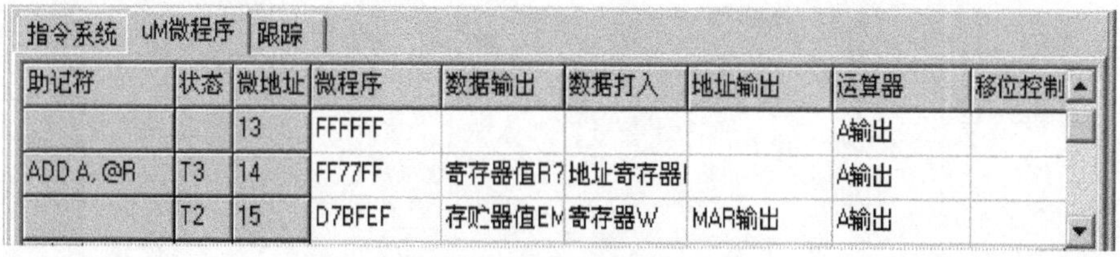

指令系统 | uM微程序 | 跟踪

助记符	状态	微地址	微程序	数据输出	数据打入	地址输出	运算器	移位控制
		13	FFFFFF				A输出	
ADD A, @R	T3	14	FF77FF	寄存器值R?	地址寄存器I		A输出	
	T2	15	D7BFEF	存贮器值EM	寄存器W	MAR输出	A输出	

图 2.38　uM 微程序窗口界面

3.6.3　跟踪窗口

跟踪窗口显示程序执行过程的轨迹，包括每条被执行的指令、微指令和微指令执行时各控制位、寄存器的状态，具体如图 2.39 所示。

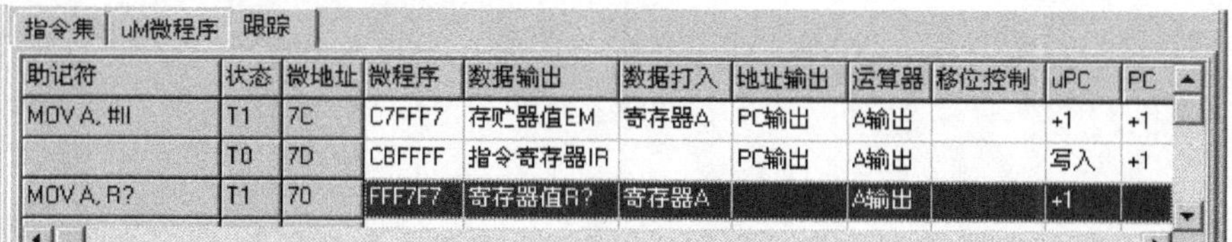

指令集 | uM微程序 | 跟踪

助记符	状态	微地址	微程序	数据输出	数据打入	地址输出	运算器	移位控制	uPC	PC
MOV A, #II	T1	7C	C7FFF7	存贮器值EM	寄存器A	PC输出	A输出		+1	+1
	T0	7D	CBFFFF	指令寄存器IR		PC输出	A输出		写入	+1
MOV A, R?	T1	70	FFF7F7	寄存器值R?	寄存器A		A输出		+1	

图 2.39　跟踪窗口界面

3.7　控制信号和寄存器状态

程序运行时控制信号和寄存器状态动态变化，可以通过控制信号和寄存器状态界面进行观察。

3.7.1　控制信号状态界面

控制信号状态界面显示微指令控制信号的状态。其中，有“√”的为“1”，否则为“0”，以此构成微指令。图 2.40 显示的信号用十六进制描述就是 CBFFFFH，即 EMRD、PCOE、IREN 低电平有效。

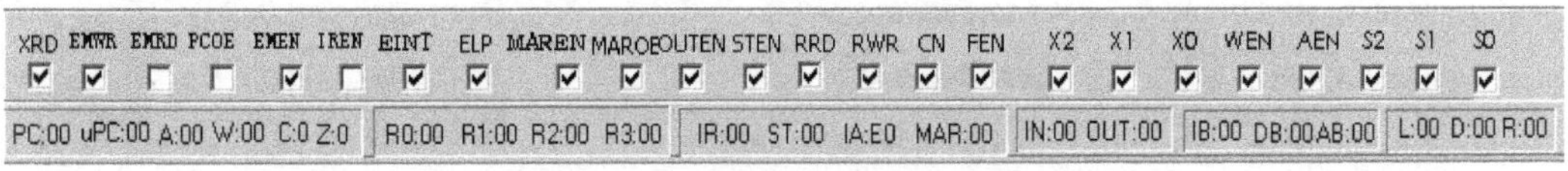

图 2.40　控制信号和寄存器状态界面

3.7.2　寄存器状态界面

寄存器状态界面显示程序执行时各内部寄存器的值。

第三部分

实验指导(一)——基础实验

实验一 数据传送实验

1.1 实验目的

了解实验仪器数据总线的控制方式,数据传送的基本原理;掌握各寄存器结构、工作原理及其控制方法。

1.2 实验要求及仪器

利用实验箱上的 K16~K23 开关为数据总线设置数据,其他开关设置控制信号,将数据写入寄存器。具体实验仪器主要包括 DICE-CP226 型计算机组成原理实验箱、USB 口下载电缆和安装 COMPUTE 的 PC 机,以及寄存器,包括 A、W、R0~R3、MAR、ST、OUT 等。

1.3 实验原理

寄存器的作用是保存数据,由于实验系统中模型机为 8 位,因此在本模型机中大部寄存器为 8 位,标志位寄存器(Cy, Z)为 2 位。CP226 实验箱采用 74HC574(8D 型上升沿触发器)构成各种寄存器。其中,CP226 实验箱的标志位 RCy、Rz 为两位。

表 2.7 为模型机寄存器中数据输入与输出关系。

数据输入:CLK 产生向上跳变时数据总线中的数据打入到触发器中。

数据输出:片选 OC 信号为高时,触发器输出端关闭;OC 信号为低时,触发器数据输出到数据总线。

表 2.7 模型机寄存器中数据输入与输出关系

OC	CLK	Q7~Q0	注 释
1	X	ZZZZZZZZ	OC 为 1 时触发器的输出被关闭
0	0	Q7~Q0	当 OC=0 时触发器的数据输出
0	1	Q7~Q0	当时钟 CK 为高时,触发器保持数据不变
X	↑	D7~D0	在 CLK 的上升沿将输入端的数据打入到触发器中

模型机中每个寄存器的 74HC574 CLK 信号均由选通信号和工作脉冲共同构成,具体结构如图 2.41 所示。

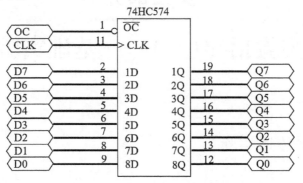

图 2.41　74HC574 CLK 信号构成

① 在 CLK 的上升沿将输入端的数据打入到 8 个触发器中。

② 当 OC = 1 时触发器的输出被关闭;当 OC=0 时触发器的 Q7～Q0 输出数据。74HC574 的工作波形如图 2.42 所示。

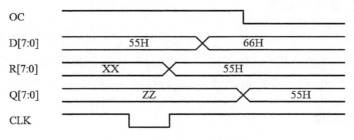

图 2.42　74HC574 工作波形

1.4　实验内容及步骤

累加器(A)和暂存器(W)是用来存放要进行操作的数据的寄存器,分别由选通信号 AEN 和 WEN 控制,此时低电平有效。图 2.43 为寄存器 A 工作原理。

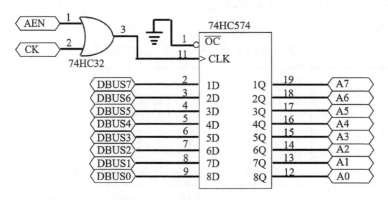

图 2.43　寄存器 A 工作原理

从图 2.43 中看出,选通信号 AEN 和时钟 CK 通过或门 74HC32 连接到 74HC574 的 CLK 端。当 AEN 低电平有效时,配合时钟 CK 的上升沿跳变,数据总线上的数据被写入寄存器 A 中。图 2.44 为累加器 W 工作原理。

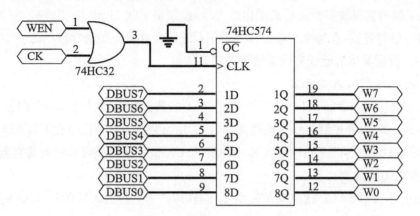

图 2.44　寄存器 W 工作原理

从图 2.44 中看出,选通信号 WEN 和时钟 CK 通过或门 74HC32 连接到 74HC574 的 CLK 端。当 WEN 低电平有效时,配合时钟 CK 的上升沿跳变,数据总线上的数据被写入寄存器 W 中。

1.4.1　接线

首先按照表 2.8 所示连线方式进行连线。本实验箱上的接线采用自锁紧插头、插孔。接线时首先把插头插进插孔,然后按顺时针方向轻轻一拨就锁紧了。拔出插头时,需要按逆时针方向轻轻拧一下插头,使插头和插座松开,然后将插头从插孔中拔出。不要使劲拔插头,以免损坏插头和连线。

表 2.8　接 线 表

连　接	信号孔	接入孔	作　　用	有效电平
1	J1 座	J3 座	将 K23~K16 接入 DBUS[7~0]	
2	AEN	K3	选通 A	低电平有效
3	WEN	K4	选通 W	低电平有效
4	CK	已连	ALU 工作脉冲	上升沿打入

线接好后经实验指导教师检查无误方可通电实验。实验中改动接线须先断开电源,接好线后再通电实验。

注意:插、拔器件必须在关闭+5 V 电源的情况下进行,不要带电插、拔器件。

1.4.2　打开电源

在确保接线规范完成的情况下,打开电源。

1.4.3 系统清零和手动状态设定

K23~K16 开关置零,按小键盘的[RST]钮复位,再按[TV/ME]键三次,显示屏进入 "Hand..."手动状态。

注意:模型机模块实验是手动操作的实验,设置扁平线 J1 和 J3 相连接,使数据总线 与通用寄存器等连接,在每个实验前都需要把系统清零并设定手动操作状态。

1.4.4 根据具体实验任务设置数据并观察结果

(1) 将 55H 写入 A 寄存器

① 二进制开关 K23~K16 用于 DBUS[7~0]的数据输入,置数据 55H(向上为 1),填 写数据 K23~K16;置控制信号为选通寄存器 A,填写数据 K4(WEN)和 K3(AEN)。

② 按下小键盘 STEP 脉冲键,CK 由高变低(CK 信号呈亮→灭),此时寄存器 A 的指 示灯亮,表明选择 A 寄存器。

③ 放开小键盘 STEP 脉冲键,CK 由低变高(即产生上升沿,CK 信号呈灭→亮),数据 55H 写入寄存器 A。

(2) 将 66H 写入 W 寄存器

① 二进制开关 K23~K16 用于 DBUS[7~0]的数据输入,置数据 66H(向上为 1),填 写数据 K23~K16;置控制信号为选通寄存器 W,填写数据 K4(WEN)和 K3(AEN)。

② 按下小键盘 STEP 脉冲键,CK 由高变低(CK 信号呈亮→灭),此时寄存器 W 的指 示灯亮,表明选择 W 寄存器。

③ 放开小键盘 STEP 脉冲键,CK 由低变高(即产生上升沿,CK 信号呈灭→亮),数据 打入选通的寄存器 A。放开 STEP 键,CK 由低变高,产生一个上升沿,数据 66H 写入寄 存器 W。

④ 注意观察并画出波形图。波形图如图 2.45 所示。注意:数据是在放开 STEP 键 后改变的,也就是 CK 的上升沿数据被打入;WEN、AEN 为高时,即使 CK 有上升沿,寄存 器的数据也不会改变。

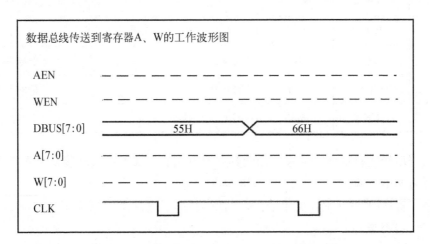

图 2.45 数据 55H 和 66H 打入 A、W 时的波形图

实验二　运算器实验

2.1　实验目的

了解在模型机中进行算术、逻辑运算单元的控制方法。

2.2　实验要求及仪器

利用实验箱的 K16～K23 开关作为 DBUS 数据，其他开关作为控制信号，将数据写入累加器 A 和工作寄存器 W，并用开关控制 ALU 的运算方式，实现运算器的功能。具体实验仪器主要包括 DICE-CP226 型计算机组成原理实验箱、USB 口下载电缆和安装 COMPUTE 的 PC 机，以及寄存器，包括 A、W、R0～R3、MAR、ST、OUT 等。

2.3　实验原理

CP226 实验箱的运算器由一片包括八种运算功能 CPLD 实现。运算时先将数据写到 A 和 W 中，根据选择的运算方式系统产生运算结果送到 D。

手动方式下，运算功能是通过信号 S2、S1、S0 选择来实现的，具体如表 2.9 所示。

表 2.9　三位组决定 ALU 运算功能

S2	S1	S0	运　算　功　能	
0	0	0	A+W	加
0	0	1	A−W	减
0	1	0	A|W	或
0	1	1	A&W	与
1	0	0	A+W+C	带进位加
1	0	1	A−W−C	带进位减
1	1	0	～A	A 取反
1	1	1	A	输出 A

注意：带进位的加、减运算还应该另外给出进位 CyIN。

2.4　实验内容及步骤

2.4.1　接线

具体的接线如表 2.10 所示。

表 2.10 接 线 表

连 接	信号孔	接入孔	作 用	有效电平
1	J1 座	J3	将 K23～K16 接入 DBUS[7～0]	
2	S0	K0	运算器功能选择	
3	S1	K1	运算器功能选择	
4	S2	K2	运算器功能选择	
5	AEN	K3	选通 A	低电平有效
6	WEN	K4	选通 W	低电平有效
7	CyIN	K5	运算器进位输入	
8	CK	已连	ALU 工作脉冲	上升沿打入

2.4.2 打开电源

在确保接线规范完成的情况下,打开电源。

2.4.3 根据具体实验任务设置数据并观察结果

(1) 置数到寄存器 A 和寄存器 W 中

① 用实验一中的方法将数据 B5H 写入数据总线,填写数据 K23～K16;置控制信号为寄存器 A,填写数据 K5(CyIN)、K4(WEN)、K3(AEN)、K2(S2)、K1(S1)、K0(S0)。

② 按住 STEP 脉冲键,CK 由高变低,此时寄存器 A 的指示灯亮,表明选择 A 寄存器。放开 STEP 键,CK 由低变高,产生一个上升沿,数据 55H 应被写入 A 寄存器。

③ 同理,用类似方法将数据 38H 或其他数据写入寄存器 W。

(2) 运算

按表 2.11 所示的控制信号检验运算器的运算结果,并将结果填写在运算结果表2.12 中。

表 2.11 控 制 信 号

K5(CyIN)	K2(S2)	K1(S1)	K0(S0)	注 释
X	0	0	0	加运算
X	0	0	1	减运算
X	0	1	0	或运算
X	0	1	1	与运算
0	1	0	0	带进位加运算

续 表

K5(CyIN)	K2(S2)	K1(S1)	K0(S0)	注 释
1	1	0	0	带进位加运算
0	1	0	1	带进位减运算
1	1	0	1	带进位减运算
X	1	1	0	取反运算
X	1	1	1	输出 A

表 2.12 运 算 结 果

	设置 CyIN、S2,S1,S0	A	W	CyIN	直通门 D	左移门 L	右移门 R
加运算							
减运算							
或运算							
与运算							
带进位加							
带进位加							
带进位减							
带进位减							
取反							
输出 A							

注意：运算器在加上控制信号及数据(A、W)后的运算结果

实验三 指令计数器 PC 实验

3.1 实验目的

了解实验仪数据指令计数器的工作原理和控制方式,以及程序执行过程中顺序执行和跳转指令的实现方法;通过小键盘输入机器指令观察指令计数器的工作状况。

3.2 实验要求及仪器

利用实验箱上的 K16～K23 开关作为 DBUS 的数据,其他开关作为控制信号,实现指令计数器 PC 的写入及加 1 功能。具体实验仪器主要包括 DICE－CP226 型计算机组成原理实验箱、USB 口下载电缆和安装 COMPUTE 的 PC 机,以及寄存器,包括 A、W、R0～R3、MAR、ST、PC、OUT 等。

3.3 实验原理

指令计数器用来存放当前正在执行的指令的地址,有的计算机中则是即将要执行的下一条指令的地址。指令地址的形成包括:顺序执行情况,通过指令计数器加 1 形成下一条指令地址;改变执行顺序情况,由转移类指令形成地址,送到指令计数器内,作为下一条指令的地址。

本实验箱的指令计数器 PC 是由两片 74HC161 构成的 8 位带预置计数器,预置数据来自数据总线。图 2.46 为指令计数器 PC 工作原理。其中,计数器的输出通过 74HC245(PCOE)送到地址总线,PC 值通过 74HC245(PCOE_D)送回数据总线。

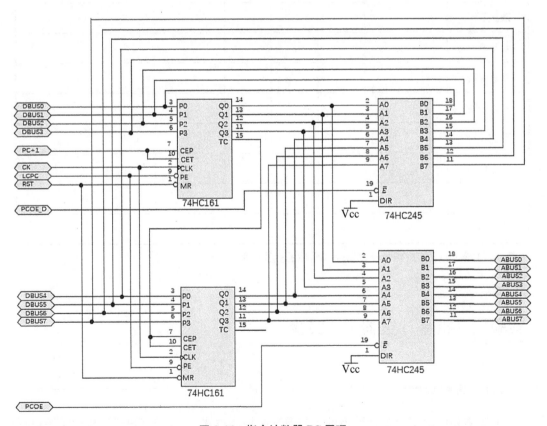

图 2.46 指令计数器 PC 原理

在 CPP226 实验箱中,PC+1 由 PCOE 取反产生。

① 当 RST = 0 时,PC 计数器被清零。

② 当 LDPC = 0 时,在 CK 的上升沿,预置数据被打入 PC 计数器。

③ 当 PC+1 = 1 时,在 CK 的上升沿,PC 计数器加 1。

④ 当 PCOE = 0 时,PC 值送地址总线。

PC 打入控制电路由一片 74HC151 八选一构成(isp1016),具体 PC 打入控制结构原理如图 2.47 所示。

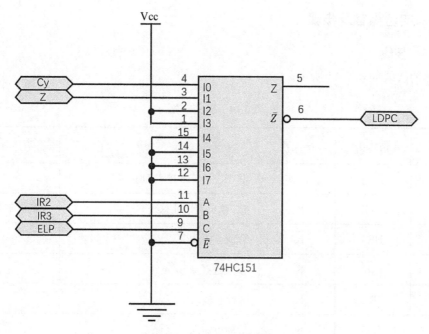

图 2.47　PC 打入控制原理

表 2.13 为 PC 打入控制信息。

表 2.13　PC 打入控制信息

ELP	IR3	IR2	Cy	Z	LDPC
1	X	X	X	X	1
0	0	0	1	X	0
0	0	0	0	X	1
0	0	1	X	1	0
0	0	1	X	0	1
0	1	X	X	X	0

① 当 PC 允许被打入信号 ELP=1 时,LDPC=1,不允许 PC 被预置。

② 当 PC 允许被打入信号 ELP=0 时,LDPC 由 IR3、IR2、Cy、Z 共同决定。

③ 当 IR3、IR2 = 1、X 时,LDPC=0,PC 被预置。

④ 当 IR3、IR2= 0、0 时,LDPC=非 Cy,当 Cy=1 时,PC 被预置,以此控制跳转指令的实现。

⑤ 当 IR3、IR2= 0、1 时,LDPC=非 Z,当 Z=1 时,PC 被预置,以控制跳转指令的实现。

3.4 实验内容及步骤

3.4.1 接线

具体的接线如表 2.14 所示。

表 2.14　接　线　表

连　接	信号孔	接入孔	作　　用	有效电平
1	J2 座	J3 座	将 K23～K16 接入 DBUS[7～0]	
2	PCOE	K5	PC 输出到地址总线	低电平有效
3	JIR3	K4	预置选择 1	
4	JIR2	K3	预置选择 0	
5	JRZ	K2	Z 标志输入	
6	JRC	K1	C 标志输入	
7	ELP	K0	预置允许	低电平有效
8	CK	已连	PC 工作脉冲	上升沿打入

3.4.2 打开电源

在确保接线规范完成的情况下,打开电源。

3.4.3 系统清零和手动状态设定

K23～K16 开关置零,按小键盘的[RST]钮复位,再按[TV/ME]键三次,显示屏进入"Hand ..."手动状态。

注意:本实验箱手动操作时,设置扁平线 J2 和 J3 相连接,数据总线的数据传送到专用寄存器。

3.4.4 指令计数器 PC 打入实验

① 二进制开关 K23～K16 用于 DBUS[7～0]的数据输入,置数据为 12H,填写数据 K23～K16。

② 设置控制信号,每设置一次信号,按一下 STEP 键,观察并记录变化。其中,LDPC 是由 IR3、IR2、Cy、Z 共同决定。观察实验结果并填写实验结果表 2.15。

表 2.15　实　验　结　果

IR3 (K4)	IR2 (K3)	JRZ (K2)	JRC (K1)	ELP (K0)	LDPC	黄色 PC 预置 指示灯状态	说　明
X	X	X	X	1	1		
0	0	X	1	0	0		
0	0	X	0	0	1		
0	1	1	X	0	0		
0	1	0	X	0	1		
1	X	X	X	0	0		

当 IR3、IR2 =1、X 时,LDPC=0,PC 被预置。

当 IR3、IR2= 0、0 时,LDPC=非 Cy,当 Cy=1 时,PC 被预置,以此控制跳转指令的实现。

当 IR3、IR2= 0、1 时,LDPC=非 Z,当 Z=1 时,PC 被预置,以控制跳转指令的实现。

实验四　微程序存储器 uM 实验

4.1　实验目的

了解实验仪模型机中微程序存储器的基本结构和控制方式。

4.2　实验要求及仪器

利用实验箱上的开关作为控制信号,实现微程序存储器 uM 的输出功能,并用小键盘输入微程序。具体实验仪器主要包括 DICE‐CP226 型计算机组成原理实验箱、USB 口下载电缆和安装 COMPUTE 的 PC 机,以及寄存器,包括 A、W、R0～R3、MAR、ST、uM、uPC、OUT 等。

4.3　实验原理

微程序存储器 uM 由三片采用水平型微指令格式的 6116RAM 构成,一共 24 位微指令。存储器的地址由 uPC 提供,片选及读信号恒为低,写信号恒为高;存储器 uM 始终输出 uPC 指定地址单元的数据。uM 原理结构如图 2.48 所示。

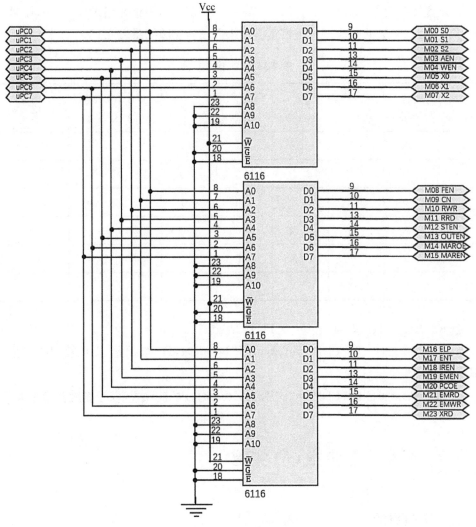

图 2.48　uM 原理结构

4.4　实验内容及步骤

4.4.1　接线

具体的接线如表 2.16 所示。

表 2.16　接　线　表

连　接	信号孔	接入孔	作　　用	有效电平
1	J2 座	J3 座	将 K23～K16 接入 DBUS[7～0]	
2	IREN	K0	IR、uPC 写使能	低电平有效
6	CK	已连	uPC 工作脉冲	上升沿打入

4.4.2 打开电源

在确保接线规范完成的情况下,打开电源。

4.4.3 系统清零和手动状态设定

K23～K16 开关置零,按小键盘的[RST]钮复位,再按[TV/ME]键三次,显示屏进入"Hand …"手动状态。

注意:本实验箱手动操作时,扁平线 J2 和 J3 相连接,数据总线的数据传送到专用寄存器。

4.4.4 微程序存储器 uM 读出

① 设置控制信号 IREN(K0)为 1。观察 24 位发光二极管,显示 uM 的输出信号。uM 输出 uM[0]的数据。

② 按一次 STEP 脉冲键,CK 产生一个上升沿,数据 uPC 加 1,uM 输出 uM[1]的数据。

③ 按一次 STEP 脉冲键,CK 产生一个上升沿,数据 uPC 加 1,uM 输出 uM[2]的数据。依此类推。随后,分别在表 2.17 中记录观察到的对应 uPC 和 uM[uPC]的输出信号。

表 2.17 观察记录结果

	1	2	3	4	5	6	7	8	1	2	3	4	5	6	7	8	1	2	3	4	5	6	7	8
uPC																								
0																								
1																								
2																								
10																								
11																								
12																								

④ 根据输出的控制信号分别解释 uM[10]、uM[11]、uM[12]存放的微指令的控制作用。

实验五 存储器 EM 实验

5.1 实验目的

了解模型机中程序存储器 EM 的工作原理及控制方法。

5.2 实验要求及仪器

利用实验箱上的 K16～K23 开关为 DBUS 设置数据,其他开关为控制信号输入,实现程序存储器 EM 的读写操作。具体实验仪器主要包括 DICE－CP226 型计算机组成原理实验箱、USB 口下载电缆和安装 COMPUTE 的 PC 机,以及寄存器,包括 A、W、R0~R3、MAR、ST、EM、OUT 等。

5.3 实验原理

存储器 EM 是由一片 6116(2K×8bit)静态 RAM 构成。由于实验箱中地址线 A10~A8 为固定接地,因此用户实际使用的内存地址仅为 A7~A0。6116 芯片的低 8 位地址线(A7~A0),与外部地址总线 ABUS7~ABUS0 相连,EM 的地址可选择由 PC 或 MAR 提供。其 8 位数据线(D7~D0)通过一片八总线收发器 74HC245(三态输出)与 DBUS7~DBUS0 相连。EM 的数据输出还直接送到 IBUS 中。此外,IBUS 中的数据亦可来自另一片 74HC245 芯片。

EM 原理结构如图 2.49 所示。

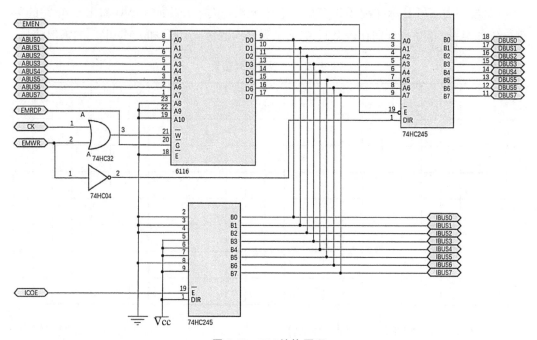

图 2.49 EM 结构原理

① 当要对 6116 进行读操作时,需设置片选端$\overline{CS}$(图中为 $\overline{E}$)为低电平,读控制端 $\overline{R}$(图中为 $\overline{G}$)为低电平,写控制端 $\overline{W}$ 为高电平。

② 当要对 6116 进行写操作时,需设置片选端$\overline{CS}$为低电平,写控制端 $\overline{W}$ 为低电平,读控制端 $\overline{R}$ 为高电平。

③ 当 ICOE 控制端为 0 时(片选端 $\overline{E}$ 为低电平),与 IBUS 连接的 74HC245 输出指令 B8h(10111000b),在 IBUS 上产生中断信号。

④ 存储器操作涉及 EM、MAR、PC、IR 和 IREN(IR 和 uPC 写允许)、PCOE(PC 输出允许)、MAROE(MAR 输出允许)、MAREN(MAR 写允许)、EMEN(EM 与数据总线连通)、EMRD(EM 的数据读出到数据总线)、EMWR(数据总线的数据写到 EM)等控制信号。

⑤ MAR 用来存放要进行读或写的 EM 的地址,其内容经 DBUS 写入,因此必须在

DBUS 上具有数据后,配合 MAR 允许写的信号 MAREN,在时钟上升沿跳变时写入。

⑥ 当要向 EM 读或写数据时,必须指明读、写 EM 哪个地址的内容。这个地址则由 MAR 或 PC 通过 ABUS 给出。因此,在 MAR 设置地址后,配合 MAR 允许输出的信号 MAROE 和 EM 允许写入的时候,DBUS 上的数据才会写到 MAR 指定的地址中。

5.4 实验内容及步骤

5.4.1 接线

具体的接线如表 2.18 所示。

表 2.18 接 线 表

连 接	信号孔	接入孔	作 用	有效电平
1	J2 座	J3 座	将 K23~K16 接入 DBUS[7~0]	
2	IREN	K6	IR、uPC 写允许	低电平有效
3	PCOE	K5	PC 输出地址	低电平有效
4	MAROE	K4	MAR 输出地址	低电平有效
5	MAREN	K3	MAR 写允许	低电平有效
6	EMEN	K2	存储器与数据总线相连	低电平有效
7	EMRD	K1	存储器读允许	低电平有效
8	EMWR	K0	存储器写允许	低电平有效
9	CK	已连	PC 工作脉冲	上升沿打入
10	CK	已连	MAR 工作脉冲	上升沿打入
11	CK	已连	存储器写脉冲	上升沿打入
12	CK	已连	IR、uPC 工作脉冲	上升沿打入

注意:本实验箱中,通过扁平线 J2 与 J3 连接将数据总线与开关 K23~K16 连接,以便设置数据并传送到 PC 或 MAR 等寄存器中。

5.4.2 打开电源

在确保接线规范完成的情况下,打开电源。

5.4.3 执行具体操作并观察结果

存储器 EM 中的数据(指令)送到指令寄存器 IR 和微程序计数器 uPC,根据实验内容设置信号,观察结果。

存储器中存放的不是程序的指令就是数据。当程序已经在存储器中时,按照程序计数器 PC 的指示取出一条指令,送到指令寄存器 IR 进行译码,以便产生相应的控制操作。

在计算机中一条指令的功能就是通过按一定次序执行一系列基本操作完成的,即微指令。其中,引导微操作执行顺序的是 uPC。

(1) 在 MAR 中设置存储器地址

① 用开关 K23～K16 向 DBUS 中写入数据 00h(表示地址 00h),填写数据 K23～K16。

② MAREN 设为允许写 MAR,填写数据 K6(IREN)、K5(PCOE)、K4(MAROE)、K3(MAREN)、K2(EMEN)、K1(EMRD)、K0(EMWR)等。

③ 产生脉冲,将 00h 写到 MAR 中。

(2) 设置控制信号

设置允许 MAR 中的地址输出的信号,允许读存储器的信号以及 IR/uPC 写有效的信号,填写数据 K6(IREN)、K5(PCOE)、K4(MAROE)、K3(MAREN)、K2(EMEN)、K1(EMRD)、K0(EMWR)等。

(3) 寄存器观察结果

按 STEP 键,观察结果并填写寄存器观察结果表 2.19。

表 2.19　寄存器观察结果

寄存器	数　据
MAR	
EM	
IR	
uPC	

(4) EM 地址观察结果

反复上述操作,依次读出 EM[01]、EM[02]、EM[03]地址中的指令送到 IR/uPC,填写 EM 地址观察结果表 2.20。

表 2.20　EM 地址观察结果

EM 地址	IR	uPC
00		
01		
02		
03		

(5) 分析和比较

分析上面的结果,比较 IR 和 uPC 中的内容变化与差异。

实验六　中断实验

6.1　实验目的

了解模型机的中断功能的工作原理及中断过程中申请、响应、处理、返回各阶段的处理时序和方法。

6.2　实验要求及仪器

利用实验箱上的 IA 开关做中断号,用小键盘的[RG/FS]键产生中断信号,实现中断功能。具体实验仪器主要包括 DICE - CP226 型计算机组成原理实验箱、USB 口下载电缆和安装 COMPUTE 的 PC 机,以及寄存器,包括 A、W、R0～R3、MAR、ST、EM、OUT 等。

6.3　实验原理

模型机中断电路有两个 D 触发器,分别用于保存中断请求信号(IREQ)及中断响应信号(IACK)。INT 有上升沿时,IREQ 触发器被置为 1。当下一条指令取指时(IREN=0),存储器 EM 的读信号(EMRDP)被关闭,同时产生读中断指令(ICOE)信号,程序的执行被打断转去执行 B8 指令响应中断。在获得 B8 的同时置 IACK 触发器为 1,禁止新的中断响应。中断返回时 EINT 信号置位两个 D 触发器的 CD 端(置 0 端),IACK 和 IREQ 信号设置为 0,中断电路可以响应新的中断。

中断控制器原理如图 2.50 所示。

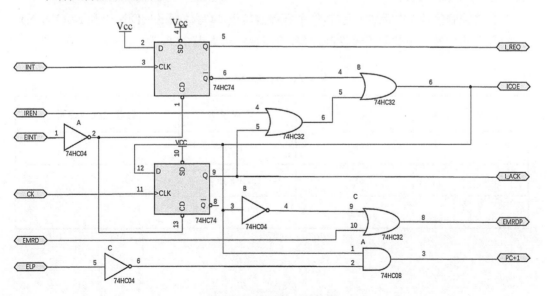

图 2.50　中断控制器原理

6.4　实验内容及步骤

6.4.1　接线

具体的接线如表 2.21 所示。

表 2.21　接　线　表

连　接	信号孔	接入孔	作　用	有效电平
1	J2 座	J3 座	将 K23～K16 接入 DBUS[7～0]	
2	IREN	K0	IR、uPC 写允许	低电平有效
3	EINT	K1	清中断寄存器	低电平有效
4	INT	已连	中断输入	上升沿有效
5	CK	已连	时钟输入	上升沿有效

6.4.2　打开电源

在确保接线规范完成的情况下,打开电源。

6.4.3　根据实验内容设置信号,观察结果

① 中断控制信号。置控制信号为指令寄存器允许,中断结束禁止,填写数据 K1(EINT) 和 K0(IREN)。按[INT]([RG/FS])脉冲键产生中断请求,此时黄色 REQ 中断请求指示灯亮,同时中断指令 B8 输出红色指示灯。按[STEP]脉冲键产生取指脉冲,黄色 ACK 指示灯亮,REQ、IACK 灯灭。

② 置控制信号为中断结束允许,指令寄存器禁止,填写数据 K1(EINT) 和 K0(IREN)。

③ 分析中断指令的微程序控制过程,填写观察结果表 2.22。

表 2.22　观　察　结　果

指令助记符	状　态	微程序	有效控制位说明
INT	T2	FFEF7F	
	T1	FEFF3F	
	T0	CBFFFF	

实验七 指令流水试验

7.1 实验目的

了解指令流水操作的基本概念和工作原理。

7.2 实验要求及仪器

利用模型机集成开发环境编程,验证指令流水的微程序控制;分析比较采用和不采用指令流水方式的系统运行时间。具体实验仪器主要包括 DICE - CP226 型计算机组成原理实验箱、USB 口下载电缆和安装 COMPUTE 的 PC 机,以及寄存器,包括 A、W、R0~R3、MAR、ST、EM、OUT 等。

7.3 实验原理

指令流水操作就是在微指令执行的过程中,如果 ABUS 和 IBUS 为空闲状态,则可以利用这个状态进行预取指令,实现 ABUS、IBUS 和 DBUS 并行工作和流水工作。在实验系统中,用户能够调入指令/微指令系统进行比较、验证。

7.4 实验内容及步骤

7.4.1 实验准备

① 关闭实验仪电源。

② 拔掉实验仪上所有以前实验用的连接线,开关复位(置 0)。

③ 将 8 芯电缆两端连接 J1 和 J2。

④ 串行线连接 PC 机的 COM1 口和实验仪串行口。

⑤ 启动 PC 机上的 CP226 模型机集成开发环境。

⑥ 打开实验仪电源。

7.4.2 指令流水系统的数据传送/输入输出实验

① 在 CP226 模型机中,用菜单的[文件|调入指令系统/微程序]功能,打开 CP226 下的"INSFILE2.MIC",亦即流水操作的指令/微指令系统。

② 在 CP226 模型机中,用菜单的[文件|打开文件]功能,打开 CP226 安装的 ASM 目录下的"EX1.ASM"源程序,查看编译后产生的机器码,并分析运行状态。

③ 按快捷图标的 F7,执行"单微指令运行"功能,观察执行每条微指令时寄存器的输入/输出状态、各控制信号的状态、PC 及 uPC 工作过程。尤其是,在每条指令的 T0 状态周期取指操作是否和其他指令并行执行。

④ 观察记录并填写观察结果表 2.23。

表 2.23　观　察　结　果

PC	指令助记符	状　态	微地址	微程序	有效控制位说明
00		T0		CBFFFF	

⑤ 分析与非指令流水系统的执行周期、状态以及实现过程。

第四部分

实验指导(二)——扩充实验

实验八 运算、移位实验

8.1 实验目的

了解模型机中多寄存器连接数据总线的实现原理;了解运算器中移位功能的实现方法。

8.2 实验要求及仪器

利用实验箱的开关做控制信号,将指定寄存器的内容读到数据总线 DBUS 上。具体实验仪器主要包括 DICE-CP226 型计算机组成原理实验箱、USB 口下载电缆和安装 COMPUTE 的 PC 机,以及寄存器,包括 A、W、R0~R3、MAR、ST、uPC、uM、EM、OUT 等。

8.3 实验原理

CP226 实验箱中有 7 个寄存器可以向数据总线输出数据,分别为 IN、IA、ST、PC、D、L、R,但在某一特定时刻只能有 1 个寄存器输出数据。控制信号 X2、X1、X0 决定哪一个寄存器输出数据。图 2.51 为数据输出选择器原理,表 2.24 为输出寄存器选择信号。

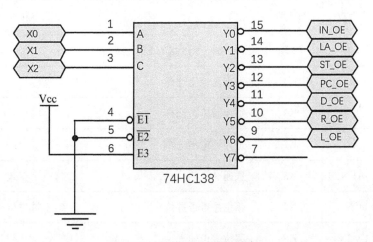

图 2.51 数据输出选择器原理

从图 2.51 中看出,CP226 模型机采用 3 线/8 线译码器 74HC138 实现连接总线的寄存器的选通控制。芯片输入端 A、B、C 接三位输入控制信号 X2、X1、X0,任何时刻只有一个输出端 Yi 为低电平,即可选通一个寄存器。

表 2.24 输出寄存器选择信号

X2	X1	X0	输 出 寄 存 器
0	0	0	IN_OE 外部输入门
0	0	1	IA_OE 中断向量
0	1	0	ST_OE 堆栈寄存器
0	1	1	PC_OE PC 寄存器
1	0	0	D_OE 直通门
1	0	1	R_OE 右移门
1	1	0	L_OE 左移门
1	1	1	没有输出

8.4 实验内容及步骤

8.4.1 接线

具体的接线如表 2.25 所示。

表 2.25 接 线 表

连 接	信号孔	接入孔	作 用	有 效 电 平
1	J1 座	J3 座	将 K23~K16 接入 DBUS[7~0]	
2	X0	K5	寄存器输出选择	
3	X1	K6	寄存器输出选择	
4	X2	K7	寄存器输出选择	
5	AEN	K3	选通 A	低电平有效
6	CN	K9	移位是否带进位	0:不带进位 1:带进位
7	Cy IN	K8	移位进位输入	

续　表

连　接	信号孔	接入孔	作　用	有　效　电　平
8	S2	K2	运算器功能选择	
9	S1	K1	运算器功能选择	
10	S0	K0	运算器功能选择	
11	D7～D0	L7～L0	数据总线显示	
12	CK	已连	ALU工作脉冲	上升沿打入

8.4.2　打开电源

在确保接线规范完成的情况下,打开电源。

8.4.3　按实验内容设置数据、观察并记录结果

（1）数据输出实验

按照表2.26控制信号,检验各寄存器的指示灯,将控制结果填写在表2.26中。

表2.26　控　制　信　号

X2	X1	X0	显示红色指示灯的寄存器名	数据总线值
0	0	0		
0	0	1		
0	1	0		
0	1	1		
1	0	0		
1	0	1		
1	1	0		
1	1	1		

注意：将数据输送到直通门D、数据总线信号孔D7～D0与显示信号L7～L0连接。拨动X2、X1、X0确定数据总线选通的寄存器,即可达到各个寄存器的内容在数据总线显示信号端依次出现。

（2）移位实验

图2.52为运算器ALU直接输出和零标志位产生的结构原理。

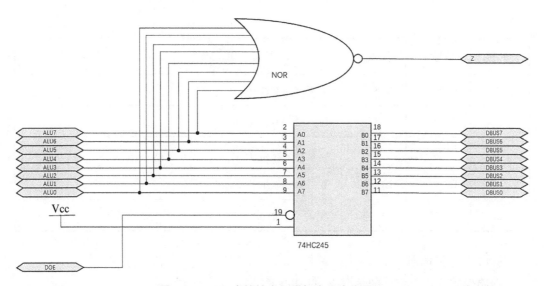

图 2.52　ALU 直接输出和零标志位产生原理

从图 2.52 中看出,当 X2、X1、X0＝1、0、0 时,直通门 D 将运算器的结果不移位送数据总线。同时,直通门上还有判 0 电路,当运算器的结果全为 0 时,Z＝1 右移门将运算器的结果右移一位送总线。

图 2.53 为 ALU 右移输出原理。

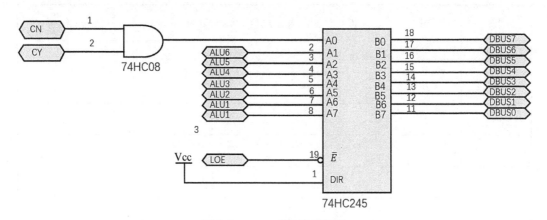

图 2.53　ALU 右移输出原理

从图 2.53 中看出,当 X2、X1、X0＝1、0、1 时,运算器结果通过右移门送到数据总线。其中,具体连线表示如下:

Cy 与 CN → DBUS7

  ALU7 → DBUS6

  ALU6 → DBUS5

  ALU5 → DBUS4

  ALU4 → DBUS3

  ALU3 → DBUS2

ALU2 → DBUS1

ALU1 → DBUS0

Cy 与 CN → DBUS7

当不带进位移位时(CN＝0),0 →DBUS7。

当带进位移位时(CN＝1),Cy →DBUS7。

图 2.54 为 ALU 左移输出原理。

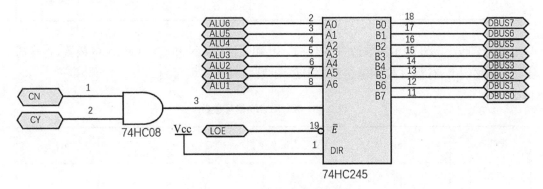

图 2.54　ALU 左移输出原理

从图 2.54 中看出,左移门将运算器的结果左移一位送总线,当 X2、X1、X0＝1、1、0 时,运算器结果通过左通门送到数据总线。

其中,具体连线表示如下:

ALU6 → DBUS7

ALU5 → DBUS6

ALU4 → DBUS5

ALU3 → DBUS4

ALU2 → DBUS3

ALU1 → DBUS2

ALU0 → DBUS1

当不带进位移位时(CN＝0),0 → DBUS0。

当带进位移位时(CN＝1),Cy→ DBUS0

(3) 将数据 0E5h 送到寄存器 A

① 二进制开关 K23～K16 用于 DBUS[7～0]的数据输入,置数据 E5h,填入数据 K23～K16。

② 置控制信号为 K3(AEN)、K2(S2)、K1(S1)、K0(S0)。

③ 按住 STEP 脉冲键,CK 由高变低,此时寄存器 A 的指示灯亮,表明选择 A 寄存器;放开 STEP 键,CK 由低变高,产生一个上升沿,数据 E5h 被写入 A 寄存器。

④ 设置 S2、S1、S0 信号为 1、1、1 时运算器结果为寄存器 A 内容,按照表 2.27 所示参数记录直通门 D、左移门 L、右移门 R 的值。

表 2.27 信 号 参 数

CN	Cy IN	左移门 L	直通门 D	右移门 R
0	X			
1	0			
1	1			

⑤ 按照表 2.28 所示参数改变 X2、X1、X0 和带进位 CN 和进位 Cy IN 的设置,将直通门 D、左移门 L、右移门 R 的值送到数据总线,观察结果并填写表 2.28。

表 2.28 X2、X1、X0 信号参数

CN	Cy IN	X2、X1、X0			L7...L0	RCy
0	X	1	1	1		
1	1	1	0	0		
1	1	1	0	1		
1	1	1	1	0		
1	0	1	0	0		
1	0	1	0	1		
1	0	1	1	0		

实验九 微指令计数器 uPC 实验

9.1 实验目的

了解实验仪模型机中微程序的基本概念、微指令计数器 uPC 的结构、工作原理及其控制方法;掌握模型机的机器指令到微程序的译码方式。

9.2 实验要求及仪器

利用实验箱上的 K16~K23 开关做 DBUS 的数据,其他开关为控制信号,实现微程序计数器 uPC 的写入和加 1 功能;学习微程序计数器 uPC 与指令寄存器之间的关系。具体实验

仪器主要包括 DICE - CP226 型计算机组成原理实验箱、USB 口下载电缆和安装 COMPUTE 的 PC 机,以及寄存器,包括 A、W、R0 - R3、MAR、ST、uPC、uM、EM、OUT 等。

9.3　实验原理

uPC 结构原理如图 2.55 所示。

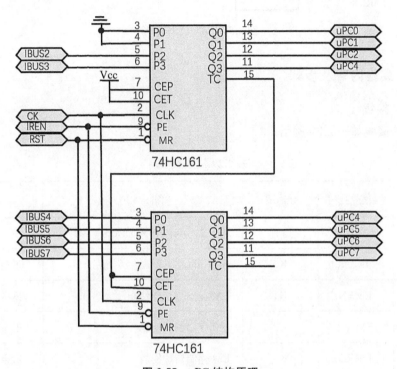

图 2.55　uPC 结构原理

本实验箱的微程序计数器 uPC 是由两片带预置的 4 位二进制计数器 74HC161 构成。具体功能如下:

① 当 RST = 0 时,计数器被清零。

② 当 IREN = 0 时,在 CK 的上升沿,预置数据被打入计数器。

③ 当 IREN = 1 时,在 CK 的上升沿,计数器加 1。

④ TC 为进位,当计数到 F(1111)时,TC=1。

⑤ CEP、CET 为计数使能,当 CEP、CET=1 时,计数器工作,CEP、CET=0 时,计数器保持原计数值。

在 CP226 实验箱中,微程序初始地址复位为 00。微程序入口地址由指令译码产生,指令 IBUS[7~0]的高六位被接到 uPC 的高六位预置端,uPC 的低两位预置端被设置为 0,uPC 的输出端指向微指令的地址。微程序下一地址由计数器产生,一个微程序最多可由四条微指令组成。图 2.56 为 uPC 工作波形。

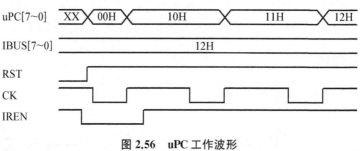

图 2.56 uPC 工作波形

9.4 实验内容及步骤

9.4.1 接线

具体的接线如表 2.29 所示。

表 2.29 接 线 表

连 接	信号孔	接入孔	作　　用	有效电平
1	J2 座	J3 座	将 K23~K16 接入 DBUS[7~0]	
2	IREN	K0	预置 uPC	低电平有效
3	EMEN	K1	EM 存储器工作使能	低电平有效
4	EMWR	K2	EM 存储器写使能	低电平有效
5	EMRD	K3	EM 存储器读使能	低电平有效
6	CK	已连	uPC 工作脉冲	上升沿打入

9.4.2 打开电源

在确保接线规范完成的情况下,打开电源。

9.4.3 系统清零和手动状态设定

K23~K1 开关置零,按小键盘的[RST]钮复位,再按[TV/ME]键三次,显示屏进入"Hand …"手动状态。

注意:本实验箱手动操作时扁平线连接 J2 和 J3 时,确保数据总线的数据传送到专用寄存器。

9.4.4 uPC 加 1 实验

① 置控制信号 K3(EMRD)、K2(EMWR)、K1(EMEN)、K0(IREN)为 1。

② 按 STEP 键,放开时 CK 产生一个上升沿,数据 uPC 加 1。

③ 观察 uM 的内容并记录指定 uPC 对应的微指令,用十六进制数解释相关信息并填在表 2.30 中。

表 2.30　观 察 结 果

脉　　冲	uPC(H)	微指令(H)	解 释 有 效 位
1	00		
2	01		
3	02		
4	03		
…	…		
28	27		

④ 讨论和总结微程序器计数正常工作的条件。

实验十　程序/微程序控制综合实验

10.1　实验目的

了解模型机的微程序控制的工作原理。

10.2　实验要求及仪器

利用模型机集成开发环境编程,分析程序的控制方法和微程序的执行过程。具体实验仪器主要包括 DICE-CP226 型计算机组成原理实验箱、USB 口下载电缆和安装 COMPUTE 的 PC 机,以及寄存器,包括 A、W、R0~R3、MAR、ST、uPC、uM、EM、OUT 等。

10.3　实验原理

在综合实验中,模型机是作为一个整体来工作的,所有微程序的控制信号由微程序存储器 uM 输出,而不是开关输出。在实验开始之前,需要先用 8 芯电缆连接 J1 和 J2 以便系统处于非手动状态。此时,实验箱子监控系统会自动打开 uM 的输出允许,微程序的各控制信号自动连接到各寄存器、运算器的控制端口。

在做综合实验时,可通过 CP226 实验箱中的软件输入、修改程序,汇编成机器码并下载到实验箱上,由软件控制程序实现单指令执行、单微指令执行、全速执行,并观察指令或微指令执行过程中数据的走向、各控制信号状态和各寄存器值。此外,还可以用实验仪自带的小键盘和显示屏来输入、修改程序,用键盘控制单指令或单微指令执行,用 LED 或用显示屏观察各寄存器的值。

在用微程序控制方式做综合实验时,在给实验仪通电前,需要拔掉实验仪上所有的手工连接的接线,再用 8 芯电缆连接 J1 和 J2,控制方式开关 KC 拨到"微程序控制"方向。如果调用 CP226 软件控制实验箱,还需要启动软件,并用快捷图标的"连接通信口"功能打开设置窗口,通过选择串行口和点击"OK"按钮接通到实验箱。

10.4　实验内容及步骤

10.4.1　实验准备

① 关闭实验仪电源。

② 拔掉实验仪上所有以前实验用的连接线,开关复位(置 0)。

③ 将 8 芯电缆两端连接 J1 和 J2。

④ 串行线连接 PC 机的 COM1 口和实验仪串行口。

⑤ 启动 PC 机上的 CP226 模型机集成开发环境。

⑥ 打开实验箱电源。

10.4.2　数据传送/输入输出实验

在 CP226 软件中的源程序窗口输入下列程序:

```
MOV   A,♯12h
      MOV   A,R0
      MOV   A,@R0
MOV   A,01H
      IN
      OUT
      END
```

将程序另存为 EX1.ASM 并将程序汇编成机器码。此时,反汇编窗口会显示出程序地址、机器码、反汇编指令。系统同时将机器码下载到实验仪。

① 用户也可以通过小键盘进入 EM　ADR　DB 模式,按[NEXT]键或[LAST]键,观察内存中的机器指令。

② 记录并填写观察结果表 2.31。

表 2.31　观察记录结果

程序地址	机器码	指令助记符	指令说明

续　表

程序地址	机器码	指令助记符	指令说明

③ 在 CP226 模型机集成开发环境中先用快捷图标的 F8("单步")并执行程序。注意结构图中数据流向示意,了解功能的实现过程。

④ 复位。按快捷图标的 F7("跟踪"),执行"单微指令运行"功能。注意微程序的状态周期的指示信号 RT1、RT0,观察每条指令执行时各状态周期中寄存器的输入/输出、控制信号的状态、PC 和 uPC 变化等。

⑤ 运行 EX1.ASM 程序,观察结果并记录在表 2.32 中。

表 2.32　观察记录结果

	指令助记符	状　态	微地址	微指令	有效控制位说明
		T0		CBFFFF	
00	MOV　A,♯12h	T1			
		T0			
02	MOV　A,R0	T1			
		T0			

实验十一　RISC 系统实验

11.1　实验目的

了解精简指令系统的基本概念和工作原理。

11.2　实验要求及仪器

利用模型机集成开发环境构造 RISC 系统;验证精简指令系统的微程序控制方法;分析 RISC 系统和 CISC 系统的区别。具体实验仪器主要包括 DICE-CP226 型计算机组成原理实验箱、USB 口下载电缆和安装 COMPUTE 的 PC 机,以及寄存器,包括 A、W、R0～R3、MAR、ST、uPC、uM、EM、OUT 等。

11.3 实验原理

RISC 处理器设计的一般原则:

① 只选用使用频度高的指令,减小指令系统,使每一条指令能尽快地执行。

② 减少寻址方式,并让指令具有相同的长度。

③ 让大部分指令在一个时钟内完成。

④ 所有指令只有存(ST)、取(LD)指令可访问内存,其他指令均在寄存器间进行运算。

接下来,以一个 RISC 的指令系统为例进行说明。表 2.33 为一个 RISC 的指令系统。

表 2.33 RISC 的指令系统

助 记 符		机器码1	机器码2	注　　释
FATCH		000000xx		实验机占用,不可修改。复位后,所有寄存器清零,首先执行_FATCH_指令取指
ADDW	A	000001xx		将寄存器 W 加入累加器 A 中
ADDCW	A	000010xx		将寄存器 W 值加入累加器 A 中,带进位
SUBW	A	000011xx		从累加器 A 中减去寄存器 W 值
SUBCW	A	000100xx		从累加器 A 中减去寄存器 W 值,带进位
ANDW	A	000101xx		累加器 A"与"寄存器 W 值
ORW	A	000110xx		累加器 A"或"寄存器 W 值
LDW	A	000111xx		将累加器 A 的值送到寄存器 W 中
LDW	R?	001000xx		将寄存器 R?的值送到寄存器 W 中
LDA	R?	001001xx		将寄存器 R?送到累加器 A 中
STA	R?	001010xx		将累加器 A 的值送到寄存器 R?中
RR	A	001011xx		累加器 A 右移
RL	A	001100xx		累加器 A 左移
RRC	A	001101xx		累加器 A 带进位右移
RLC	A	001110xx		累加器 A 带进位左移
CPL	A	001111xx		累加器 A 取反,再存入累加器 A 中
LD	A,♯II	010000xx	II	将立即数送到累加器 A 中
LD	A,MM	010001xx	MM	将存储器中 MM 中的值送到累加器 A 中

助 记 符		机器码 1	机器码 2	注 　 释
LD	A,MM	010010xx	MM	将累加器 A 的值送到存储器 MM 地址中
JMP	MM	010011xx		跳转到地址 MM
JC	MM	010100xx		若进位标志置 1,跳转到地址 MM
JZ	MM	010101xx		若零标志位置 1,跳转到地址 MM

从表 2.33 中看出,在这个指令系统中访问主存 LD 时,ST 指令和转移指令有两个字节,其余指令均为单字节单时钟指令。

11.4　实验内容及步骤

11.4.1　实验准备

① 关闭实验仪电源。

② 拔掉实验仪上所有以前实验用的连接线,开关复位(置 0)。

③ 将 8 芯电缆两端连接在 J1 和 J2 两个插座上。

④ 串行线连接 PC 机的 COM1 口和实验仪串行口。

⑤ 启动 PC 机上的 CP226 模型机集成开发环境。

⑥ 打开实验仪电源。

11.4.2　RISC 系统程序运行

① 在 CP226 软件中,用菜单的[文件|调入指令系统/微程序]功能,打开 CP226 下的"RISCFILE.MIC",即 RISC 指令/微指令系统。

② 在 CP226 软件中,用菜单的[文件|打开文件]功能,打开 CP226 下 ASM 目录中的"EX7.ASM"源程序并编译下载。

③ 按快捷图标的 F7,执行"单微指令运行"功能,观察执行每条微指令时寄存器的输入/输出状态、各控制信号的状态、PC 及 uPC 如何工作,并填写表 2.34。

表 2.34　观 察 结 果

指令助记符	状 态	微地址	微程序	有效控制位说明

④ 比较 CISC 指令系统，可以看出 RISC 指令系统简单很多，分析两者之间的差异。

实验十二　设计指令/微指令系统实验

12.1　实验目的

了解指令系统设计的基本方法；掌握汇编语句与微程序的转换方式。

12.2　实验要求及仪器

利用模型机集成开发环境设计一套指令系统。具体实验仪器主要包括 DICE-CP226 型计算机组成原理实验箱、USB 口下载电缆和安装 COMPUTE 的 PC 机，以及寄存器，包括 A、W、R0～R3、MAR、ST、uPC、uM、EM、OUT 等。

12.3　实验原理

CP226 实验箱可以由用户自己设计指令/微指令系统，例如利用另一套指令/微指令系统来实现指令的流水工作。其中，用户可以在现有的指令系统上进行扩充，加上一些较常用的指令，也可重新设计一套完全不同的指令/微指令系统。由于 CP226 内已经内嵌了一个智能化汇编语言编译器，用户可以对设定的汇编助记符进行汇编。表 2.35 为指令助记符描述。

表 2.35　指令助记符描述

指令助记符	指令意义描述
LD　A,♯II	将立即数装入累加器 A
ADD　A,♯II	累加器 A 加立即数
GOTO　MM	无条件跳转指令
OUTA	累加器 A 输出到端口

构建指令系统包含以下步骤：

① 指令助记符、机器码、指令长度。按要求的格式输入，建立扩展名为 dat 的文件。

② 指令执行状态周期、微指令地址、微指令信号等。按要求的格式输入，建立扩展名为 mic 的文件。

③ 将以上内容输入并建立一个扩展名为 mac 的指令集文件，供显示信息用。

由于硬件系统需要指令机器码的最低两位做 R0～R3 寄存器寻址用，所以指令机器码要忽略掉这两位。在实验中，可暂定该四条指令的机器码分别为 04H、08H、0CH、10H。其他指令的设计，用户亦可参考此方法。

12.4　实验内容及步骤

12.4.1　创建新指令系统文件名为 new.dat

打开 CP226 软件，选择［文件|打开指令系统/微程序］，调入一个已有的指令系统文件 insfile1.dat，作为格式参考用。

按格式要求的字节数输入新系统的指令助记符、机器码、指令长度，具体如图 2.57 所示。清除原来的指令系统，选择［文件/另存为］new.dat。

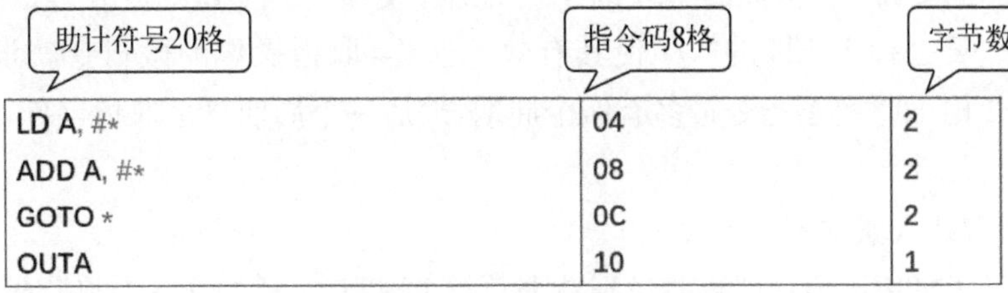

助计符号20格		指令码8格		字节数1格
LD A, #*		04		2
ADD A, #*		08		2
GOTO *		0C		2
OUTA		10		1

图 2.57　新系统指令信息

注意：在助记符中，♯表示立即数，＊表示十六进制数，@表示间址寻址，表注框内 20 表示该栏占 20 个字母位置，不足 20 个用空格键填充，其余类同。

12.4.2　创建新微指令系统文件名为 new.mic

（1）调入微指令系统文件

打开 CP226 软件，选择［文件|打开指令系统/微程序］，调入一个已有的微指令系统文件 insfile1.mic，作为格式参考用。

（2）按格式输入指令

设计每个周期微指令需要的信号，按格式输入指令执行状态周期、微指令地址、微指令信号等到文件中。然后清除原来的微指令系统，选择［文件/另存为］new.mic。图 2.58 为周期微指令信息，每个域的字符数、文件格式必须按指定的宽度设置。

1	3	3	7	1	1	9	1	1	4	4
助记符	状态	微地址	微程序	数据输出	数据打入	地址输出	运算器	移位控制	uPC	PC
FATCH	T0	00	CBFFFF		指令寄存器	PC输出	A输出		写入	+1
		01	FFFFFF				A输出		+1	
		02	FFFFFF				A输出		+1	
		03	FFFFFF				A输出		+1	
INC #*	T2	04	EF7FFF		指令寄存器	PC输出	A输出		写入	+1
	T1	05	D7FFEF				A输出		+1	
	T0	06	CBFF90				A输出		+1	
		07	FFFFFF				A输出		+1	

图 2.58　周期微指令信息

（3）根据指令的功能来设计相应的微程序

① 将窗口切换到"uM 微程序"窗口，设计程序开头的操作。

每个程序开始要执行的第一条微指令都是取指操作。这是因为系统复位后 PC 和 uPC 的值都为 0，所以微程序的 0 地址处就是程序执行的第一条取指的微指令。取指操作要做的工作是从程序存储器 EM 中读出下条将要执行的指令，并将指令的机器码存入指令寄存器 IR 和微程序计数器 uPC 中，读出下条操作的微指令。其中，窗口下方的各控制信号中有"√"表示信号为高、无效状态，去掉"√"信号为低、有效状态。

要从 EM 中读数，EMRD 必须有效，去掉 EMRD 信号下面的"√"使其有效；读 EM 的地址要从 PC 输出，所以 PCOE 要有效，允许 PC 输出，去掉 PCOE 下面的"√"，PCOE 有效同时还会使 PC 加 1，准备读 EM 的下一地址；IREN 是将 EM 读出的指令码存入 uPC 和 IR，所以要去掉 IREN 的"√"使其有效。这样，取指操作的微指令就设计好了，它的值为 CBFFFFH。每条指令最多有四个周期，最后一个周期总是取指操作，状态标志为 T0。

② 把立即数装入累加器 A 中。

由于需要从 EM 中读出立即数并送到数据总线 DBUS，再从 DBUS 上将数据打入累加器 A 中，因此该指令可以有两个周期 T1 和 T0。按照指令要求从 EM 中读数据，EMRD 应该有效；EM 的地址由 PC 输出，PCOE 必须有效；读出的数据送到 DBUS，EMEN 也应有效；要求将数据存入 A 中，AEN 也要有效。根据前面的描述可知设计"LD A，♯ II"指令的两个状态周期的微指令。

12.4.3　创建新指令集文件名为 new.mac，供指令集窗口显示

① 打开 CP226 软件，选择［文件|打开指令系统/微程序］，调入一个已有的指令系统文件 insfile1.mac，作为格式参考。

② 根据前面的设计内容，按照图 2.59 中的字节数输入到文件中，清除原来的指令系统，选择［文件/另存为］new.mac。

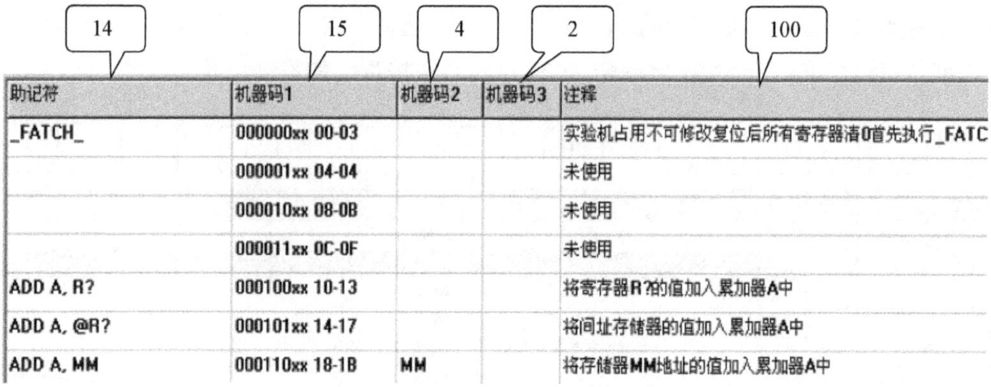

助记符	机器码1	机器码2	机器码3	注释
FATCH	000000xx 00-03			实验机占用不可修改复位后所有寄存器清0首先执行_FATC
	000001xx 04-04			未使用
	000010xx 08-0B			未使用
	000011xx 0C-0F			未使用
ADD A, R?	000100xx 10-13			将寄存器R?的值加入累加器A中
ADD A, @R?	000101xx 14-17			将间址存储器的值加入累加器A中
ADD A, MM	000110xx 18-1B	MM		将存储器MM地址的值加入累加器A中

图 2.59　指令系统的字节数

至此，设计好三个文件，就意味着新系统已经建立了。

12.4.4 测试新系统

① 在源程序窗口输入以下程序：

    LD   A,♯00

LOOP：

    ADD A,♯01

    OUTA

    GOTO LOOP

    END

注意：编写的其他指令亦可编写到程序中。

② 将程序汇编成机器码，在表2.36中记录并填写汇编结果。

表 2.36 汇 编 结 果

地　　址	机器码	汇 编 指 令	说　　　明

③ 按快捷图标的F7，执行"单微指令运行"功能，观察执行每条微指令时数据是否按照设计要求流动、寄存器的输入/输出状态是否符合设计要求、各控制信号的状态、PC及uPC是否准确。

到此，利用CP226软件已经建成了一个新的指令系统/微程序。新的指令系统从汇编助记符到指令机器码到微指令，都与原来的指令系统有所不同。用户可以根据具体需要建立自己所需的指令系统。

第五部分

小　结

　　计算机组成作为计算机专业和相关学科的必备基础知识，是整个计算机科学的纲要。本编通过介绍计算机组成中的关键内容，简洁凝练地为读者展现了计算机组成系统的整体逻辑思路。其一，理论部分介绍了计算机系统概述、数据信息的表示与运算、存储系统、指令系统、中央处理器、系统总线、输入/输出系统。该部分内容概念清楚，通俗易懂，书中举例力求与当代最新计算机技术相结合。其二，详细介绍了 CP226 计算机组成开发工具。实验部分针对理论基础中的重要知识点设计了相应的实验，具体包括基础实验和扩充实验。基础实验中包括一些较为简单的数据传送、运算器、指令计数器、微程序存储器、中断、指令流水等基础理论知识点的验证实验；扩充实验则在基础实验上进行拓展，进行运算与位移、微指令计数器、程序/微程序控制、RISC 系统、设计指令/微指令系统实验，要求读者熟练掌握计算机组成的理论和设计方法。实验与理论部分相互支撑，促进读者对有关知识的理解与应用。

第六部分

附　录

附录 A　模型机指令集

助 记 符	机器码 1	机器码 2	注　释
FATCH	000000xx		实验机占用，不可修改，复位后所有寄存器清零（IR 除外），首先执行 _FATCH_指令取指
	000001xx		未使用
	000010xx		未使用
	000011xx		未使用
ADD　　A,R?	000100xx		将寄存器 R?的值加入累加器 A 中
ADD　　A,@R?	000101xx		将间址存储器的值加入累加器 A 中
ADD　　A,MM	000110xx	MM	将存储器 MM 地址的值加入累加器 A 中
ADD　　A,♯II	000111xx	II	将立即数 II 加入累加器 A 中
ADDC　　A,R?	001000xx		将寄存器 R?的值加入累加器 A 中，带进位
ADDC　　A,@R?	001001xx		将间址存储器的值加入累加器 A 中，带进位
ADDC　　A,MM	001010xx	MM	将存储器 MM 地址的值加入累加器 A 中，带进位
ADDC　　A,♯II	001011xx	II	将立即数 II 加入累加器 A 中，带进位
SUB　　A,R?	001100xx		从累加器 A 中减去寄存器 R? 的值
SUB　　A,@R?	001101xx		从累加器 A 中减去间址存储器的值
SUB　　A,MM	001110xx	MM	从累加器 A 中减去存储器 MM 地址的值
SUB　　A,♯II	001111xx	II	从累加器 A 中减去立即数 II 加入累加器 A 中

助 记 符		机器码1	机器码2	注　释
SUBC	A,R?	010000xx		从累加器 A 中减去寄存器 R?值,减进位
SUBC	A,@R?	010010xx		从累加器 A 中减去间址存储器的值,减进位
SUBC	A,MM	010010xx	MM	从累加器 A 中减去存储器 MM 地址的值,减进位
SUBC	A,♯II	010011xx	II	从累加器 A 中减去立即数 II,减进位
AND	A,R?	010100xx		累加器 A"与"寄存器 R?的值
AND	A,@R?	010101xx		累加器 A"与"间址存储器的值
AND	A,MM	010110xx	MM	累加器 A"与"存储器 MM 地址的值
AND	A,♯II	010111xx	II	累加器 A"与"立即数 II
OR	A,R?	011000xx		累加器 A"或"寄存器 R?的值
OR	A,@R?	011001xx		累加器 A"或"间址存储器的值
OR	A,MM	011010xx	MM	累加器 A"或"存储器 MM 地址的值
OR	A,♯II	011011x	II	累加器 A"或"立即数 II
MOV	A,R?	011100xx		将寄存器 R?的值送到累加器 A 中
MOV	A,@R?	011101xx		将间址存储器的值送到累加器 A 中
MOV	A,MM	011110xx	MM	将存储器 MM 地址的值送到累加器 A 中
MOV	A,♯II	011111xx	II	将立即数 II 送到累加器 A 中
MOV	R?,A	100000xx		将累加器 A 的值送到寄存器 R?中
MOV	@R?,A	100001xx		将累加器 A 的值送到间址存储器中
MOV	MM,A	100010xx	MM	将累加器 A 的值送到存储器 MM 地址中
MOV	R?,♯II	100011xx	II	将立即数 II 送到寄存器 R?中
READ	MM	100100xx	MM	从外部地址 MM 读入数据,存入累加器 A 中
WRITE	MM	100101xx	MM	将累加器 A 中数据写到外部地址 MM 中
		100110xx		未使用
		100111xx		未使用

助 记 符		机器码1	机器码2	注　释
JC	MM	101000xx	MM	若进位标志置1,跳转到MM地址
JZ	MM	101001xx	MM	若零标志位置1,跳转到MM地址
		101010xx		未使用
JMP	MM	101011xx	MM	跳转到MM地址
		101100xx		未使用
		101101xx		未使用
INT		101110xx		实验机占用,不可修改。进入中断时,实验机硬件产生_INT_指令
CALL	MM	101111xx	MM	调用MM地址的子程序
IN		110000xx		从输入端口读入数据到累加器A中
OUT		110001xx		将累加器A中数据输出到输出端口
		110010xx		未使用
RET		110011xx		子程序返回
RR	A	110100xx		累加器A右移
RL	A	110101xx		累加器A左移
RRC	A	110110xx		累加器A带进位右移
RLC	A	110111xx		累加器A带进位左移
NOP		111000xx		空指令
CPL	A	111001xx		累加器A取反,再存入累加器A中
		111010xx		未使用
RETI		111011xx		中断返回
		111100xx		未使用
		111101xx		未使用
		111110xx		未使用
		111111xx		未使用

附录 B　模型机微指令集

助记符	状态	微地址	微程序	数据输出	数据打入	地址输出	运算器	移位控制	uPC	PC
FATCH	T0	00	CBFFFF		指令寄存器 IR	PC输出	A输出		写入	1
		01	FFFFFF				A输出		1	
		02	FFFFFF				A输出		1	
		03	FFFFFF				A输出		1	
UNDEF	T0	04	CBFFFF		指令寄存器 IR	PC输出	A输出		写入	1
		05	FFFFFF				A输出		1	
		06	FFFFFF				A输出		1	
		07	FFFFFF				A输出		1	
UNDEF	T0	08	CBFFFF		指令寄存器 IR	PC输出	A输出		写入	1
		09	FFFFFF				A输出		1	
		0A	FFFFFF				A输出		1	
		0B	FFFFFF				A输出		1	
UNDEF	T0	0C	CBFFFF		指令寄存器 IR	PC输出	A输出		写入	1
		0D	FFFFFF				A输出		1	
		0E	FFFFFF				A输出		1	

续　表

助记符	状态	微地址	微程序	数据输出	数据打入	地址输出	运算器	移位控制	uPC	PC
		0F	FFFFFF				A 输出		1	
ADD　A，R?	T2	10	FFF7EF	寄存器值 R?	寄存器 W		A 输出		1	
	T1	11	FFFE90	ALU 直通	寄存器 A 标志位 C,Z		加运算		1	
	T0	12	CBFFFF		指令寄存器 IR	PC 输出	A 输出		写入	1
		13	FFFFFF				A 输出		1	
ADD　A，@R?	T3	14	FF77FF	寄存器值 R?	地址寄存器 MAR		A 输出		1	
	T2	15	D7BFEF	存储器值 EM	寄存器 W	MAR 输出	A 输出		1	
	T1	16	FFFE90	ALU 直通	寄存器 A 标志位 C,Z		加运算		1	
	T0	17	CBFFFF		指令寄存器 IR	PC 输出	A 输出		写入	1
ADD　A,MM	T3	18	C77FFF	存储器值 EM	地址寄存器 MAR	PC 输出	A 输出		1	1
	T2	19	D7BFEF	存储器值 EM	寄存器 W	MAR 输出	A 输出		1	
	T1	1A	FFFE90	ALU 直通	寄存器 A 标志位 C,Z		加运算		1	
	T0	1B	CBFFFF		指令寄存器 IR	PC 输出	A 输出		写入	1
ADD　A,#II	T2	1C	C7FEFF	存储器值 EM	寄存器 W	PC 输出	A 输出		1	1
	T1	1D	FFFE90	ALU 直通	寄存器 A 标志位 C,Z		加运算		1	
	T0	1E	CBFFFF		指令寄存器 IR	PC 输出	A 输出		写入	1
		1F	FFFFFF				A 输出		1	

续　表

助　记　符	状态	微地址	微程序	数据输出	数据打入	地址输出	运　算　器	移位控制	uPC	PC
ADDC　A,R?	T2	20	FFF7EF	寄存器值 R?	寄存器 W		A 输出		1	
	T1	21	FFFE94	ALU 直通	寄存器 A 标志位 C,Z		带进位加运算		1	
	T0	22	CBFFFF		指令寄存器 IR	PC 输出	加运算		写入	1
		23	FFFFFF				A 输出		1	
ADDC　A,@R?	T3	24	FF77FF	寄存器值 R?	地址寄存器 MAR		A 输出		1	
	T2	25	D7BFEF	存储器值 EM	寄存器 W	MAR 输出	A 输出		1	
	T1	26	FFFE94	ALU 直通	寄存器 A 标志位 C,Z		带进位加运算		1	
	T0	27	CBFFFF		指令寄存器 IR	PC 输出	A 输出		写入	1
ADDC　A,MM	T3	28	C77FFF	存储器值 EM	地址寄存器 MAR	PC 输出	A 输出		1	1
	T2	29	D7BFEF	存储器值 EM	寄存器 W	MAR 输出	A 输出		1	
	T1	2A	FFFE94	ALU 直通	寄存器 A 标志位 C,Z		带进位加运算		1	
	T0	2B	CBFFFF		指令寄存器 IR	PC 输出	A 输出		写入	1
ADDC　A,#II	T2	2C	C7FFEF	存储器值 EM	寄存器 W	PC 输出	A 输出		1	1
	T1	2D	FFFE94	ALU 直通	寄存器 A 标志位 C,Z		带进位加运算		1	
	T0	2E	CBFFFF		指令寄存器 IR	PC 输出	A 输出		写入	1
		2F	FFFFFF				A 输出		1	
SUB　A,R?	T2	30	FFF7EF	寄存器值 R?	寄存器 W		A 输出		1	

续表

助记符	状态	微地址	微程序	数据输出	数据打入	地址输出	运算器	移位控制	uPC	PC
	T1	31	FFFE91	ALU直通	寄存器 A 标志位 C,Z		减运算		1	
	T0	32	CBFFFF		指令寄存器 IR	PC输出	A输出		写入	1
		33	FFFFFF				A输出		1	1
SUB A,@R?	T3	34	FF77FF	寄存器值 R?	地址寄存器 MAR		A输出		1	
	T2	35	D7BFEF	存储器值 EM	寄存器 W	MAR输出	A输出		1	
	T1	36	FFFE91	ALU直通	寄存器 A 标志位 C,Z		减运算		1	
	T0	37	CBFFFF		指令寄存器 IR	PC输出	A输出		写入	1
SUB A,MM	T3	38	C77FFF	存储器值 EM	地址寄存器 MAR	PC输出	A输出		1	
	T2	39	D7BFEF	存储器值 EM	寄存器 W	MAR输出	A输出		1	
	T1	3A	FFFE91	ALU直通	寄存器 A 标志位 C,Z		减运算		1	
	T0	3B	CBFFFF		指令寄存器 IR	PC输出	A输出		1	
SUB A,♯II	T2	3C	C7FFEF	存储器值 EM	寄存器 W	PC输出	A输出		1	
	T1	3D	FFFE91	ALU直通	寄存器 A 标志位 C,Z		减运算		1	
	T0	3E	CBFFFF		指令寄存器 IR	PC输出	A输出		写入	1
		3F	FFFFFF				A输出		1	
SUBC A,R?	T2	40	FFF7EF	寄存器值 R?	寄存器 W		A输出		1	1
	T1	41	FFFE95	ALU直通	寄存器 A 标志位 C,Z		带进位减运算		1	

续　表

助记符	状态	微地址	微程序	数据输出	数据打入	地址输出	运算器	移位控制	uPC	PC
	T0	42	CBFFFF		指令寄存器 IR	PC输出	A输出		写入	1
	T3	43	FFFFFF				A输出		1	
SUB A，@R?	T2	44	FF77FF	寄存器值 R?	地址寄存器 MAR		A输出		1	
	T1	45	D7BFEF	存储器值 EM	寄存器 W	MAR输出	A输出		1	
	T0	46	FFFE95	ALU直通	寄存器 A 标志位 C,Z		带进位减运算		1	
	T0	47	CBFFFF		指令寄存器 IR	PC输出	A输出		写入	1
SUBC A，MM	T3	48	C77FFF	存储器值 EM	地址寄存器 MAR	PC输出	A输出		1	1
	T2	49	D7BFEF	存储器值 EM	寄存器 W	MAR输出	A输出		1	
	T1	4A	FFFE95	ALU直通	寄存器 A 标志位 C,Z		带进位减运算		1	
	T0	4B	CBFFFF		指令寄存器 IR	PC输出	A输出		写入	1
SUBC A，#II	T2	4C	C7FFEF	存储器值 EM	寄存器 W	PC输出	A输出		1	1
	T1	4D	FFFE95	ALU直通	寄存器 A 标志位 C,Z		带进位减运算		1	
	T0	4E	CBFFFF		指令寄存器 IR	PC输出	A输出		写入	1
		4F	FFFFFF				A输出		1	
AND A，R?	T2	50	FFF7EF	寄存器值 R?	寄存器 W	PC输出	A输出		1	
	T1	51	FFFE93	ALU直通	寄存器 A 标志位 C,Z		与运算		1	
	T0	52	CBFFFF		指令寄存器 IR	PC输出	A输出		写入	1

续　表

助记符	状态	微地址	微程序	数据输出	数据打入	地址输出	运算器	移位控制	uPC	PC
		53	FFFFFF				A 输出		1	
AND A, @R?	T3	54	FF77FF	寄存器值 R?	地址寄存器 MAR		A 输出		1	
	T2	55	D7BFEF	存储器值 EM	寄存器 W	MAR 输出	A 输出		1	
	T1	56	FFFE93	ALU 直通	寄存器 A 标志位 C,Z	PC 输出	与运算		1	1
	T0	57	CBFFFF		指令寄存器 IR	PC 输出	A 输出		写入	1
AND A,MM	T3	58	C77FFF	存储器值 EM	地址寄存器 MAR	PC 输出	A 输出		1	1
	T2	59	D7BFEF	存储器值 EM	寄存器 W	MAR 输出	A 输出		1	
	T1	5A	FFFE93	ALU 直通	寄存器 A 标志位 C,Z	PC 输出	与运算		1	1
	T0	5B	CBFFFF		指令寄存器 IR	PC 输出	A 输出		写入	1
AND A, ♯I	T2	5C	C7FFEF	存储器值 EM	寄存器 W	PC 输出	A 输出		1	1
	T1	5D	FFFE93	ALU 直通	寄存器 A 标志位 C,Z	PC 输出	与运算		1	1
	T0	5E	CBFFFF		指令寄存器 IR	PC 输出	A 输出		写入	1
		5F	FFFFFF				A 输出		1	
OR A, R?	T2	60	FFF7EF	寄存器值 R?	寄存器 W		A 输出		1	
	T1	61	FFFE92	ALU 直通	寄存器 A 标志位 C,Z		或运算		1	1
	T0	62	CBFFFF		指令寄存器 IR	PC 输出	A 输出		写入	1
		63	FFFFFF				A 输出		1	

续　表

助 记 符	状态	微地址	微程序	数据输出	数据打入	地址输出	运 算 器	移位控制	uPC	PC
OR　A，@R？	T3	64	FF77FF	寄存器值 R？	地址寄存器 MAR		A输出		1	1
	T2	65	D7BFEF	存储器值 EM	寄存器 W	MAR 输出	A输出		1	1
	T1	66	FFFE92	ALU 直通	寄存器 A 标志位 C,Z		或运算		1	1
	T0	67	CBFFFF		指令寄存器 IR	PC 输出	A输出		写入	1
OR　A，MM	T3	68	C77FFF	存储器值 EM	地址寄存器 MAR	PC 输出	A输出		1	1
	T2	69	D7BFEF	存储器值 EM	寄存器 W	MAR 输出	A输出		1	1
	T1	6A	FFFE92	ALU 直通	寄存器 A 标志位 C,Z		或运算		1	1
	T0	6B	CBFFFF		指令寄存器 IR	PC 输出	A输出		写入	1
OR　A，#II	T2	6C	C7FFEF	存储器值 EM	寄存器 W	PC 输出	A输出		1	1
	T1	6D	FFFE92	ALU 直通	寄存器 A 标志位 C,Z		或运算		1	1
	T0	6E	CBFFFF		指令寄存器 IR	PC 输出			写入	1
		6F	FFFFFF				A输出		1	1
MOV　A，R？	T1	70	FFF7F7	寄存器值 R？	寄存器 A		A输出		1	1
	T0	71	CBFFFF		指令寄存器 IR	PC 输出	A输出		写入	1
		72	FFFFFF				A输出		1	1
		73	FFFFFF				A输出		1	1
MOV　A，@R？	T2	74	FF77FF	寄存器值 R？	地址寄存器 MAR		A输出		1	1

续表

助记符	状态	微地址	微程序	数据输出	数据打入	地址输出	运算器	移位控制	uPC	PC
	T1	75	D7BFF7	存储器值 EM	寄存器 A	MAR 输出	A 输出		1	
	T0	76	CBFFFF		指令寄存器 IR	PC 输出	A 输出		写入	1
		77	FFFFFF				A 输出		1	
MOV　A，MM	T2	78	C77FFF	存储器值 EM	地址寄存器 MAR	PC 输出	A 输出		1	1
	T1	79	D7BFF7	存储器值 EM	寄存器 A	MAR 输出	A 输出		写入	
	T0	7A	CBFFFF		指令寄存器 IR	PC 输出	A 输出		1	1
		7B	FFFFFF				A 输出		1	
MOV　A，♯II	T1	7C	C7FFF7	存储器值 EM	寄存器 A	PC 输出	A 输出		1	1
	T0	7D	CBFFFF		指令寄存器 IR	PC 输出	A 输出		写入	1
		7E	FFFFFF				A 输出		1	
		7F	FFFFFF				A 输出		1	
MOV　R?，A	T1	80	FFFB9F	ALU 直通	寄存器 R?		A 输出		1	
	T0	81	CBFFFF		指令寄存器 IR	PC 输出	A 输出		写入	1
		82	FFFFFF				A 输出		1	
		83	FFFFFF				A 输出		1	
MOV　@R?，A	T2	84	FF77FF	寄存器值 R?	地址寄存器 MAR	PC 输出	A 输出		1	
	T1	85	B7BF9F	ALU 直通	存储器 EM	MAR 输出	A 输出		1	1

续　表

助记符	状态	微地址	微程序	数据输出	数据打入	地址输出	运算器	移位控制	uPC	PC
	T0	86	CBFFFF		指令寄存器 IR	PC 输出	A 输出		写入	1
		87	FFFFFF				A 输出		1	1
MOV MM, A	T2	88	C77FFF	存储器值 EM	地址寄存器 MAR	PC 输出	A 输出		1	1
	T1	89	B7BF9F	ALU 直通	存储器 EM	MAR 输出	A 输出		1	1
	T0	8A	CBFFFF		指令寄存器 IR	PC 输出	A 输出		写入	1
		8B	FFFFFF				A 输出		1	1
MOV R?, #II	T1	8C	C7FBFF	存储器值 EM	寄存器 R?	PC 输出	A 输出		1	1
	T0	8D	CBFFFF		指令寄存器 IR	PC 输出	A 输出		写入	1
		8E	FFFFFF				A 输出		1	1
		8F	FFFFFF				A 输出		1	1
READ A, MM	T2	90	C77FFF	存储器值 EM	地址寄存器 MAR	PC 输出	A 输出		1	1
	T1	91	7FBFF7		寄存器 A	MAR 输出	A 输出		1	1
	T0	92	CBFFFF		指令寄存器 IR	PC 输出	A 输出		写入	1
		93	FFFFFF				A 输出		1	1
WRITE MM, A	T2	94	C77FFF	存储器值 EM	地址寄存器 MAR	PC 输出	A 输出		1	1
	T1	95	FF9F9F	ALU 直通	用户 OUT	MAR 输出	A 输出		1	1
	T0	96	CBFFFF		指令寄存器 IR	PC 输出	A 输出		写入	1

续　表

助记符	状态	微地址	微程序	数据输出	数据打入	地址输出	运算器	移位控制	uPC	PC
		97	FFFFFF				A输出		1	
UNDEF	T0	98	CBFFFF		指令寄存器 IR	PC输出	A输出		写入	1
		99	FFFFFF				A输出		1	1
		9A	FFFFFF				A输出		1	1
		9B	FFFFFF				A输出		1	1
UNDEF	T0	9C	CBFFFF		指令寄存器 IR	PC输出	A输出		写入	1
		9D	FFFFFF				A输出		1	
		9E	FFFFFF				A输出		1	
		9F	FFFFFF				A输出		1	
JC　MM	T1	A0	C6FFFF	存储器值 EM	寄存器 PC	PC输出	A输出		1	写入
	T0	A1	CBFFFF		指令寄存器 IR	PC输出	A输出		写入	1
		A2	FFFFFF				A输出		1	
		A3	FFFFFF				A输出		1	
JZ　MM	T1	A4	C6FFFF	存储器值 EM	寄存器 PC	PC输出	A输出		1	写入
	T0	A5	CBFFFF		指令寄存器 IR	PC输出	A输出		写入	1
		A6	FFFFFF				A输出		1	
		A7	FFFFFF				A输出		1	

续　表

助记符	状态	微地址	微程序	数据输出	数据打入	地址输出	运算器	移位控制	uPC	PC
UNDEF	T0	A8	CBFFFF		指令寄存器 IR	PC 输出	A 输出		写入	1
		A9	FFFFFF				A 输出		1	
		AA	FFFFFF				A 输出		1	
		AB	FFFFFF				A 输出		1	
JMP MM	T1	AC	C6FFFF	存储器值 EM	寄存器 PC	PC 输出	A 输出		1	写入
	T0	AD	CBFFFF		指令寄存器 IR	PC 输出	A 输出		写入	1
		AE	FFFFFF				A 输出		1	
		AF	FFFFFF				A 输出		1	
UNDEF	T0	B0	CBFFFF		指令寄存器 IR	PC 输出	A 输出		写入	1
		B1	FFFFFF				A 输出		1	
		B2	FFFFFF				A 输出		1	
		B3	FFFFFF				A 输出		1	
UNDEF	T0	B4	CBFFFF		指令寄存器 IR	PC 输出	A 输出		写入	1
		B5	FFFFFF				A 输出		1	
		B6	FFFFFF				A 输出		1	
		B7	FFFFFF				A 输出		1	
INT	T2	B8	FFEF7F	PC 值	堆栈寄存器 ST		A 输出		1	

续 表

助记符	状态	微地址	微程序	数据输出	数据打入	地址输出	运算器	移位控制	uPC	PC
	T1	B9	FEFF3F	中断地址 IA	寄存器 PC		A 输出		1	写入
	T0	BA	CBFFFF		指令寄存器 IR	PC 输出	A 输出		写入	1
		BB	FFFFFF				A 输出		1	
CALL MM	T3	BC	EF7F7F	PC 值	地址寄存器 MAR	PC 输出	A 输出		1	1
	T2	BD	FFEF7F	PC 值	堆栈寄存器 ST		A 输出		1	
	T1	BE	D6BFFF	存储器值 EM	寄存器 PC	MAR 输出	A 输出		1	写入
	T0	BF	CBFFFF		指令寄存器 IR	PC 输出	A 输出		写入	1
IN	T1	C0	FFFF17	用户 IN	寄存器 A		A 输出		1	1
	T0	C1	CBFFFF		指令寄存器 IR	PC 输出	A 输出		写入	1
		C2	FFFFFF				A 输出		1	1
		C3	FFFFFF				A 输出		1	1
OUT	T1	C4	FFDF9F	ALU 直通	用户 OUT		A 输出		1	1
	T0	C5	CBFFFF		指令寄存器 IR	PC 输出	A 输出		写入	1
		C6	FFFFFF				A 输出		1	1
		C7	FFFFFF				A 输出		1	1
UNDEF	T0	C8	CBFFFF		指令寄存器 IR	PC 输出	A 输出		写入	1
		C9	FFFFFF				A 输出		1	1

续 表

助记符	状态	微地址	微程序	数据输出	数据打入	地址输出	运算器	移位控制	uPC	PC
		CA	FFFFFF				A输出		1	
	T1	CB	FFFFFF				A输出		1	
RET	T0	CC	FEFF5F	堆栈寄存器 ST	寄存器 PC		A输出		1	写入
		CD	CBFFFF		指令寄存器 IR	PC 输出	A输出		写入	1
		CE	FFFFFF				A输出		1	
		CF	FFFFFF				A输出		1	
RR　A	T1	D0	FFFCB7	ALU 右移	寄存器 A 标志位 C,Z		A输出	右移	1	
	T0	D1	CBFFFF		指令寄存器 IR	PC 输出	A输出		写入	1
		D2	FFFFFF				A输出		1	
		D3	FFFFFF				A输出		1	
RL　A	T1	D4	FFFCD7	ALU 左移	寄存器 A 标志位 C,Z		A输出	左移	1	
	T0	D5	CBFFFF		指令寄存器 IR	PC 输出	A输出		写入	1
		D6	FFFFFF				A输出		1	
		D7	FFFFFF				A输出		1	
RRC　A	T1	D8	FFFEB7	ALU 右移	寄存器 A 标志位 C,Z		A输出	带进位右移	1	
	T0	D9	CBFFFF		指令寄存器 IR	PC 输出	A输出		写入	1
		DA	FFFFFF				A输出		1	
		DB	FFFFFF				A输出		1	

续表

助记符	状态	微地址	微程序	数据输出	数据打入	地址输出	运算器	移位控制	uPC	PC
RLC　A	T1	DC	FFFED7	ALU左移	寄存器A 标志位C、Z		A输出	带进位左移	1	
	T0	DD	CBFFFF		指令寄存器IR	PC输出	A输出		写入	1
		DE	FFFFFF				A输出		1	
		DF	FFFFFF				A输出		1	
NOP	T0	E0	CBFFFF		指令寄存器IR	PC输出	A输出		写入	1
		E1	FFFFFF				A输出		1	
		E2	FFFFFF				A输出		1	
		E3	FFFFFF				A输出		1	
CPL　A	T1	E4	FFFE96	ALU直通	寄存器A 标志位C、Z		A取反		1	
	T0	E5	CBFFFF		指令寄存器IR	PC输出	A输出		写入	1
		E6	FFFFFF				A输出		1	
		E7	FFFFFF				A输出		1	
UNDEF	T0	E8	CBFFFF		指令寄存器IR	PC输出	A输出		写入	1
		E9	FFFFFF				A输出		1	
		EA	FFFFFF				A输出		1	
		EB	FFFFFF				A输出		1	
RETI	T1	EC	FCFF5F	堆栈寄存器ST	寄存器PC		A输出		1	写入
	T0	ED	CBFFFF		指令寄存器IR	PC输出	A输出		写入	1

续　表

助记符	状态	微地址	微程序	数据输出	数据打入	地址输出	运算器	移位控制	uPC	PC
		EE	FFFFFF				A 输出		1	
		EF	FFFFFF				A 输出		1	
UNDEF	T0	F0	CBFFFF		指令寄存器 IR	PC 输出	A 输出		写入	1
		F1	FFFFFF				A 输出		1	
		F2	FFFFFF				A 输出		1	
		F3	FFFFFF				A 输出		1	
UNDEF	T1	F4	CBFFFF		指令寄存器 IR	PC 输出	A 输出		写入	1
		F5	FFFFFF				A 输出		1	
		F6	FFFFFF				A 输出		1	
		F7	FFFFFF				A 输出		1	
UNDEF	T0	F8	CBFFFF		指令寄存器 IR	PC 输出	A 输出		写入	1
		F9	FFFFFF				A 输出		1	
		FA	FFFFFF				A 输出		1	
		FB	FFFFFF				A 输出		1	
UNDEF	T0	FC	CBFFFF		指令寄存器 IR	PC 输出	A 输出		写入	1
		FD	FFFFFF				A 输出		1	
		FE	FFFFFF				A 输出		1	
		FF	FFFFFF				A 输出		1	

第三编

单片机与接口技术基础及应用

第一部分

理 论 基 础

1 概述

1.1 单片机简介

1.1.1 单片机概念

单片机是指将计算机主机(CPU、内存、I/O 接口)集成在一小块硅片上的微型机,通过单片单板机和仿真器实现单片机应用系统的硬、软件开发,又称为单片微型计算机。单片机最初是专为工业测控而设计,因此又称微控制器,具有集成度高、可靠性高、性价比高等优势。目前,已广泛应用于工业检测与控制、智能仪器仪表、家用电器等领域,尤其适合于嵌入式微型机应用系统。

单片机将主要部件微型化后直接集成在一块电路芯片中,与微型计算机相比,单片机价格非常低廉,从几元到几十元不等,体积小巧。此外,单片机引脚的数量与功能的复杂程度成正比,功能越多引脚越多,功能少的甚至只有 8 只引脚。

目前,随着面向对象和控制技术的不断进步,许多外围电路及外设接口都已被集成在芯片内。从某种意义上说,单片机已经突破了传统意义的计算机结构,发展成 microcontroller 的体系结构,国外普遍称为微控制器(MCU)或嵌入式微控制器(EMCU)。

1.1.2 单片机、单片机系统、单片机应用系统

根据系统结构不同,单片机应用系统可分为单片机、单片机系统、单片机应用系统三类。

单片机多指集成一些基本部件的芯片本身,是一种典型的嵌入式系统的主要构成单元。常作为嵌入式应用,通过嵌入对象环境、结构、体系而成为其中的一个智能化控制单元。例如,洗衣机、电视机、智能仪表、现场总线控制单元等。

根据控制应用不同,单片机可划分为通用型和专用型两大类。通用型单片机主要出现在早期,通过不同的外围扩展来满足不同的应用对象要求。随后,针对应用领域的不断扩大,出现了专门为某一类应用而设计的单片机,即专用型单片机。与前者相比,专用型单片机能够显著降低成本、简化系统结构、提高系统可靠性。

单片机系统则是指在单片机芯片的基础上通过扩展其他电路或芯片而构成,且具有一定应用功能的计算机系统。单片机应用系统是指能够满足应用对象要求的全部硬件电路和应用软件的一类单片机系统的通称。例如,通过在单片机外部设置或扩展基

本的时钟电路、存储器、定时器/计数器等形成的可满足特定嵌入应用需求的复杂计算机系统。

此外,与单片机应用系统相对应的是单片机开发系统。单片机开发系统主要包括单片单板机和仿真器,是单片机开发和调试的工具。

1.1.3 常用单片机介绍

(1) MCS-51 单片机系列

MCS-51 系列基本产品型号包括 8051、8031、8751 等,这些型号统称为 51 子系列。不同型号 MCS-51 单片机之间 CPU 处理能力和指令系统完全兼容,只是存储器和 I/O 接口的配置有所不同。该系列单片机的硬件基本配置为:8 位 CPU;片内 ROM/EPROM、RAM;片内并行 I/O 接口;片内 16 位定时器/计数器;片内中断处理系统;片内全双工串行 I/O 口。

MCS-51 系列单片机具有三种类型的基本产品,分别为:

8051,片内含有掩膜 ROM 型程序存储器,只能由生产厂家代为用户固化,批量大、永久保存、不修改时用。

8751,片内含 EPROM 型程序存储器,用户可固化或用紫外线光照射擦除,但价格昂贵。

8031,片内无程序存储器,可在片外扩展,方便灵活,价格相对便宜。

(2) 80C51 单片机系列

该系列芯片由 INTEL 公司设计生产,先后推出了三个系列的单片机类型,分别为:MCS-48 系列;MCS-51 系列;MCS-96 系列,如 8096、8098、80C196、80C198 等。其中,新一代 80C51 还增加了一些 A/D、PCA、WDT 等外部接口功能单元。

1.2 接口技术

接口是 CPU 和外部设备之间的连接桥梁及信息交换的中转站,接口技术就是指 CPU 与外设之间进行数据交换的技术,是微机系统的一个重要组成部分。

1.2.1 接口功能

尽管不同外设的工作原理和性能特点各异,各对应的接口电路也并不一样,但是接口通常具有的功能包括以下几个方面:

(1) 数据缓冲功能

微型计算机系统工作时,总线是非常繁忙的,由于总线的工作速度快,而外设的工作速度相对较慢,通过设置输入/输出数据寄存器(数据存储器)将外设与总线分开,实现内外数据之间的缓冲,可以有效克服微机总线与外设之间的速度差异,提高 CPU 和总线的工作效率。

(2) 通信联络功能

通常情况下,CPU 与外设的工作是异步的。此时,CPU 首先输入外设准备好的数据,外设亦先读取 CPU 准备好的数据。通过设置通信联络信号,使 CPU 和外设了解接口的工作状态信息,从而更好地保证系统能够进行可靠稳定的数据传递。

(3) 信号转换功能

一般而言,所有外设都只能接收符合其自身要求的信息。这些信息与 CPU 信号可能不兼容,此时,通过设置接口电路能够完成内外不同信号间的相互转换,使外设和 CPU 都能接收到符合各自要求的信号。常见的信息转换类型有电平高低转换、信息格式转换、时序关系转换、信号类型转换等。

(4) 地址译码和读/写控制功能

与 CPU 访问控制存储器类似,在计算机系统中采用编址方式来选择外部设备。接口电路利用译码器对地址总线上的地址信息进行译码,当总线上的地址信息与接口电路设定的地址吻合时允许接口电路工作。同时,在接口电路中还需要设置读/写控制信号,数据在读/写控制信号作用下完成实际的数据输入与输出过程。

(5) 中断管理功能

中断是 CPU 与外部设备之间进行输入/输出操作的有效方式之一,能够充分提高 CPU 运行效率。同时,外部设备的需求能够及时得到响应和支持。中断能够正常运行和管理,接口须满足以下条件:产生符合计算机中断系统要求的中断请求信号并保持到 CPU 开始响应和具备撤销中断请求信号的能力。

(6) 可编程功能

外部设备种类繁多,不可能针对每种设备设计专用的接口电路。通过设置具备可编程能力的接口电路,在不改变硬件的情况下,只需修改设定就能改变接口的工作方式达到增加接口的灵活性和扩展能力的目的。这在一定程度上提高了接口设计的经济性和标准化。

1.1.2　接口中的信息类型

根据传递信息性质的不同,接口中的信息可分为数据信息、状态信息和控制信息等。

(1) 数据信息

数据信息是指 CPU 与外部设备之间通过接口传递的数据。数据信息包括数字量、模拟量和开关量。其中,数字量是指数值、字符及其他信息的编码,常采用 8 位、16 位或 32 位来表达和传递;模拟量是连续的电信号,需要在接口中需要经过 A/D 和 D/A 转换才能实现信息的输入/输出。顾名思义,开关量是只具备打开与关闭(运行与停止)两个状态的量,常用二进制数中的 0 和 1 表示。

(2) 状态信息

状态信息用来表达外设当前的工作状态。例如,输入时,状态信息反映设备是否已经准备好数据;输出时,状态信息反映设备是否能够接收数据。同时,状态信息也可用于表达接口自身的工作状态,从而协调好处理工作,保障数据信息的顺利传送。

(3) 控制信息

控制信息是 CPU 用来控制外设和接口工作的命令。控制信息一般通过专门的控制信号来实现对外设和接口的控制。

1.1.3 接口结构

图 3.1 为一个典型的接口结构示意。

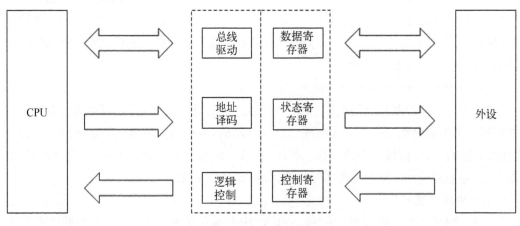

图 3.1 接口的典型结构

从图 3.1 中看出,一个典型的接口结构主要包括端口、地址译码、总线驱动和控制逻辑等。其中,数据信息通过接口实现 CPU 与外设之间的传输交互。

（1）端口

端口是指接口电路中能够被 CPU 直接访问的各类寄存器。例如,数据寄存器、状态寄存器、控制寄存器。按照保存在端口中数据的性质,端口可分成数据端口、状态端口和控制端口等。每个端口都有一个地址。在同一接口中,端口的地址通常是相邻的,且各端口可共享同一个地址。

（2）地址译码

在接口中,端口是通过地址译码电路识别出来的。通常将同一接口中的端口地址安排为相邻的。在具体设计时,常采用以下标准:用地址总线的高位进行译码实现对接口电路的选择,用地址总线的低位进行译码实现对接口内具体端口的选择。

（3）总线驱动

在工作中,当接口被选中后通过"连通"总线实现与 CPU 信息的传递;当没被选中时,接口与总线是"断开"的,不能与 CPU 进行信息传递。其中,端口与总线之间通过总线驱动芯片使接口在控制逻辑作用下实现与总线的"连通"和"断开"功能。此外,总线驱动芯片的设置还可显著降低总线负载。

（4）控制逻辑

接口中的控制逻辑电路在接收到控制端口或总线上的控制信号后作出反应,实现对接口中不同端口的控制。

2 单片机汇编语言程序和应用系统设计基础

2.1 单片机汇编语言基础

2.1.1 单片机编程语言

目前,在单片机应用系统中,软件的开发主要采用汇编语言、C语言和汇编语言与C语言混合编程三种模式。此外,支持单片机开发的编程语言还有PL/M和BASIC等。

汇编语言具有高效、简洁、贴近硬件、资源受限小等优点。但是弊端也非常明显,例如,程序开发人员对单片机的内部结构、存储器寻址方式、I/O接口非常熟悉,尤其是对指令系统,因此当采用汇编语言开发单片机应用系统时普遍存在程序量大、对系统性考虑多等问题,对开发人员要求高、压力大。

C语言的可读性、可移植性和可维护性较好,但资源限制较大。采用C语言编程时,通常仅需要基本了解单片机的内部结构和外围接口,而不强求对指令系统特别熟悉。因此,C语言对程序开发人员的硬件素质要求相对较低。此外,用C语言开发软件相对比较轻松,很多细节不需要程序开发人员过多考虑,编译软件会做出相应的指导和铺垫。然而,单纯使用C语言编程也有不足之处,例如,在一些对时序要求非常苛刻的环境或应用中,往往只有汇编语言能够较好地完成任务。所以在许多情况下,采用汇编语言和C语言相结合的混合编程是一个不错的选择。

从编程难度来看,汇编语言要比C语言难得多。对从事计算机开发的专业人员来说,必须熟练掌握汇编语言程序设计方法,在熟练掌握汇编语言编程后,再学习C语言编程,将是一件比较容易的事,并且能够很恰当地融合汇编语言和C语言,尽快实现以最短的时间和最小的代价开发出高质量软件的目的。

本书从单片机基础教学要求出发,侧重于使用汇编语言的程序设计,同时不排斥C语言的编程实验。出于为掌握单片机应用技术打好基础的考虑,在实验设计中安排以汇编语言程序设计为主、兼顾C语言和基于汇编语言与C语言的混合编程设计。

2.1.2 汇编语言和A51宏汇编器

汇编语言程序中的基本指令实际上就是单片机指令系统的指令助记符。汇编语言程序必须经过汇编器处理才能转换为计算机能够识别和执行的机器代码。为了让汇编器处理汇编语言程序,具体实验中还需要通过增加一些伪指令来引导汇编器的汇编。此外,Keil μVision2中A51和Ax51能够处理8051汇编器所有的伪指令,从而控制汇编过程并产生相应的目标代码和输出列表。

Keil Software公司的8051单片机系列汇编语言开发软件包括两套宏汇编器,分别为用于传统8051系列单片机的A51和用于新一代扩展型80C51的Ax51。该汇编语言是一种具有通用特性和用法的重定位宏汇编器,支持模块化编程和与其他高级语言转换,与Intel公司的

MASM51 宏汇编器具有很好的兼容性。从一定程度上来说,Ax51 可以看作是 A51 的超集。

2.1.3   C51 语言和 C51 编译器

C 语言表达和运算能力强大,它既具有高级语言的特点,又能直接对计算机硬件进行操作。除了兼容 ANSI C 语言以外,C51 语言还针对 8051 单片机的特点进行了若干特殊扩展。例如,库函数和关键字等的扩充。ANSI C 标准的关键字和 Keil C51 扩展的关键字在本编相应的附录中可以找到。

编译器 C51 的作用是将 C 语言源程序翻译成 8051 单片机系列的可执行代码,以及在必要时在执行代码中加入程序调试用的符号信息。Keil Software 公司多年来致力于单片机 C 语言编译器的研究,该公司的 C51 编译器和 Cx51 编译器就是专为 8051 单片机系列设计的高效率 C 编译器,且已完全集成到了 Keil μVision2 软件中。其中,Cx51 编译器能够支持超大容量内存单片机 80C51Mx,是目前最高效、最灵活的 8051 开发工具之一。

2.2   单片机汇编语言程序的基本结构

一个完整的单片机程序包括主程序、子程序、中断程序等几部分。从程序结构上来看,单片机汇编语言程序的基本结构主要有顺序结构、分支结构、循环结构等。

2.2.1   顺序结构程序设计

顺序结构是最简单的程序形式之一。其特征是程序是按照编写先后顺序逐条执行,且程序流向不变。因此,顺序结构有时又被称为直线程序。在此基础上,衍生出后续多种复杂的程序结构。

2.2.2   分支结构程序设计

分支结构是指程序按照一定的条件判断结果来决定程序的流向。其特征是针对程序执行过程中出现的条件判断,分别按照符合条件要求和不符合条件要求两条路径进行处理。其中,分支程序是通过执行条件转移指令或散移指令来实现的。相对应的,分支程序又可分为简单分支程序和散转程序。

图 3.2 为简单分支程序的三种表现形式。

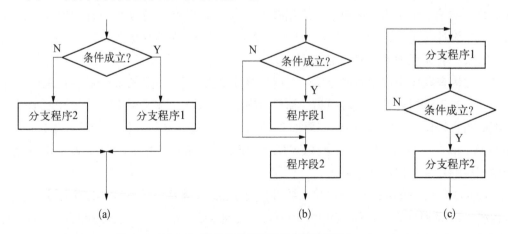

图 3.2   简单分支程序的三种表现形式

从图 3.2 中看出,根据分支程序段与成立条件的位置不同,简单分支程序也分别呈现出三种表现方式。

散转程序是一种根据某种输入条件或运算结果等信息分别进行不同处理路径操作的并行多分支程序。在散转程序中,常通过 JMP@[累加器 A]+[首地址]实现程序的跳转操作。该指令通过将累加器 A 中的 8 位无符号内容与 16 位数据指针内容相加后装入程序计数器 PC 中实现程序的转移。因此,累加器 A 中的内容不同,散转程序的入口地址也不同。

散转程序的基本结构如图 3.3 所示。

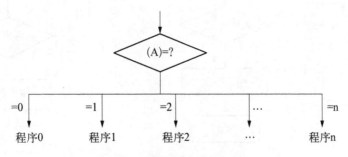

图 3.3　散转程序的基本结构

在常见的单片机指令系统中,分支程序指令主要有条件转移指令、比较转移指令、位操作转移指令等。这些转移指令组合使用能够解决包括正负判断、溢出判断、大小判断等在内的多种条件判断问题。

2.2.3　循环结构程序设计

循环结构是指汇编语言程序中含有可重复执行的程序段,即循环体。其特征是当满足一定条件时能够重复执行某一程序段,具有结构紧凑、可读性强、节约存储空间等优势。

按照程序判断与执行的先后顺序,循环程序可进一步划分为当型循环和直到型循环两类。其中当型循环是指先判断后执行的程序结构,与之相对,直到型循环是指先执行后判断的程序结构。

图 3.4 为循环程序结构示意。

从图 3.4 中看出,循环程序通常主要包括以下几个部分:

① 循环初始体,位于循环程序开头部分,其作用是设置工作单元的初始值和循环次数等。

② 循环体,是程序重复的执行部分。作为循环程序的核心部分,其作用是用于完成实际操作。

③ 循环控制,位于循环体内,通常包括循环次数、指针等修改及条件控制等构成,其作用是用于设置与控制循环次数和修改循环运行时的程序参数等。

④ 循环结束,位于循环程序的结尾部分,其作用是用于存放程序运行的结果及回复工作初始状态等。

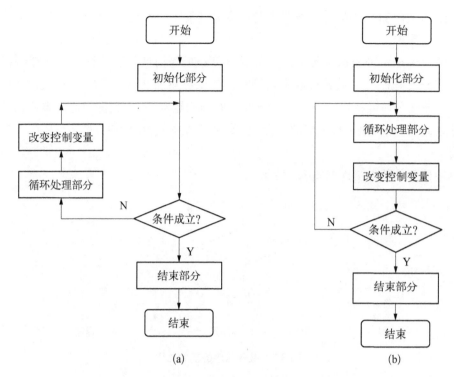

图 3.4　循环程序结构示意：(a) 当型循环，(b) 直到型循环

2.3　单片机汇编语言程序设计

2.3.1　单片机汇编语言程序设计步骤

一般来说，单片机汇编语言程序设计的主要过程包括以下步骤：

① 拟定设计任务书。

② 建立数学模型并确定算法。

③ 根据程序的总体设计画出程序流程图。

④ 编写源程序。

⑤ 源程序的汇编与调试。

⑥ 系统软件的整体运行与测试。

⑦ 总结归纳，编写源程序说明文件。

目前，常用的单片机汇编语言程序设计类型较多。例如，包含顺序程序设计、分支程序设计、循环程序设计等在内的偏基础的程序设计类型，以及包含查表程序设计和子程序设计在内的偏专业程序设计类型等。下面重点介绍查表程序设计和子程序设计类型。

2.3.2　运算程序设计类型

(1) 查表程序设计

查表法是一种常用的非数值运算方法，查表就是根据存放在 ROM 中数据表格的项数来查找与之相对应的表中值。在单片机应用系统中，查表程序是一种常用的程序，广泛应用于 LED 显示控制、打印机打印控制，以及数据补偿、数值计算、转换等各种功能程序中。查表程序设计类型具有程序简单、执行速度快等特点。

常用的表为线性表，这种表内的 n 个数据元素 $(a_1, a_2, \cdots, a_n)$ 具有线性关系。在单片机中，数据表格一般存放在程序存储器内，用一组连续的存储单元依次存储现象表的各个元素。假设每个元素占有 L 个存储单元，则第 i 个元素的存储地址为：

$$(a_i) = (a_1) + (i-1) \times L \tag{3.1}$$

式中 a_i 为表首地址。

单片机在执行查表指令时，发出读程序存储器选通脉冲 $\overline{PSEN}$。单片机提供两条查表指令，分别为：

MOVC　A,@A+DPTR

MOVC　A,@A+PC

其中，采用第二条指令查表时具体步骤包括：

① 使用传送指令把所查数据表格的项数送入累加器 A 中。

② 使用 ADDA,♯data 指令对累加器 A 进行修正，data 值取决于：

$$data = DTAB - PC \tag{3.2}$$

式中 DTAB 为数据表初始地址，PC 是查表指令 MOVC　A,@A+PC 的下一条指令的初始地址。因此，data 值实际上等于查表指令和数据表格之间的字节数。

③ 采用查表指令 MOVC　A,@A+PC 完成查表操作。

（2）子程序设计

子程序是指完成特定任务并能被其他程序反复调用的程序段，调用子程序的程序即为主程序或调用程序。子程序能够多次重复使用，避免重复性工作，缩短整个程序，节约存储空间，有效地简化程序的逻辑结构，有利于程序测试。

所谓子程序，是与主程序相对应的，没有主程序就不会有子程序。两者的关系并不是一成不变的，即子程序允许嵌套。也就是说，同一程序段可以作为另一程序的子程序，亦可有独立的子程序。

图 3.5 为子程序的调用与返回结构示意。

从图 3.5 中看出，通过在主程序中设置一条调用指令（LCALL 或 ACALL）转到子程序，当完成子程序中规定的操作后，再应用 RET 返回指令返回到主程序断点处继续执行未完成的主程序。

中断服务程序是指在计算机响应中断时由硬件完成调用而进入相应的服务程序，是一种特殊的子程序。例如，RET1 指令与 RET 指令相似，两者的差别在于 RET 是从子程序返回，RET1 是从中断程序返回。

图 3.6 为子程序的嵌套示意，即在子程序中再次调用子程序。

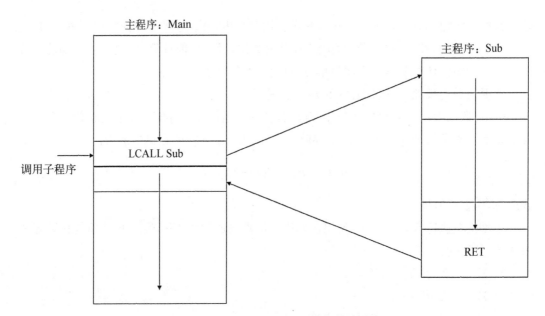

图 3.5　子程序的调用与返回结构示意

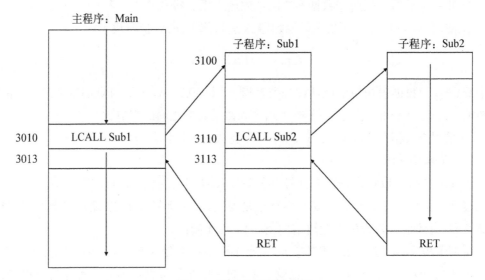

图 3.6　子程序的嵌套示意

　　在图 3.6 中,主程序转入子程序中保护主程序信息使其在运行子程序时不丢失的过程称为保护现场,这一过程主要由堆栈寄存器完成;反之,子程序返回主程序中将主程序信息还原的过程称为恢复现场,保存的主程序信息分别返回各自寄存器内。

　　在编写子程序时,不仅要求子程序指令具有明确清晰的以子程序任务命名的标号,以便确认子程序的入口地址,而且应该尽量使用相对转移指令而不是具体的存储单元,以便增强子程序的通用性。

　　此外,还有编码转换和运算程序设计,由于此两部分原理、定义、基础知识等与前述数字逻辑基础部分一致,因此在此不做详述。

2.4 单片机应用系统设计

2.4.1 设计方法和步骤

（1）项目总体规划

在项目总体规划阶段，需要开发人员根据具体的应用场景和需求，综合考虑系统的可靠性、稳定性、安全性和经济性等因素，提出详尽的、可行的功能技术指标。随后，根据设计任务要求，规划出合理的包括单片机系统构建、I/O 接口等在内的软硬件设计构建方案。

详细的单片机应用系统开发流程如图 3.7 所示。

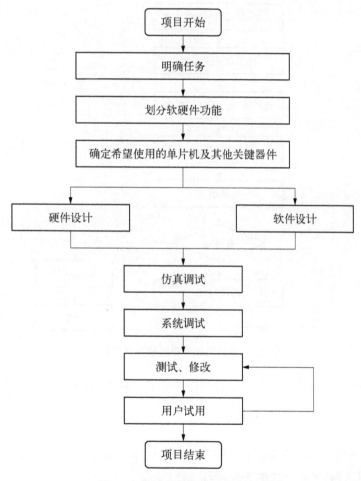

图 3.7　单片机应用系统开发流程

（2）系统设计

1）硬件系统设计

根据总体规划，设计出单片机应用系统硬件原理图。此时，就需要提前考虑到硬件设计、电路实验、电路板制作与印刷、硬件产品组装与维护等因素，以及字长、主频、寻址能力、内部寄存器、存储器容量、有无通道转换、性价比等性能指标。对于外围器件的构建，在复合硬件和性能指标的基础上应尽可能符合标准化、模块化、集成度高等原则。

2）软件系统设计

根据设计原则，画出软件设计流程图，并设计出具体的程序。详细的软件设计流程图如图 3.8 所示。

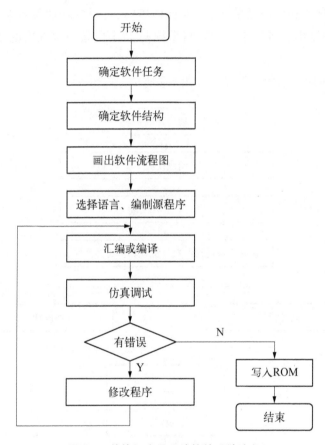

图 3.8　单片机应用系统软件设计流程

单片机软件设计中用到的程序设计功能主要通过机器语言、汇编语言、高级语言等三种种语言实现。

（3）**仿真调试**

仿真调试主要包括软件调试和软硬件仿真调试等两部分，采用的方法主要包括三种：

① 使用仿真器，优点是功能齐全，但是价格较高。

② 使用软件仿真和芯片直接烧写验证的方法，其成本虽然低，但在程序或硬件出现疑难问题时很难找到原因。

③ 在线仿真调试，其优点是成本低且具有在线仿真调试功能。通常借助于某一种编译器（Keil C51），结合单片机中的监控程序对系统的应用程序和硬件进行仿真调试。该方法通过让单片机以单步、断点、全速等运行模式来执行程序，可以及时准确地发现错误，

是目前单片机应用开发过程中最有效的仿真测试方法之一。

（4）产品成型

这是单片机应用系统设计的最后一步，具体包括程序烧入、结构与工艺成型和组装等步骤。

2.4.2 硬件系统设计原则

单片机硬件系统设计原则通常包括硬件电路设计一般原则和硬件电路集成模块设计原则两方面。

（1）硬件电路设计的一般原则

① 注意采用新技术，尽可能地选择典型电路。

② 向片上系统方向发展，扩展接口尽可能采用光电探测器件（PSD）。

③ 考虑通用性、标准化和模块化。

④ 具体设计在满足应用系统的功能需求的同时，技术和硬件设计应尽可能地超前以便后续进行二次开发。

⑤ 工艺设计和成型设计中要考虑后续的调试、组装与维修等需要。

（2）硬件电路集成模块设计原则

图 3.9 为单片机应用系统结构示意。

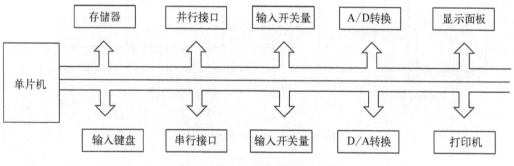

图 3.9 单片机应用系统结构示意

参考图 3.9，在具体设计单片机硬件电路中各模块功能时需要考虑以下原则：

① 存储器与 I/O 接口的扩展：尽可能减少芯片的数量，选择合适的地址译码方法，器件类型、容量、速度、体积、价格等。

② I/O 通道设计：与输入/输出相关的开关量和模拟输入/输出通道的各影响因素等。

③ 人机界面设计：键盘、开关、显示器、打印、指示、报警、接口扩展等。

④ 通信电路与负载容限设计：根据具体应用需求选择相应的通信标准和总线驱动。

⑤ 电路板印刷与制作：选择专业的设计软件和厂家进行制作、组装与测试。

⑥ 抗干扰设计：选择抗干扰能力强的电源系统配置，以及印刷电路板布线、通道隔离、芯片和器件等。

3　单片机结构和指令系统

3.1　单片机结构

3.1.1　内部逻辑结构及信号引脚

图 3.10 为单片机的内部逻辑结构框图。

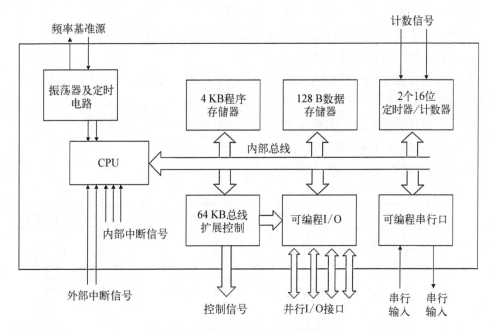

图 3.10　单片机内部逻辑结构框图

从图 3.10 中看出,单片机内部逻辑结构主要包括 CPU 和 I/O 线、控制线、电源与时钟引线等。

(1) 内部逻辑结构

CPU 内部结构主要有运算器电路和控制器电路之分。其中,运算器电路包括算术逻辑单元 ALU、累加器 ACC、寄存器 B、程序状态字 PSW 和 2 个暂存器等。算术逻辑运算单元 ALU(8 位)包括算术运算(+、−、×、÷)、逻辑运算(与、或、非、异或)、循环移位和位处理等。控制器电路包括程序计数器 PC、PC+1 寄存器、指令寄存器、指令译码器、定时与控制电路等。

(2) 信号引脚

1) I/O 接口线功能

单片机包括 P0、P1、P2、P3 等 4 个 8 位并行 I/O 接口多功能引脚,能够实现数据总线、地址总线、控制总线和 I/O 接口外部引脚之间的自动切换。

2) 控制线

控制线主要包括以下类型：

ALE：地址锁存允许信号端。

PSEN：外部程序存储器读选通信号端。

EA/VPP：程序存储器选择信号端/编程电源输入端。

RST/VPD：复位信号端和后备电源输入端。输入 10 ms 以上高电平脉冲,单片机复位。VPD 使用后备电源,可实现掉电保护。

3) 电源及时钟引线

图 3.11 为单片机电源及时钟引线结构示意。

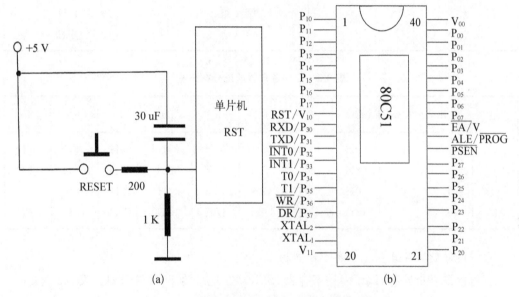

图 3.11 单片机电源(a)及时钟引线结构示意(b)

一般来说,单片机的工作电源信号为 Vcc、Vss,时钟输入信号为 XTAL1、XTAL2 等。

3.1.2 内部存储器结构和工作原理

（1）内部数据存储器——低 128 单元

低 128 单元是单片机中真正的 RAM 存储器,可分为寄存器区、位寻址区、用户 RAM 区等。

1) 寄存器区

寄存器区,又指寄存器阵列,单片机中一共包含 4 组寄存器,即 4 个工作寄存器 0 区～3 区。每组 8 个寄存单元（每单元 8 位）,以 R0～R7 作寄存器名,暂存运算数据和中间结果,字节地址为 00H～1FH。此外,用 PSW 中的两位 PSW.4 和 PSW.3 来切换工作寄存器区,选用一个工作寄存器区进行读写操作。

2) 位寻址区

位寻址区中字节地址为 20H～2FH,能够用作 RAM 或进行位操作。一共有 16 个

RAM 单元,共 128 位,位地址为 00H~7FH。

3) 用户 RAM 区

又称为堆栈区,一共 32 个单元,地址为 30H~7FH。

表 3.1 为单片机中 RS0 与 RS1 的组合关系,表 3.2 为工作寄存器地址分布一览。

表 3.1　RS0 与 RS1 的组合关系

RS1	RS0	寄存器组	片内 RAM 地址
0	0	第 0 组	00H~07H
0	1	第 1 组	08H~0FH
1	0	第 2 组	10H~17H
1	1	第 3 组	18H~1FH

表 3.2　工作寄存器地址分布一览

组	RS1	RS0	R0	R1	R2	R3	R4	R5	R6	R7
0	0	0	00H	01H	02H	03H	04H	05H	06H	07H
1	0	1	08H	09H	0AH	0BH	0CH	0DH	0EH	0FH
2	1	0	10H	11H	12H	13H	14H	15H	16H	17H
3	1	1	18H	19H	1AH	1BH	1CH	1DH	1EH	1FH

(2) 内部数据存储器——高 128 单元

又称特殊功能寄存,属于专用寄存器(SFR)区,地址为 80H~FFH。表 3.3 为 51 系列单片机的特殊功能寄存器分布状况。

表 3.3　51 系列单片机的特殊功能寄存器分布

符　号	名　　称	地　　址
＊ ACC	累加器	E0 H
＊ B	B 寄存器	F0 H
＊ PSW	程序状态字	D0 H
SP	栈指针	81H
DPTR	数据指针(包括指针高 8 位 DPH 和低 8 位 DPL)	83H(高 8 位),82H(低 8 位)
＊ P0	P0 口锁存寄存器	80H
＊ P1	P1 口锁存寄存器	90H
＊ P2	P2 口锁存寄存器	A0H

续　表

符　号	名　　称	地　　址
＊ P3	P3 口锁存寄存器	B0H
＊ IP	中断优先级控制寄存器	B8H
＊ IE	中断允许控制寄存器	A8H
TMOD	定时器/计数器工作方式寄存器	89H
＊ TCON	定时器/计数器控制寄存器	88H
TH0	定时器/计数器 0(高字节)	8CH
TL0	定时器/计数器 0(低字节)	8AH
TH1	定时器/计数器 1(高字节)	8DH
TL1	定时器/计数器 1(低字节)	8BH
＊ SCON	串行口控制寄存器	98H
SBUF	串行数据缓冲器	99H
PCON	电源控制及波特率选择寄存器	87H

注：凡是标有"＊"号的 SFR，既可按位寻址，也可直接按字节寻址

从表 3.3 中看出，SFR(80H～FFH)包括字节地址和位地址。其中，字节地址中仅 21 个有效且仅 11 个有位地址，在位地址中仅有 83 位有效，其字节地址可被 8 整除；专用寄存器包括 A、B、PSW、DPTR、SP 等；I/O 接口寄存器包括 P0、P1、P2、P3、SBUF、TMOD、TCON、SCON 等。

注意：这 21 个可字节寻址的寄存器是不连续地分散在内部 RAM 高 128 单元之中，共 83 个可寻址位。尽管还剩余许多空闲单元，但用户并不能使用。51 系列单片机寄存器在片内 RAM 都有映像地址。使用时，既可用寄存器名，也可用对应单元地址。

（3）堆栈操作

堆栈指针为 SP。按照生成方向不同，堆栈类型可划分为两类：向地址增大的方向生成的向上生长型(MCS‑51 系列)和向地址较低的方向生成的向下生长型(MCS‑96 系列)。

MCS‑51 系列堆栈设在片内 RAM 区内，按照"先进后出"原则存取数据的存储区。当数据入栈时，先 SP 自动加 1，后写入数据，SP 始终指向栈顶地址，简称先加后压；当数据出栈时，先读出数据，后 SP 自动减 1，SP 始终指向栈顶地址，简称先弹后减；当复位时，SP=07H。

（4）内部程序存储器

80C51 内有地址为 0000H～0FFFH 的 4KB ROM(内部 ROM)。其中，0000H～

0002H 是系统的启动单元。当系统复位后(PC＝0000H)开始取指令执行程序。需要注意,如果不从 0000H 开始,则需要存放一条无条件转移指令以便直接转去执行指定的程序。

内部程序存储器的中断入口为 0003H～0023H,能够存放固化的用户程序,取指地址由具有自动加 1 功能的程序计数器 PC 给出;固化一片数据区,以便存放被查询的表格和参数等。

具体的中断服务程序存放方法为:从中断地址区首地址开始,细分为直接在中断地址区中存放和先存放一条无条件转移指令后通过中断地址区再转到中断服务程序的实际入口地址区等两种方式。表 3.4 为程序存储器保留的单元。

表 3.4　程序存储器保留的单元

存 储 单 元	保 留 目 的
0000H～0002H	复位后初始化引导程序
0003H～000AH	外部中断 0
000BH～0012H	定时器 0 溢出中断
0013H～001AH	外部中断 1
001BH～0022H	定时器 1 溢出中断
0023H～002AH	串行口中断
002BH	定时器 2 中断(8052)

(5) 存储器结构特点

从结构上看,存储器结构分为普林斯顿结构和哈佛结构两类。其中,在普林斯顿结构中,程序和数据共用一个存储器逻辑空间,需要统一编址;在哈佛结构中,程序与数据分为两个独立存储器逻辑空间,需要分开编址。

从存储器物理上看,一共包含 4 个存储器地址空间,即片内程序存储器、片外程序存储器、片内数据存储器、片外数据存储器。

从存储器逻辑上看,一共包含 3 个存储器地址空间,即 64KB 程序存储器、256B 片内数据存储器、64KB 片外数据存储器。

针对具体的 MCS-51 系列单片机而言,其程序存储器与数据存储器是分开的,且地址空间是重叠和可扩展的,为哈佛结构。

3.1.3　并行端口电路

端口是一个集数据输入缓冲、数据输出驱动及锁存等多项功能为一体的 I/O 电路,有时又简称为口。MCS-51 系列单片机共有 4 个 8 位的 P0～P3 双向并行 I/O 端口。在一定程度上,并行 I/O 端口被看作是专用寄存器。

（1）P0 口

图 3.12 为 P0 口结构示意。

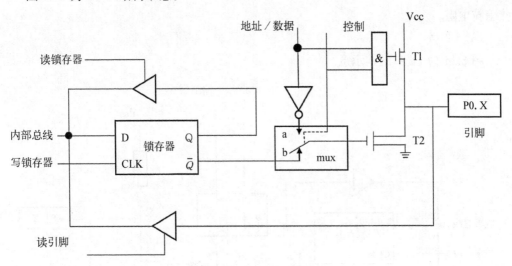

图 3.12 P0 口结构示意

从图 3.12 中看出，在 P0 口中包含：

① 一个数据输出锁存器。

② 两个三态数据输入缓冲器。

③ 一个多路转接电路（MUX）。在控制信号的作用下，MUX 可与锁存器输出或地址/数据线接通。当 P0 口作为通用的 I/O 端口时，其内部控制信号为低电平，封锁与门并接通锁存器 $\bar{Q}$ 端的输出通路。

（2）P1 口

图 3.13 为 P1 口结构示意。

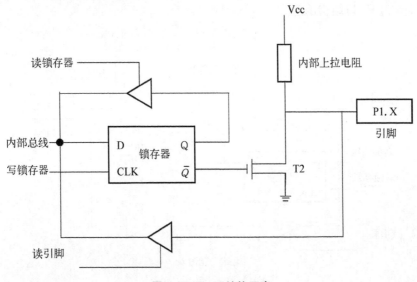

图 3.13 P1 口结构示意

从图 3.13 中看出，P1 口在结构上与 P0 口有一定的差别。例如，P1 口不需要 MUX 和内部设有上拉电阻。当作为输出口使用时，P1 口能向外提供推拉电流负载，无须再外接上拉电阻。

（3）P2 口

图 3.14 为 P2 口结构示意。

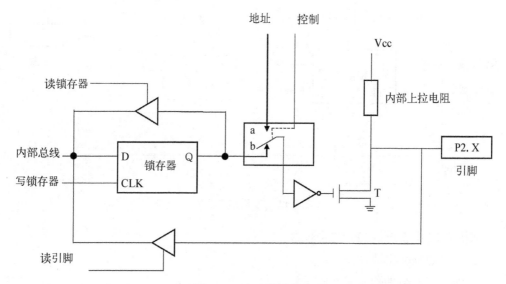

图 3.14 P2 口结构示意

从图 3.14 中看出，与 P1 口相比，P2 口电路中多了一个多路转换电路 MUX，而这恰好又与 P0 口类似。当 P2 口作为通用 I/O 端口使用时，MUX 倒向锁存器的 Q 端。在大多数情况下，P2 口主要是用作高位地址线，此时 MUX 倒向相反方向。

（4）P3 口

图 3.15 为 P3 口结构示意。

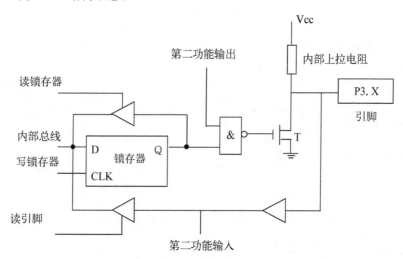

图 3.15 P3 口结构示意

从图 3.15 中看出,与前述 P0～P2 口不同,P3 口增加了第二功能输入的引脚。当 P3口作为通用的 I/O 端口时,第二功能信号引线应保持高电平,与非门开通,确保数据从锁存器到输出端的通畅。

表 3.5 为 P3 各口线与第二功能对应关系。

表 3.5　P3 各口线与第二功能对应关系

P3 口	第 二 功 能
P3.0	RXD(串行口输入)
P3.1	TXD(串行口输出)
P3.2	INT0(外部中断 0 输入)
P3.3	INT1(外部中断 1 输入)
P3.4	T0(定时器 0 的外部输入)
P3.5	T1(定时器 1 的外部输入)
P3.6	WR(片外数据存储器"写选通控制"输出)
P3.7	RD(片外数据存储器"读选通控制"输出)

综合 P0～P3 口,在作地址/数据时,P0 口是真正的三态、双向口,能够负载 8 个 LSTTL电路;P1～P3 为准双向口,能够负载 4 个 LSTTL 电路。P0～P3 在用作输入之前必须先置为"1",即(P0)＝FFH－(P3)＝FFH。

3.1.4　电路及工作方式

(1) 时钟电路

时钟电路是指产生像时钟一样准确运动的振荡电路。时钟电路一般由晶体振荡器、晶振控制芯片和电容等三部分组成。目前,时钟电路已广泛应用于电脑、电子表和 MP3、MP4 等领域中。通常时钟频率范围要求在 1.2 MHz～12 MHz 之间。

1) 时钟工作方式

按照时钟位置不同,其工作方式可分为内部时钟方式和外部时钟方式。图 3.16 为时钟工作方式示意。

内部时钟方式:通过在内部设置一个高增益反相放大器与片外石英晶体或陶瓷谐振器构成自激振荡器,晶体振荡器的振荡频率决定单片机的时钟频率。

外部时钟方式:通过外部振荡器输入时钟信号。

2) 时序定时单位

时钟周期:振荡频率的倒数。

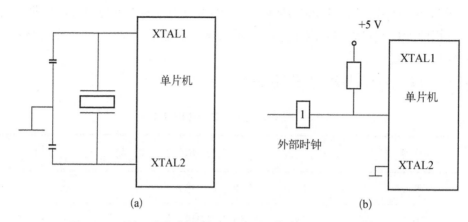

图3.16　时钟工作方式示意：(a) 内部时钟方式，(b) 外部时钟方式

机器周期：完成一个基本操作所需要的时间。

指令周期：一条指令的执行时间，是以机器周期为单位的。

其中，一个机器周期由12个时钟周期组成，指令周期包含1~4个机器周期。

3）典型指令时序

MCS-51单片机属于定时控制方式，规定一个机器周期的宽度为6个状态，即一个机器周期总共有12个拍节，分别记作S1P1、S1P2···S6P6。其中，ALE具有时钟特征，且振荡脉冲并不直接使用，而是由XTAL2端送往内部时钟电路，经过若干分频后形成机器周期信号。

① 在每个机器周期中，ALE两次有效，第1次发生在S1P2和S2P1期间，第2次在S4P2和S5P1期间。

② 单周期指令的执行始于S1P2，此时，操作码被锁存到指令寄存器内，程序计数器并不增加。

③ MOVX是一条单字节双周期指令，用于存储访问外部数据的指令信息。在第1周期内送出外部数据存储器的地址并读写数据，在第2周期内完成外部数据存储器寻址和选通，且不产生取指操作。

需要指出的是，CPU的运算操作发生在P1期间，数据传送发生在P2期间。

（2）工作方式

时钟电路工作方式包括复位、程序执行、单步执行、掉电保护、低功耗、EPROM编程和校验等。

1）复位方式和复位电路

RST引脚是高电平有效的复位信号输入端，其有效时间保持在两个机器周期以上，即24个振荡脉冲周期。其中，上电自动复位是通过电容充电来自动实现，Vcc的上升时间不超过1 ms。按键脉冲复位是通过RC微分电路产生的正脉冲实现的。

表3.6为部分寄存器的复位状态。

表 3.6 部分寄存器的复位状态

寄 存 器	复位状态	寄 存 器	复位状态
PC	0000H	TCON	00H
ACC	00H	TL0	00H
PSW	00H	TH0	00H
SP	07H	TL1	00H
DPTR	0000H	TH1	00
P0~P3	FFH	SCON	00H
IP	××000000B	SBUF	不定
IE	0×000000B	PCON	0×××0000B
TMOD	00H		

2) 程序执行和掉电保护方式

程序执行方式是单片机的基本工作方式。由于复位后 PC＝0000H,理论上程序执行应该是从地址 0000H 开始。然而在实际情况下,程序通常并不从 0000H 开始,为了跳转到实际程序的执行入口,往往需要在 0000H 开始单元中存放一条无条件转移指令。

单片机系统在运行过程中如发生掉电故障,将引起严重的 RAM 和寄存器中数据丢失现象。掉电保护正是为应对程序运行中突然掉电问题出现的。掉电保护处理是指先把有用信息转存,然后再启用备用电源维持供电。所谓信息转存是指当电源出现故障时,应立即将系统的有用信息转存到内部 RAM 中。信息转存是通过中断服务程序完成的。掉电后仅内部 RAM 单元和专用寄存器保持工作,此时时钟电路和 CPU 都停止工作。

3.2 指令系统

3.2.1 指令格式和寻址方式

（1）汇编语言指令格式

汇编语言指令格式为[标号：]操作码 操作数 1,操作数 2［;注释]。其中,换行即表示一条指令结束。例如,LOOP: MOV A,♯40H;取参数。在汇编语言指令格式中,标号为指令的符号地址,操作码指明指令功能,操作数为指令操作对象,注释行说明指令在程序中的作用。

此外,操作码和操作数是指令主体,具体指令和功能如表 3.7 所示。

表 3.7 部分操作码和操作数的指令和功能

指　令	英　文	功　能
MOV	move	传送
XCH	exchange	交换
ANL	and logic	与逻辑运算
XRL	exclusive or	异或运算
MUL	multiply	乘法
RR	rotate right	右循环
SJMP	short jump	短跳转
RET	return	子程序返回

（2）机器语言指令格式

机器语言指令格式为操作码［操作数 1］［操作数 2］。机器语言指令包括单字节、双字节、三字节指令等。

汇编语言指令中操作码和操作数是指令主体，称为指令可执行部分，在指令表中可查出对应指令代码。例如，汇编语言 MOV　A,R0 对应的机器语言为 E8H；汇编语言 MOV　40H,♯64H 对应的机器语言为 75 40 64H。

（3）指令寻址方式

1）操作数类型

一个完整的操作数类型包括位、字节、字等。

位（bit）：位寻址区中的 1 位二进制数据。

字节（Byte）：8 位二进制数据。

字（Word）：16 位双字节数据。

2）寻址方式

立即寻址方式：令中给出实际操作数据（立即数），一般用于为寄存器或存储器赋常数初值。

直接寻址方式：指令操作数是存储器单元地址，数据放在存储器单元中。其中，当直接寻址方式对数据操作时，地址是固定值，而地址所指定的单元内容为变量形式。

寄存器寻址方式：指令操作数为寄存器名，数据在寄存器中。

寄存器间接寻址方式：指令的操作数为寄存器名，寄存器中为数据地址。其中，存放地址的寄存器称为间址寄存器或数据指针。

变址间接寻址方式：数据在存储器中，指令给出的寄存器中为数据的基地址和偏移量。即数据地址＝基地址＋偏移量。

位寻址方式：指令给出位地址，且一位数据在存储器位寻址区。常用的表示方法包括直接使用位地址法、位名称表示法、字节地址加位数表示法、专用寄存器符号加位数表示法等。

相对寻址方式：目的地址＝转移指令地址＋转移指令字节数＋rel（rel 为偏移量）。即实际的操作数地址是由当前 PC 值加上指令中规定的偏移量 rel 构成。其中，"当前 PC 值"指程序中下一条指令所在的首地址，是一个 16 位数；rel 是一个带符号、范围介于－128～＋127（80H～7FH）的单字节数，通常在编程中用标号来代替。

3.2.2 指令分类介绍

按照指令功能不同，可将常用的指令分为数据传送、数据操作、布尔处理、程序控制等类型。

（1）数据传送指令

其目的是实现寄存器、存储器之间的数据传送。通常包括内部传送指令、外部数据传送指令、交换指令、堆栈操作指令、查表指令等类型。

1）内部传送指令

主要实现片内数据存储器中数据传送。指令格式为 MOV 目的操作数，源操作数。例如，MOV A,Rn。常见的寻址方式包括立即寻址、直接寻址、寄存器寻址、寄存器寻址等。

其中，需要注意以下几条规则：

① 一条指令中不能同时出现两个工作寄存器。

② 间址寄存器只能使用 R0 与 R1。

③ SFR 区只能直接寻址，不能用寄存器间接寻址。

④ 不能随意创造发明指令，编程时必须选用指令表中的指令和对应指令代码计算机才能执行。

2）外部 RAM 传送指令（MOVX）

主要实现片外数据存储器和累加器 A 之间的数据传送。指令格式为 MOVX 目的操作数，源操作数。常见的寻址方式为片外数据存储器寄存器间址方式。

3）外部 ROM 传送指令（MOVC）

主要实现从程序存储器读取数据到累加器 A，只能使用变址间接寻址方式。常用于查常数表程序中直接求取常数表中的函数值。其中，当 DPTR 为基址寄存器时，查表范围为 64 KB 程序存储器任意空间，即远程查表指令；当 PC 为基址寄存器时，常数表的范围为查表指令后 256 B 范围内，即近程查表指令。

4）交换指令

主要实现片内 RAM 区的数据双向传送，具体包括字节交换指令和半字节交换指令两类。

5）堆栈操作指令

主要包括入栈指令（PUSH）和出栈指令（POP）等两大类。

（2）算术运算指令

与数据传送指令不同，算术运算指令通常会影响标志位的状态，即执行算术运算指令后 CPU 会根据数据操作情况自动设置标志位的状态。

MCS-51 单片机程序状态字寄存器(PSW)为标志寄存器,其格式如表 3.8 所示(字节地址为 D0H)。

表 3.8 程序状态字寄存器格式(字节地址为 D0H)

位序	B_7	B_6	B_5	B_4	B_3	B_2	B_1	B_0
位符号	C_Y	AC	F_0	RS_1	RS_0	OV	F_1	P

1)标志位(自动设置状态)

进位标志位(Cy):保存运算后高位的进位/借位状态。当有进位/借位时,Cy=1,否则 Cy=0。

辅助进位标志位(AC):保存低半字节的进位/借位状态。当 D3 产生进位/借位,AC=1,否则 AC=0。AC 常用于十进制调整。

溢出标志位(OV):OV=Cy7 $\oplus$ Cy6,补码运算产生溢出 OV=1,否则 OV=0。

奇偶标志位(P):反映累加器 A 中数据的奇偶性。当 1 的个数为奇数,P=1,否则 P=0。

2)用户选择位(编程设置状态)

F0、F1:用户自定义标志位。

RS1、RS0:工作寄存器区选择位。复位时,PSW=00H。表 3.9 为工作寄存器区和用户选择位。

表 3.9 工作寄存器区和用户选择位

RS1	RS0	工作寄存器区
0	0	0
0	1	1
1	0	2
1	1	3

3)算术运算指令

主要完成片内 RAM 和 A 中数据的加减乘除运算。具体包括:加法指令,又细分为不带进位加法和带进位加法两种;增量、减量指令;乘除指令。

(3)逻辑运算指令

1)单操作数指令(累加器 A 为操作数)

A 清零指令:CLR A;A←0。

A 取反指令:CPL A;A←A。

2）循环移位指令

在实际编程中，循环移位指令可分为 8 位循环指令和 9 位循环指令。

8 位循环指令：例如，RL　A；A 循环左移一位。

9 位循环指令：例如，RLC　A；带 Cy 循环左移一位。

3）双操作数逻辑运算指令

双操作数逻辑运算指令又称为对位逻辑运算，常见指令包括 ANL、ORL、XRL 等。

（4）布尔变量操作指令

主要对片内 RAM 中位寻址区操作，具体包括位累加器（Cy）和位地址（bit）。

1）位传送

MOV　C,bit　;Cy←(bit)

MOV　bit,C　;(bit)←Cy

2）位清零、置 1、取反（CLR、SETB、CPL）

CLR　C　;Cy←0

CLR　40H　;(位地址 40H)←0

3）逻辑运算（ANL、ORL）

ANL　C,40H　;C←C∧(40H)

ANL　C,~40H　;C←C∧(40H)

（5）转移指令

主要通过改写 PC 的当前值，从而改变 CPU 执行程序顺序引起程序发生跳转。

1）按照转移条件不同分类

无条件转移：执行无条件转移指令，程序无条件转移到指定处。

条件转移：指令中给出转移条件，当执行指令时需要先测试条件。如果满足条件，则程序发生转移；否则，仍顺序执行程序。

2）按照转移方式不同分类

绝对转移：指令给出转移目的的绝对地址 d2d1，执行指令后，PC←d2d1。

相对转移：指令给出转移目的与转移指令的相对偏移量 rel，执行指令后，PC←PC+rel，目的地址＝PC+字节数+rel。

3）无条件转移指令

长转移指令：例如，LJMP　addr16(d2d1)　;PC←d2d1，指令机器码位 02 d2 d1，指令转移范围为 64 KB。

绝对转移指令：例如，AJMP　addr11 ;PC←PC+2（2 个字节）;PC10~0 ￢ addr11，PC15~11 不变。指令机器码为 addr11~9　00001　addr8~1，指令转移范围为 2 KB(32 个)。

短转移指令：例如，SJMP　rel　;PC￢PC+2，PC←PC+rel，指令机器码为 80H rel，相对偏移量 rel 为带符号的 8 位补码数。

间接转移指令：又称为多分支转移指令。例如，JMP　@A+DPTR ;PC←((A+

DPTR)),指令机器码为 73H,指令转移范围为 64 KB。

4) 条件转移指令

条件转移指令能够形成程序的分支,有助于辅助计算机判断决策。其转移条件包括标志位的状态和位地址中的状态。具体的条件转移指令包括 A 判零转移指令、判 Cy 转移指令、判位转移指令、判位清零转移指令、比较不相等转移指令、循环转移指令。

(6) 子程序调用和返回指令

此外,除了转移指令外,子程序调用和返回指令亦能使程序发生转移。与转移指令不同,子程序调用过程需先用堆栈保存当前地址。子程序调用和返回指令主要包括长调用指令、绝对调用指令、子程序返回指令等三类。

其中,在子程序调用和返回指令中,确保子程序起始指令要使用标号用作子程序名和执行返回指令 RET 前栈顶内容为主程序返回地址,以便正确返回主程序和程序执行。

(7) I/O 口访问指令使用说明

① 寻址方式灵活,可以按口线寻址进行字节操作,例如,MOV Pm,A;亦可按口线寻址进行位操作,例如,MOV Pm.n,C。

② 不需设定专用的 I/O 指令,均使用 MOV 传送指令来完成。例如,当输入时,用 MOV 指令把各口线的引脚状态读入;当输出时,用 MOV 指令把输出数据写入各口线电路的锁存器。

③ 在进行引脚数据输入操作之前,为避免锁存器为“0”状态时对引脚读入的干扰,须先向电路中的锁存器写入“1”以中断 FET 信号。

4 内部接口技术

4.1 中断系统

4.1.1 中断简介

中断是指当出现需要时,CPU 暂时停止当前程序的执行转而执行处理新情况的程序和执行过程。即在程序运行过程中,系统出现了一个必须由 CPU 立即处理的情况。中断可以形象地用图 3.17 概括。

根据是否响应中断请求,可将中断划分为可屏蔽中断和非屏蔽中断两类。其中,可屏蔽中断(INTR)是指软件设置允许/禁止 CPU 响应中断,即可程控“开中断/关中断”;非屏蔽中断(NMI)是指有中断请求信号时 CPU 必须响应,即不可程控“关中断”。

(1) 中断源

中断源是指能发出中断请求信号的各种事件。例如,I/O 设备、

图 3.17　中断结构示意

定时时钟、系统故障、软件设定等。目前,常用的中断包括:

① 外中断,包括 INT0、INT1 等 2 个,分别由引脚 INT0(P3.2)和 INT1(P3.3)引入。

② 定时中断,包括 T0、T1 等 2 个,无引入端,请求在芯片内部发生。以计数溢出信号作为中断请求,去置位一个溢出标志位。

③ 串行中断,共 1 个,即 RI/TI,无引入端,请求在芯片内部发生。当接收或发送完一帧串行数据时就产生一个中断请求。

(2) 中断优先级控制原则和控制逻辑

中断优先级是为中断嵌套服务的,其优先级控制原则包括:

① 低优先级中断不能打断高优先级的中断服务,但高优先级中断请求信号可以打断低优先级的中断服务,即实现中断嵌套。

② 如果一个中断请求已被响应,则同级的其他中断服务将被禁止,即同级中断不能嵌套。

③ 如同级的多个中断请求同时出现,则按 CPU 按照 INT0→T0→INT1→T1→RI/TI 标准查询次序确定中断响应次序。

中断优先级的控制逻辑包括利用中断优先级控制寄存器和 2 个(0 和 1)不可寻址的优先级状态触发器状态等两方面。

(3) 寻找中断源和确定优先级

每个中断源对应一个中断服务程序,多个中断源按优先级别排队。

1) 软件查询方式

图 3.18 为软件查询方式结构示意。

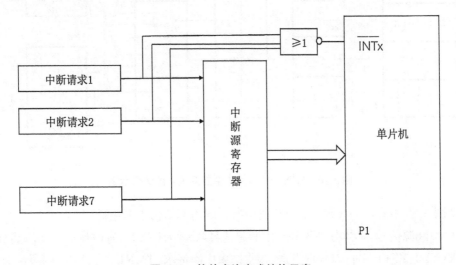

图 3.18 软件查询方式结构示意

软件查询方式主要由中断源查询电路和软件查询程序两部分构成。

2) 硬件查询方式

图 3.19 为硬件查询方式结构示意。

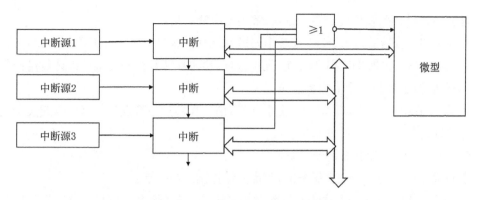

图 3.19　硬件查询方式结构示意

硬件查询方式包括硬件优先级排队和中断向量锁存电路两部分，其中，硬件上按照 DMA→NMI→INTX 顺序依次排队。

4.1.2　中断系统控制

（1）MCS-51 单片机中断系统内部结构

图 3.20 为 MCS-51 单片机中断系统内部结构示意。

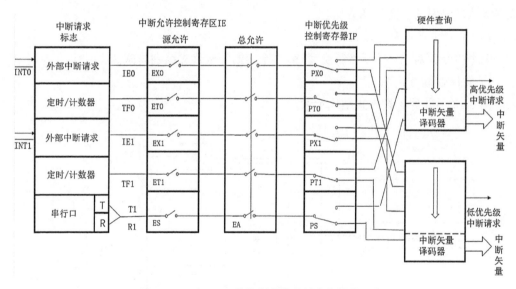

图 3.20　MCS-51 单片机中断系统内部结构示意

从图 3.20 中看出，MCS-51 单片机中断系统内部结构主要包括：

① 中断源信号，具体分别为外部中断源信号（INT0、INT1）、定时器（T0、T1）、溢出中断请求（TF0、TF1）、串行口数据发送、接收结束中断请求（TI、RI）。

② 中断允许控制，分别为总允许开关（EA）、源允许开关（ES、ET1、EX1、ET0、EX0）。

③ 2 级中断优先级控制的优先级选择开关（PS、PT1、PX1、PT0、PX0）。

（2）中断控制寄存器

表 3.10 为中断控制寄存器状态。

表 3.10　中断控制寄存器状态

寄存器名称		D7	D6	D5	D4	D3	D2	D1	D0
定时器控制寄存器	TCON(88H)	TF1		TF0		IE1	IT1	IE0	IT0
	位地址	8FH	8EH	8DH	8CH	8BH	8AH	89H	88H
串行口控制寄存器	SCON(98H)							TI	RI
	位地址	9FH	9EH	9DH	9CH	9BH	9AH	99H	98H
中断允许寄存器	IE(A8H)	EA			ES	ET1	EX1	ET0	EX0
	位地址	AFH			ACH	ABH	AAH	A9H	A8H
中断优先级寄存器	IP(B8H)				PS	PT1	PX1	PT0	PX0
	位地址				BCH	BBH	BAH	B9H	B8H

从表 3.10 中看出，在中断控制寄存器中存在以下标志位和控制位信息：

① 中断标志位包括 TF1、TF0、IE1、IE0、RI、TI 等。当中断标志位为 1 时，有中断请求；为 0 时，无中断请求。CPU 响应中断后，该中断标志自动清零。TI、RI 标志必须软件清零。

② 外部中断触发方式选择位为 IT0、IT1。当外部中断触发方式选择位为 1 时，负边沿触发中断请求；为 0 时，低电平触发中断请求。

③ 中断允许控制位包括 EA、ES、ET1、EX1、ET0、EX0 等。当中断允许控制位为 1时，开中断；为 0 时，关中断。

④ 中断优先级控制位包括 PS、PT1、PX1、PT0、PX0 等。当中断优先级控制位为 1时，为高优先级；为 0 时，为低优先级。同一优先级别按照 INT0→T0→INT1→T1→TI/RI 顺序排列优先级。

4.1.3　中断处理过程

中断响应需要满足两个条件，即有中断请求信号和系统处于开中断状态。当条件满足时即进行中断响应。

（1）中断响应过程

详细的中断响应过程包括：

① 关中断，屏蔽其他中断请求信号。

② 保护断点，将断点地址压入堆栈保存，即当前 PC 值入栈。

③ 寻找中断源，中断服务程序入口⑥PC，转入中断服务。

④ 保护现场，将中断服务程序使用的所有寄存器内容入栈。

⑤ 中断处理，执行中断源所要求的程序段，链接中断处理。

⑥ 恢复现场，恢复被使用寄存器的原有内容。

⑦ 开中断,允许接受其他中断请求信号。

⑧ 中断返回,执行 RETI 指令,栈顶内容→PC,程序跳转回断点处。RETI= RET 指令+通知 CPU 中断服务结束。

中断响应的主要内容是由硬件自动生成一条长调用指令 LCALL。其格式为 LCALL addr16,addr16,即由系统设定的 5 个中断程序的入口地址。表 3.11 为各中断源中断服务程序的入口地址。

表 3.11 各中断源中断服务程序的入口地址

中 断 源	中 断 入 口 地 址
INT_0	0003H
T_0	000BH
INT_1	0013H
T_1	001BH
RI/TI	0023H

(2) 中断响应阻断

① CPU 正处在为一个同级或高级的中断服务中,即当有同级或高级中断服务。

② 查询中断请求的机器周期不是当前指令的后一个机器周期,即当 CPU 未执行完一条指令。

③ 当前执行返回指令 RET/RETI 或访问 IE、IP 的指令后不能立即响应中断,还应再执行一条指令,然后才能响应中断。

(3) 中断响应周期时序

对于每个机器周期的后一个状态采样中断标志位,若有中断请求,则将在下一个机器周期的第一个状态按优先级顺序进行中断查询。

正常中断响应时间为 3~8 个机器周期,如果有同级或高级中断服务,将延长中断响应时间。

4.1.4 中断请求的撤销

当中断响应后,中断请求标志(TCON、SCON)应及时清除,否则表示中断请求仍然存在。

(1) 定时中断硬件自动撤除定时

中断响应后,硬件自动把标志位(TF0/TF1)清零,因此定时中断的中断请求是硬件自动撤除的,不需要用户干预。

(2) 脉冲方式外部中断请求的撤销

硬件自动撤除外部中断的撤销包括以下条件:

① 中断标志位置"0"——中断响应后由硬件电路自动完成。

② 外中断请求信号撤销——脉冲信号消失后即自动撤销。

（3）电平方式外部中断请求的撤销

通过硬件自动地使标志位(IE0、IE1)清零。电平请求方式光靠清除中断标志并不能彻底解决中断请求的撤除问题,需在中断响应后把中断请求输入端从低电平强制改为高电平,即自动与强制撤除。

（4）串行中断请求的撤除

串行中断请求的撤除为使用软件方法判断中断标志位(TI、RI)状态,需由用户在中断服务程序中进行和完成。

4.1.5　外部中断源的扩展

当外部中断源多于中断输入引脚时,即多中断源系统,通常采取以下措施:

① 用定时器计数输入信号端 T0、T1 做外部中断入口引脚。

② 用串行口接收端 R_XD 做外部中断入口引脚。

③ 用一个中断入口接受多个外部中断源,并加入中断查询电路。此时,$\overline{INT_X}$ 为电平触发方式,在中断服务程序中按照扩展中断源的优先级顺序进行扩展中断源的查询。

4.2　定时器/计数器

4.2.1　工作原理

图 3.21 为定时器/计数器工作原理结构示意。

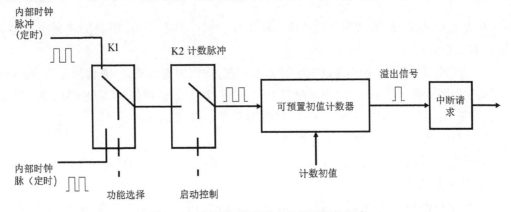

图 3.21　定时器/计数器工作原理结构示意

定时器/计数器中的核心部件为可预置初值计数器。预置初值后开始计数,直至计数值回 0 或产生溢出时可申请中断。其中,计数器有加 1 计数或减 1 计数两种形式。

MCS-51 定时器/计数器含有 2 个可独立控制的 16 位定时器/计数器,即加法计数器 T0 和 T1。定时器初始化过程包括功能选择(定时/计数)、位数选择(8/13/16 位)、启动方式选择(内部启动/外部启动)、启动控制(启动/停止)、恢复初值方式(自动重装/软件重装)等步骤。

4.2.2 定时器控制、状态寄存器

（1）TMOD 定时器方式寄存器（89H）

图 3.22 为 TMOD 定时器方式寄存器（89H）结构示意。

| GATE | C/T | M1 | M0 | GATE | C/T | M1 | M0 |

图 3.22 TMOD 定时器方式寄存器（89H）结构示意

① 当功能选择位 C/$\overline{\text{T}}$ 为 0 时，做定时功能，计数内部机器周期脉冲；当 C/$\overline{\text{T}}$ 为 1 时，做计数功能，计数引脚 T0（T1）输入负跳变。

② 方式选择位 M1、M0 工作方式如表 3.12 所示。

表 3.12 方式选择位工作方式

M1、M0	方 式	功 能 描 述
0 0	0	13 位
0 1	1	16 位
1 0	2	8 位自动重装
1 1	3	T0 为 2 个 8 位

从表 3.12 中看出，方式选择位 M1、M0 工作方式一共有 4 类，功能描述分别涵盖 8 位、13 位、16 位。

③ 当门控方式选择位（GATE）为 0 时，非门控方式（内部启动）。具体指令为 TRx＝1，启动定时器工作；TRx＝0，停止定时器工作。当门控方式选择位（GATE）为 1 时，门控方式（外部启动）。具体指令为 TRx＝1 且引脚 INTx＝1 才启动。

（2）TCON 定时器控制/状态寄存器

① 当启动控制位（TR0、TR1）为 0 时，停止定时器工作；当启动控制位 TR0、TR1 为 1 时，启动定时器工作。

② 溢出中断标志位为 TF0、TF1。当定时器溢出，TFx＝1，引起中断请求，CPU 响应 Tx 中断后，系统自动将 TFx 清零。当然，也可用软件检测 TFx，这时必须软件清零。

（3）预置初值

可预置初值的 16 位加 1 计数器 TH0、TL0、TH1、TL1 的初值。

4.2.3 定时器工作方式

定时器工作方式由方式选择位（M1、M0）设定。

方式 0：13 位定时/计数器

图 3.23 为 13 位定时/计数器结构示意。

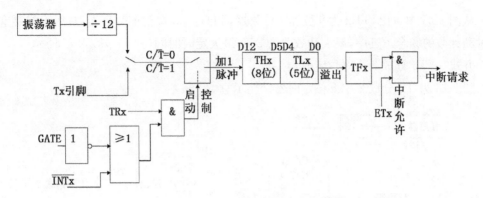

图 3.23 13 位定时/计数器结构示意

从图 3.23 中看出,THx8 位和 TLx 低 5 位共同构成加 1 计数器。其中,计数外部脉冲个数范围为 1~8 192,定时时间(T=1 μs)为 1 μs~8.19 ms。

方式 1:16 位定时/计数器

图 3.24 为 16 位定时/计数器结构示意。

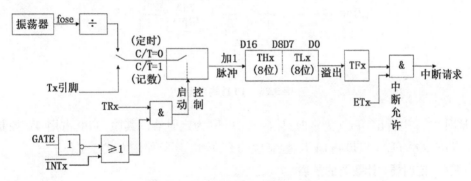

图 3.24 16 位定时/计数器结构示意

从图 3.24 中看出,THx8 位和 TLx8 位共同构成 16 位加 1 计数器。其中,计数外部脉冲个数范围为 1~65 536,定时时间(T=1 μs)为 65.54 ms。

方式 2:自动恢复初值 8 位定时/计数器

图 3.25 为自动恢复初值 8 位定时/计数器结构示意。

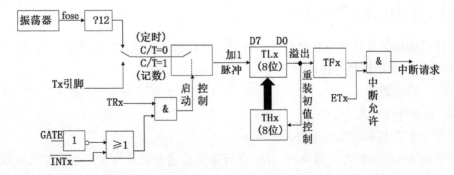

图 3.25 自动恢复初值 8 位定时/计数器结构示意

从图 3.25 中看出,TLx 为 8 位加 1 计数器,THx 为 8 位初值暂存器,常用于需要重复定时和计数的场合。其中,最大计数值为 256,最大定时时间(T=1 μs)为 256 μs。

方式 3：T0 分成 2 个 8 位定时器

图 3.26 为 T0 分成 2 个 8 位定时器结构示意。

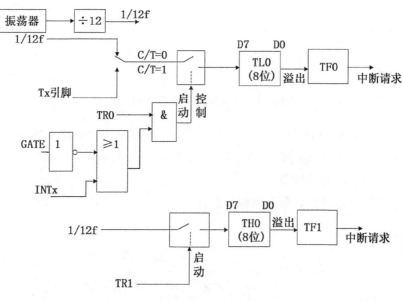

图 3.26 T0 结构示意

从图 3.26 中看出,TL0 为定时/计数器,TH0 为定时器。其中,TL0 占用 T0 控制位(C/T、TR0、GATE),TH0 占用 T1 控制位(TR1),T1 不能使用方式 3 工作。

4.2.4 定时器/计数器的扩展

尽管 80C51 单片机内部含有 2 个 16 位的 T0 和 T1,但是在实际应用中,如果定时器/计数器的数量或功能不能满足需求,则需要开发或应用人员进行定时器/计数器的外部扩展。

一般来说,常用的扩展芯片主要包括 8253(高时钟频率为 2 MHz)和 8254(高时钟频率为 8 MHz)等。此两类芯片各有 3 个独立的 16 位计数器 T0、T1、T2,能够同时满足计数和定时需要。当在 0 模式－5 模式运行时,一共有六种不同工作模式可供选择。

4.3 串行通信与串口技术

串行通信是指将数据信息分解为二进制位后在信号线逐次顺序传送的方式,具有通信物理链路少、经济性高等优点。

4.3.1 串行通信

(1) 数据传送方式

1) 按照数据线和数据传输方式分类

按照数据线和传输方式的不同,可将串行通信传输方式分为单工、半双工、全双工和多工方式等。图 3.27 为串行通信三种基本的传输方式。

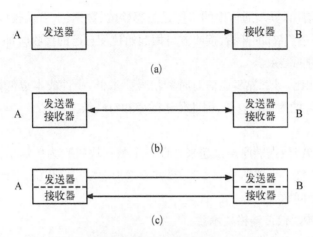

图 3.27 串行通信的基本传输方式示意：(a) 单工方式，
(b) 半双工方式，(c) 全双工方式

① 单工方式，仅采用一根数据传输线，只允许数据按照固定的单方向传送。

② 半双工方式，仅采用一根数据传输线，允许数据分时在两个方向传送，但不能同时双向传送。

③ 全双工方式，采用两根数据传输线，允许数据同时进行双向传送。

2）按照传输信号方式分类

按照传输信号方式的不同，可将串行通信传输方式分为基带传输方式和频带传输方式两类。

① 基带传输方式，是指在传输线路上直接传输不加调制的二进制信号（基带信号）的方式。适用于近距离和速度较低的通信线路传输。

② 频带传输方式，又称为载波传输方式，是指传输线路上传输经过调制的模拟信号的方式，传输过程中需要数字信号和模拟信号的两次转换，即信号的调制解调。适用于长距离的通信线路传输。

（2）串行通信分类

根据串行通信同步方式的不同，可将串行通信分为异步通信和同步通信两类。

1）异步通信

异步通信是指所传数据的每两个字符之间的间隔时间可以不相等，而在一个字符内各位的时间间隔是固定的。图 3.28 为异步通信传输格式示意。

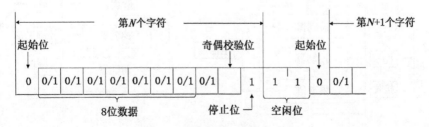

图 3.28 异步通信传输格式示意

从图 3.28 中看出,异步通信中的字符是由起始位、数据位、奇偶校验位和停止位等构成。起始位表示一个字符的开始,接收方可用起始位使自己的接收时钟与数据同步,停止位则表示一个字符的结束。

与同步通信相比,尽管异步通信对时钟信号要求低,硬件成本也低,但是每传送一个字符增加大约 20% 的附加信息位,因此传送效率相对较低。

2) 同步通信

同步通信是指将数据顺序连接起来并以一个数据块(帧)为传输单位的方式,该方式仅在每个数据块前加一个或两个同步字符,并不增加起始和停止位,因此能有效克服异步通信中的信息冗余问题。

图 3.29 为同步通信传输格式示意。

同步字符	同步字符	数据1	数据2	…	数据n	校验字符 CRC1	校验字符 CRC2	同步字符

图 3.29　同步通信传输格式示意

同步通信方式一般是以数据块为信息单位传送,而每帧信息包括成百上千个字符或二进制位比特,且数据块内部的位传送以及数据块与块之间的传送都是同步的。其中,同步方式按照不同的标准有不同的分类,例如,按照同步信号的位置可将其划分为外同步和内同步两种类型,按照同步字符数量可将其划分为单同步和双同步两种类型。

(3)调制解调器

调制解调器(MODEM)俗称"猫",是一种通过电话拨号接入 Internet 的必备硬件设备。顾名思义,调制解调器包括调制器和解调器两部分,具有调制和解调的双重功能。其中,调制器把计算机串行接口发送的数字信号转换成可供传输的模拟(音频)信号,解调器将传输的模拟(音频)信号转换成数字信号传送给计算机。

图 3.30 为采用 MODEM 的计算机远程通信过程示意。

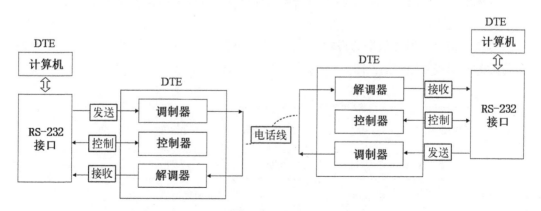

图 3.30　采用 MODEM 的计算机远程通信过程示意

当计算机利用电话线进行远距离有线通信时,发送方将信息传送到电话线之前需先经过调制器,而接收方需要用解调器检测电话线上的模拟信号,并将其转换为数字信息,再通过接口送入接收方的计算机。

此外,调制解调器有多种划分方法,较为常见的包括:

① 按照调制技术可分为频移键控(FSK)、相移键控(PSK)、相位幅度调制(PAM)。

② 按照传输速率可分为低速、中速、高速等。

③ 按照形态与安装方式可分为外置式、内置式、插卡式、机架式等。

（4）串行通信检错与纠错

在串行通信中,系统对数据进行检错与纠错的能力是衡量通信系统质量的重要指标。检错就是发现数据传输过程中出现的错误,而纠错就是在发现错误后采取措施纠正错误。

常见的几个检错指标包括:

① 误码率,是指数据传输后发生错误的位数与总传输位数之比。误码率与通信过程中的线路质量、干扰、波特率等因素有关,通常要求误码率达到 10^{-6} 数量级。

② 奇偶校验,是指在发送数据位后添加 1 位奇偶校验位（0 或 1）以保证数据位和奇偶校验位中“1”的总数为奇数或偶数。在接收数据时,CPU 通过检测数据位和奇偶校验位中“1”的总数判断是否符合奇偶校验规则。

③ 循环冗余码校验(CRC),是指根据编码理论对发送的串行二进制序列以某种算法产生一些校验码并随数据信息一同发出,在接收端通过相同算法对接收数据生成校验码,进而判断与收到的校验码是否相同。

当判断有误码产生时,在通信过程中常采用以下两种策略应对:

① 从硬件和软件着手对通信系统进行可靠性分析设计,尽可能减少误码率。

② 对传输的信息采取一定的纠错技术及时纠正通信过程中出现的误码。例如,基本通信规程中的重发方式和高级通信中的自动纠错方式等。

4.3.2　串行接口

本编主要介绍目前已在微机通信接口中广泛采用的 RS-232C 标准。通过规定连接电缆和机械、电气特性、信号功能及传送过程,RS-232C 标准适合于数据传输速率在 0～20 000 bps 范围内的几乎所有通信,也是目前最为常用的串行通信接口标准。RS-232C 标准的全称是 EIA-RS-232C 标准。其中,EIA 代表美国电子工业协会,RS 代表推荐标准,232 是标志号,C 代表 RS-232 的最新一次修改。

（1）电气特性

RS-232C 对电气特性、逻辑电平和各种信号线的功能都做了明确规定。例如,在 TxD 和 RxD 上,逻辑 1(MARK)＝－3～－15 V,逻辑 0(SPACE)＝＋3～＋15 V;在 RTS、CTS、DSR、DTR 和 DCD 等控制线上信号有效（即接通、ON 状态、正电压）＝＋3～15 V,信号无效（即断开、OFF 状态、负电压）＝－3～－15 V 等。

RS-232C 采用正、负电压来表示逻辑状态,TTL 采用高、低电平表示逻辑状态,两者之间的规定明显不同。因此为了能够同计算机接口或终端的 TTL 器件连接,常采用分立元件或集成电路芯片实现 RS‑232C 与 TTL 电路之间进行电平和逻辑关系的转换。例如,在目前常用的集成电路转换芯片中,MC1488 芯片能够完成 TTL 到 RS‑232 的转换,MC1489能够完成 EIA 到 TTL 的转换,MAX232 芯片能够完成 TTL 到 RS‑232C 的转换。

（2）接口信号及连接使用

RS‑232C 标准接口一共有包括数据线、控制线、定时线、备用和未定义线等在内的25 条线,其中常用的有 9 条,分别为:

1）联络控制信号线

共有 6 条,具体包括数据装置准备好线(DSR)、数据终端准备好线(DTR)、请求发送线(RTS)、允许发送线(CTS)、数据载波检出线(DCD)、振铃指示线(RI)等。

其中,当 DSR 与 DTR 设备状态信号有效时,仅表示设备本身可用,并不说明通信链路能够通信。通信链路能否通信主要由 RTS 和 CTS 等控制信号决定。此时,RTS/CTS请求应答联络信号主要是在半双工 MODEM 系统中发送和接收方式之间切换时使用,而在全双工系统中,由于配置了双向通道,因此不需要 RTS/CTS 联络信号。

2）数据发送与接收线

共有 2 条,具体包括发送数据线(TxD)和接收数据线(RxD)。

3）地线根

即信号地线(SG),无方向。

4）连接和使用

在远距离通信中,即当传输距离大于 15 m 时,使用的信号线较多,具体包括 TxD、RxD、SG,以及 RTS、CTS、DSR、DCD、DTR、RI 等信号参与完成和调制解调器的联络控制;在近距离通信中,可以省略 MODEM,通信双方只需使用少数几条信号线直接连接。在极端情况下,仅需要 TxD、RxD、SG 三条线便可实现全双工异步串行通信。

（3）连接器的机械特性

1）连接器

由于 RS‑232C 并未定义连接器的物理特性,因此目前市场上多个引脚定义各不相同的连接器。例如,DB‑25、DB‑9 等类型。图 3.31 为 DB‑25 和 DB‑9 连接器的外形及信号线分配示意。

从图 3.31 中看出,DB‑25 连接器分别定义了四种类型信号线,分别为异步通信信号、20 mA 电流环信号、保护地和空引脚等,一共 25 个引脚。其中,IBM PC/AT 及以后的机型不再支持 20 mA 电流环接口,而是使用 DB‑9 连接器作为主板上 COM1 或 COM2串行接口的连接器。此外,作为 DB‑25 的简化版,DB‑9 连接器仅提供与 DB‑25 相同的异步通信的 9 个信号。

2）电缆长度和最大直接传输距离的说明

当通信速率低于 20 kbps 时,RS‑232C 能够直接连接的最大物理距离为 15 m。

RS‑232C 标准规定,在不使用 MODEM 的条件下,当码元畸变小于 4% 时,DTE 和DCE 之间最大传输距离为 15 m,驱动器的负载电容应小于 2 500 pF。

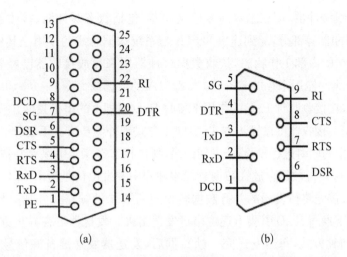

图 3.31 DB－25(a)和 DB－9(b)连接器的外形及信号线分配示意

4.3.3 可编程串行通信接口芯片(8251A)

8251A 是一种可编程串行接口芯片,又称为通用同步异步接收发送器(USART)。8251A 具有独立的发送器和接收器,提供与 Modem 相连的控制信号,其通信方式主要包括单工、半双工、全双工等方式。

(1) 内部结构

8251A 芯片主要由接收器、发送器、调制控制、读/写控制、系统数据总线缓冲器等部分构成,通过内部数据总线实现内部不同部件间的通信。图 3.32 为 8251A 的内部结构。

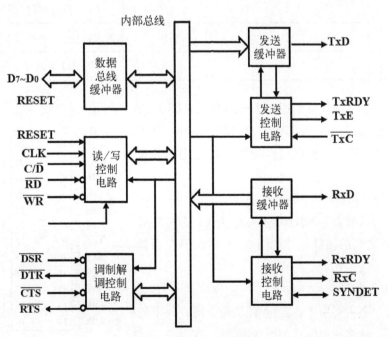

图 3.32 8251A 内部结构

① 数据总线缓冲器,即三态双向 8 位缓冲器,包括状态缓冲器、接收数据缓冲器、发送数据/命令缓冲器等部分,起到连接 8251A 与系统数据总线的作用。其中,状态缓冲器用来存放 8251A 的内部工作状态,接收数据缓冲器用来存放接收器已经装配好的字符,发送数据/命令缓冲器用来存放 CPU 写入 8251A 的数据或命令。

② 接收器,在接收时钟 RxC 的作用下接收 RxD 引脚上的串行数据并按指定方式将其转换为并行数据。接收器可在异步方式、内同步方式和外同步方式下工作。无论何种工作方式,在接收数据的同时进行校验,若发现错误,则在状态寄存器中保存并请求 CPU 处理;当校验无错时,将并行数据存放在数据总线缓冲器中并发出信号请求 CPU 读取数据。

③ 发送器,首先将待发送的并行数据转换成所要求的帧格式并加上校验位,在发送时钟 TxC 作用下通过 TxD 引脚上逐位串行发送出去。发送器可在异步方式和同步方式下工作。无论何种方式,每当发送完一帧数据后,发送器发送准备好信号置位信号请求 CPU 发送下一个数据。

④ 读/写控制逻辑,通过对 CPU 输出的控制信号进行译码以实现 8251A 芯片的读/写功能。表 3.13 为 8251A 芯片的读/写功能。

表 3.13　8251A 读/写功能

CE	C/$\overline{\text{D}}$	$\overline{\text{RD}}$	$\overline{\text{WR}}$	功　　能
0	0	0	1	CPU 从 USAPT 读数据
0	1	0	1	CPU 从 USART 读状态
0	0	1	0	CPU 写数据到 USART
0	1	1	0	CPU 写命令到 UART
1	×	×	×	USART 总线浮空(无操作)

⑤ MODEM 控制,分别通过 DSR、DTR、RTS、CTS 等四条信号线实现对 MODEM 的控制联络。在一些特殊情况下,MODEM 控制也可作为标准信号用于外设联络。

(2) 引脚结构、命令字和状态字

8251A 一共有 28 个引脚,主要作为 CPU 与外设或 MODEM 之间的接口芯片。图 3.33 为 8251A 引脚结构示意。

1) 方式命令字

方式命令字主要用于指定通信方式及其方式下的帧数据格式。具体使用格式如图 3.34 所示。

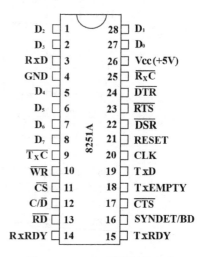

图 3.33　8251A 引脚结构示意

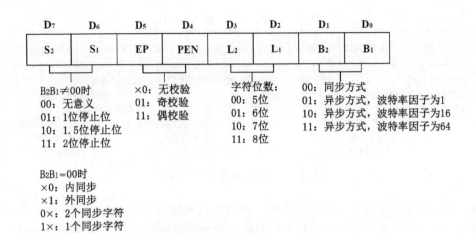

图 3.34 8251A 方式命令字格式

在图 3.34 中，B2B1 定义 8251A 的工作方式，例如，同步方式还是异步方式；L2L1 定义数据字符的长度；PEN 定义是否带奇偶校验，又称为校验允许位；S2S1 定义异步方式的停止位长度，或在同步方式下确定是内同步还是外同步，以及同步字符的个数。

2）工作命令字

工作命令字主要用于指定 8251A 进行某种操作或处于某种状态下接收或发送数据。具体使用格式如图 3.35 所示。

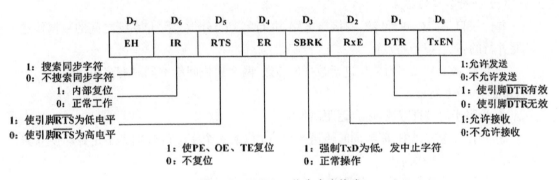

图 3.35 8251A 工作命令字格式

在图 3.35 中，TxEN 为允许发送位，DTR 为数据终端准备好位，RxE 为允许接收位，SBRK 为发送中止字符位，ER 为清除错误标志位，RTS 为请求发送信号，IR 为内部复位信号，EH 为进入搜索方式位。

3）状态命令字

状态命令字主要报告 8251A 何时才能开始发送或接收以及接收数据有无错误。其当前状态字由 CPU 通过 IN 指令读取，具体使用格式如图 3.36 所示。

在图 3.36 中，TxRDY 为发送准备好标志，PE 为奇偶错标志位，OE 为溢出错标志位，FE 为帧校验错标志位，DSR 为数据装置准备好位。

在 8251A 芯片中，方式命令字仅约定了双方通信的方式与数据格式等，工作命令字

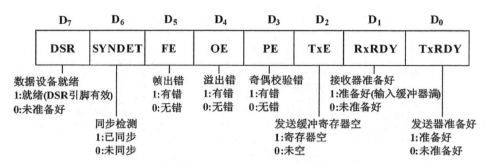

图 3.36　8251A 状态命令字格式

定义了数据传送的方向是发送还是接收。两者都没有特征位标志,且都是送到同一个命令端口。而状态命令字则进一步决定何时能实现数据发送与接收,只有在处于发送/接收准备好状态时才能开始数据的传送工作。

4.4　并行通信与并口技术

并行通信是指使用多条传输线同时传输多位二进制数据的通信方式,具有速度快、信息率高等优点。由于并行通信所用电缆较多,信号随距离的增加而快速衰减,因此常用于数据传输率高且传输距离短的场景中。

4.4.1　并行接口

（1）并行接口的特点

并行接口是完成并行传输的接口电路,并行接口与外设之间和系统之间的数据传送均是并行的,具有以下特点:

① 以数据字节或字为单位进行数据的传送,两个模块间能够同时有多位数据进行传送,速度快、效率高。

② 受限于信号衰减快,适合近距离传输。

③ 并行传送方式中,能够同时传送 8 位、16 位或 4 个字节的数据。不足是即使只需要传送 1 位,仍需一次输出多个字节。

④ 并行传输的数据格式不固定。

（2）并行接口的类型

1）按照数据传送方向不同划分

① 输入接口,将信息从外设输入到系统的接口,对数据有控制能力。

② 输出接口,将信息从系统输出到外设的接口,对数据有锁存能力。

2）按照传输数据的形式不同划分

① 单向传送接口,传送方向是固定的,即在系统中只能为输入接口或输出接口之一。

② 双向传送接口,既可作为输入接口,又可作为输出接口,传送方向不是一成不变的。

3）按照接口电路特征不同划分

① 简单接口,主要进行数据的低速、简单传送,不能产生系统需要的各种控制和状态信息,功能比较单一。

②可编程接口,利用软件编程改变接口的工作方式和功能,灵活性好,能够满足不同系统需求。

4.4.2　可编程并行通信接口芯片(8255A)

在 PC 中,通用可编程并行接口芯片 8255A 通常作为键盘、扬声器、打印机等外设的接口芯片,有时又称为可编程外设接(PPI)。8255A 具有三个 8 位 I/O 端口,可通过三种可编程工作方式并以多种数据传送方式完成数据的交换。

(1) 内部结构

图 3.37 为 8255A 芯片的内部结构示意。

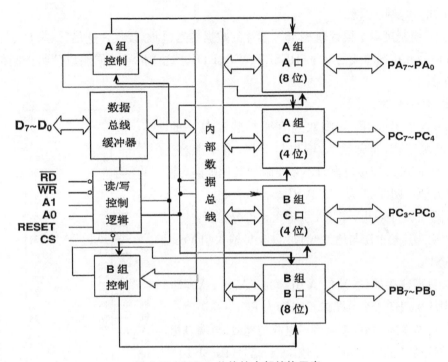

图 3.37　8255A 芯片的内部结构示意

从图 3.37 中看出,8255A 芯片是由数据总线缓冲器、端口(A、B、C)、控制部件(A 组、B 组)、读/写控制逻辑四个部分构成。

1) 数据总线缓冲器

数据总线缓冲器是一个双向三态 8 位数据缓冲器,作为 8255A 芯片与 CPU 数据总线的接口,传送输入数据、输出数据、控制字、状态信息等。

2) 端口

8255A 包含三个 8 位端口,分别称为端口 A、端口 B、端口 C。各端口可由程序设定为输入端口或输出端口,具有各自的功能特点。

端口 A：有一个 8 位的输入锁存器和一个 8 位的输出锁存/缓冲器。当作为输入口或输出口时具有数据锁存功能。

端口 B：有一个 8 位的输入缓冲器和一个 8 位的输入/输出锁存/缓冲器。当作为输入口或输出口时,均有数据锁存功能。

端口 C:有一个 8 位的输入缓冲器和一个 8 位的输出锁存/缓冲器。当作为输入口时,对数据不作锁存,而作为输出口时,对数据进行锁存。

3）控制部件

控制部件同时接收来自 CPU 的控制字和来自读/写控制逻辑电路的读/写命令,并以此决定两组端口的工作方式及读/写操作,分别包括 A 组控制和 B 组控制。

A 组控制:控制端口 A 和端口 C 的高 4 位。

B 组控制:控制端口 B 和端口 C 的低 4 位。

4）读/写控制逻辑

读/写控制逻辑主要管理 8255A 芯片的数据传送过程、接收片选信号、来自地址总线的地址信号和控制总线的信号（RESET、WR、RD）。这些信号共同组成两组控制部件的控制信号。

（2）外部引脚

8255A 芯片采用 40 脚双列直插封装和单一的 +5 V 电源工作,全部输入/输出与 TTL 电平兼容。通常来说,8255A 连接外设时不需要附加其他电路,使用简单方便。图 3.38 为 8255A 引脚结构示意。

从图 3.38 中看出,8255A 引脚大致可分为:

① 引脚连接电源与地线,例如,+5 V 输入端 Vcc、地线 GND。

② 引脚连接外设,端口 A 引脚为 PA7～PA0,端口 B 引脚为 PB7～PB0,端口 C 引脚为 PC7～PC0。

③ 引脚连接 CPU,包括除了电源与地线、与端口相连的引脚外余下的所有引脚。例如,复位信号（RESET）、双向数据线（D7～D0）、读信号（RD）、写信号（WR）、片选信号（CS）、端口选择信号（A1、A0）等。

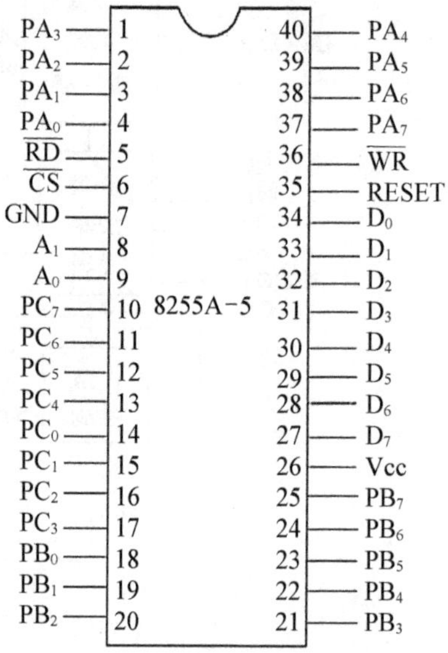

图 3.38   8255A 引脚结构示意

（3）工作方式

8255A 的读/写控制逻辑能够对输入信号进行译码并产生决定芯片操作类型的控制信号。表 3.14 为 8255A 功能描述。

表 3.14   8255A 功能描述

A1	A0	RD	WR	CS	端口及操作功能	
0	0	0	1	0	端口 A→数据总线	
0	1	0	1	0	端口 B→数据总线	输入操作（读）
1	0	0	1	0	端口 C→数据总线	

续　表

A1	A0	RD	WR	CS	端口及操作功能	
0	0	1	0	0	数据总线→端口 A	输出操作(写)
0	1	1	0	0	数据总线→端口 B	
1	0	1	0	0	数据总线→端口 C	
1	1	1	0	0	数据总线→控制寄存器	
×	×	×	×	1	数据总线→三态	断开功能
1	1	0	1	0	非法状态	
×	×	1	1	0	数据总线→三态	

1) 8255A 编程控制字

8255A 编程控制字是指从 CPU 写到控制寄存器中的命令。当控制字的最高位为 1 时,控制字是工作方式命令字;当控制字最高位为 0 时,控制字是 PC 口按位置/复位命令字。

① 工作方式命令字。

工作方式命令字指定 A 组、B 组的各种方式以及在不同的方式下 PA、PB 的数据 I/O 方向。图 3.39 为工作方式命令字格式示意。

D_7	D_6	D_5	D_4	D_3	D_2	D_1	D_0
特征位值为1	A组方式	PA口方向		PC高四位方向	B组方式	PB口方向	PC低4位方向

图 3.39　工作方式命令字格式示意

② PC 口按位置/复位命令字。

主要用于对 PC 口的 I/O 线置 1 或复位 0。图 3.40 为 PC 口按位置/复位命令字格式示意。

D_7	D_6	D_5	D_4	D_3	D_2	D_1	D_0
特征位值为0	未用			PC口位号选择		置/复位选择	

图 3.40　PC 口按位置/复位命令字格式示意

在 8255A 编程控制字中,控制字的最高位(D_7)是用以区别 8255A 的工作方式命令字和按位置/复位命令字的特征位。例如,当 $D_7=1$ 时,控制字为工作方式命令;当 $D_7=0$ 时,控制字为按位置/复位命令。此外,工作方式命令指定端口的工作方式和功能,即进行初始化。换句话说,也就是凡用到 8255A 就一定要进行初始化。

2) 8255A 的工作方式

8255A 的工作方式主要是由控制寄存器的内容决定的。其中,端口 A 需要在方式 0、

1、2 下工作,端口 B 需要在方式 0 和方式 1 下工作。

方式 0

方式 0 是一种基本的输入或输出方式。该方式通常不使用固定的联络信号和中断。此时,每一个端口都可被程序选定作为输入/输出,非常适用于无条件传送 I/O 方式和查询方式等场景。

方式 1

有时又称为选通的输入/输出方式。当 8255A 置于方式 1 时,端口 A 和 B 仍作为数据的输入/输出端口,同时端口 C 的某些位被固定作为端口 A、B 的控制位或状态信息位。

图 3.41 为当 8255A 的端口 A、B 工作于方式 1 输入时的控制状态信号示意。

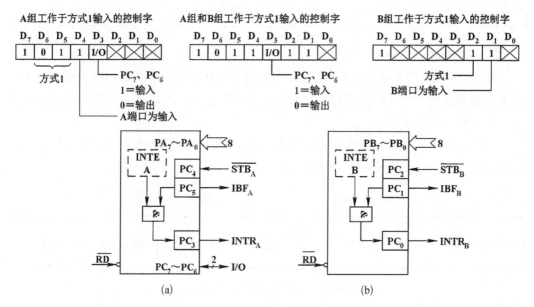

图 3.41　工作于方式 1 状态下输入时对应的控制状态信号示意:(a) A 端口,(b) B 端口

从图 3.41 中看出,端口 A 和 B 各固定使用端口 C 的 3 位作为 3 个控制信号。其中,STB 和 IBF 信号用于与外设进行联络,INTR 用于向 CPU 发出中断请求。

图 3.42 为当 8255A 的端口 A、B 工作于方式 1 输出时对应的控制信号示意。

从图 3.42 中看出,与输入相比,方式 1 中输出仅端口 A、B 的中断请求信号(INTR)是相同的,而另外两条用于联络的信号则完全不同。

方式 2

又称为双向选通 I/O 或双向应答式 I/O 方式。在 8255A 的三个端口中,仅有端口 A 可以在这种方式下工作。与在方式 0 及方式 1 下一次初始化只能指定为输入口或为输出口的单向传送不同,端口 A 在一次初始化中既可被指作输入口又可被指作输出口。

此外,由于方式 2 设置有专用的联络信号线和中断请求信号线,所以方式 2 可采用中断方式和查询方式与 CPU 交换数据。其中,方式 2 各联络线的定义、时序关系和状态字等基本上是在方式 1 下输入与输出操作的组合。

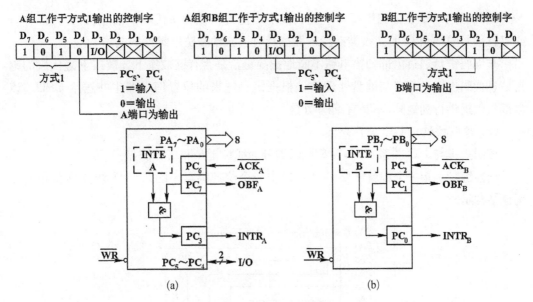

图 3.42 工作于方式 1 输出时对应的控制信号示意：(a) A 端口，(b) B 端口

5 人机交互技术

人机交互技术是指借助计算机 I/O 设备实现人与计算机对话的技术。计算机通过输出或显示设备给人提供大量有关信息及提示请示，人可以通过输入设备给计算机输入有关信息、提示、问题等。

5.1 键盘及接口

5.1.1 键盘分类

键盘分类方法较多，目前常用的分类方法主要包括以下几类：

（1）按照键盘结构形式分类

按照键盘结构形式不同，键盘可以划分为机械式、电容式、电感式、薄膜式、橡胶垫式等类型。其中，目前应用最广泛的常规键盘主要有机械式键盘和电容式键盘。

机械式键盘利用金属接触式开关的原理使触点导通或断开，工艺简单、维修方便，但是噪声大、易磨损；此外，机械键盘主要采用铜片弹簧作为弹性材料，故障率高，现在已基本被淘汰。

电容式键盘通过按键改变电极间的距离产生电容量的变化，暂时形成震荡脉冲允许通过的条件。这种开关是无触点非接触式的，没有接触不良的隐患，具有噪声小、易控制、手感好等优点，但是制作工艺结构复杂。

（2）按照键盘编码分类

按照键盘编码方式不同，键盘可以划分为编码键盘和非编码键盘。

编码键盘的键盘电路中每一个键被按下后能提供该键所代表的信息代码,并以并行或串行信号输送给 CPU。该类键盘一般都具有去抖动和防串键保护电路。

非编码键盘通过内部扫描电路不断地扫描键盘是否有键被按下。被按下键代表的键盘信息代码由键盘接口与键盘处理软件根据键盘送来的位置信息产生并送给 CPU。该类键盘仅提供行列矩阵,不具有编码功能。

(3) 按照按键与 I/O 关系分类

按照按键与 I/O 关系不同,键盘可以划分为线性键盘和矩阵键盘。

线性键盘是指一个键就需要 I/O 接口中一个位的键盘。图 3.43 为线性键盘和矩阵键盘结构示意。

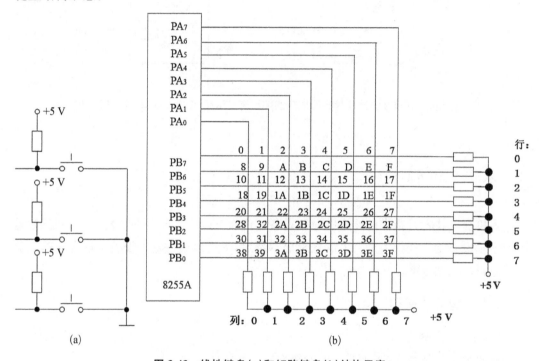

图 3.43　线性键盘(a)和矩阵键盘(b)结构示意

线性键盘能够通过读取键盘输入端口的值并和与之对应的位状态进行比对即可识别键盘中的各个键位。该类键盘主要针对只有少数几个键的键盘。

矩阵键盘,又称为行列键盘,是指通过行列的方式来识别各个按键的键盘。该类键盘主要适用于键数较多的情况。此外,该类键盘仅提供按键开关的行列矩阵,而相关的按键识别、键码确定、去抖动、串键处理等功能均由其他软件实现。

此外,键盘设备是通过键盘电缆连接器插接到主板的键盘插座连接键盘接口,因此,按照键盘接口方式不同,键盘可以划分为串口键盘和并口键盘两大类。

5.1.2　键盘接口基本功能

(1) 消除抖动

由于人的手指和触点开关的弹性,每个键在按下和松开时都会经历短暂的抖动。具体抖动时间和幅度则因键盘质量和型号不同而不同。通常来说，抖动时间不超过 20 ms 均为可接受的范围。目前，消除抖动的常用方法主要包括：

① 软件延迟，是指一旦检测到有键按下或释放，用软件产生大约 20 ms 的延时，等待键的输出达到稳定后再读取代码。

② 硬件消除抖动，是指在键开关与接口之间增加一个消除抖动的电路。其中，最常用和最简单的方法就是利用 RS 触发器实现延时。

上述两种消除抖动的方法应用场景并不完全一致，例如，当键数较少时，常采用硬件消除抖动；当键数较多时，常采用软件延时消除抖动。

（2）重键处理

重键处理是指在一次按键期间计算机多次检测到同一个键。当前，常用的重键处理方法包括：

① 锁定法，即在确认有键按下后，必须检测到该键释放后才进行下一次键盘输入。

② 延时法，即在确认有键按下后，在经过延时后，如果按键仍未释放，则进行连续检测和处理。

（3）串键处理

串键处理是指两个或两个以上按键同时按下，或一个键按下后尚未释放又按下另一个键，从而会检测到多个按键的情况。根据系统不同，有不同的处理方法。

系统认为串键现象合法的前提下，需要首先判断串键是否符合已有组合信息。如果符合，则进行相应处理，否则丢弃第一个按键信息。该情况主要针对多键组合使用表示某个操作的情况，例如 Ctrl+C 表示复制等。

系统认为串键非法的前提下，可采用以下方法进行处理：双键锁定，在检测到有多个键被按下时，仅处理最后一个键为合法键；N 键锁定，在一个键被按下后且未释放之前，只产生最先按下键的编码，忽略其他被按下键的信息。

5.2 鼠标及接口

5.2.1 鼠标分类

（1）按照结构分类

1）机械式鼠标

通过底部滚动圆球的滚动带动两个相互垂直的小滚轴转动产生鼠标相对位移量信号，灵敏度低，磨损大，目前已经逐渐被市场淘汰。

2）光电式鼠标

通过检测发光二极管照射到鼠标下面的垫板上产生的反射光判断鼠标在衬垫上移动的方向和距离。由于需要专门的垫板、成本高，已经逐渐退出市场。

3）半光电式鼠标

采用滚球、转轴的机械方式来传递转动，并通过光栅切割红外线的光学方式来判断移动的方向，成本低、灵敏度适中，目前已得到广泛应用。

（2）按照接口标准分类

1）总线式鼠标

在微机的总线扩展槽上插上一块专用的接口板，通过一个 9 针的连接线与鼠标器相连。通用性差，目前已经逐渐退出市场。

2）标准 RS-323C 串口鼠标

通过 DB-9 型串行接口与主机相连，占用一个串行通信口，仅在一些特定情况下使用。

3）PS/2 鼠标

采用专用接口与主机相连，是当前 PC 中使用最为普遍的鼠标类型之一。

4）USB 鼠标

采用 USB 接口连接主机，鼠标的操作信息通过 USB 传送方式发送给主机，亦是当前使用较多的鼠标类型之一。

（3）按照按键形式分类

按照按键形式可分为两键鼠标、三键鼠标、滚轮鼠标。

其中，鼠标按键主要实现各种作业的控制操作，鼠标滚轮主要在具体应用程序中实现上下（单轮）或上下左右滚屏（两轮）功能。

5.2.2 鼠标工作原理

（1）机械式鼠标

图 3.44 为机械式鼠标结构示意。机械式鼠标主要由位置传感器、专用处理芯片和采样机构等部件组成。

在机械式鼠标工作时，通过底部滚动的小球带动内部编码器滚轴，移动鼠标时小球随之滚动，便会带动旁边的编码器滚轴，前方的滚轴代表前后滑动，右方的滚轴代表左右滑动，两轴一起移动则代表非垂直及水平方向的滑动。编码器由此识别鼠标移动的距离和方位，产生相应的电信号传给主机并确定光标在屏幕上的正确位置。以此类推，不断通过数据线向主机传送鼠标移动信息，主机通过处理使屏幕上的光标与鼠标同步移动。

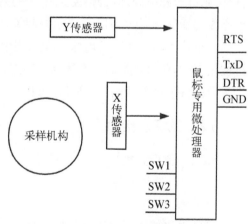

图 3.44 机械式鼠标结构示意

（2）光电式鼠标

光电式鼠标主要包括光学感应器、光学透镜、发光二极管、接口微处理器、轻触式按键、滚轮、连线、PS/2 或 USB 接口、外壳等部件。图 3.45 为光电式鼠标结构示意。

光电式鼠标通过让鼠标器的发光二极管的光照在网格衬板上反射后进入光敏三极管，根据反射的强弱在光敏三极管中产生脉冲串信号。当鼠标移动时，通过纵横相对位置确定移动方向以及计数纵横网格数确定移动距离。鼠标定位和作业与操作控制信息按串行的方式传送给主机，由主机执行鼠标驱动程序来完成鼠标定位下的作业与操作控制。

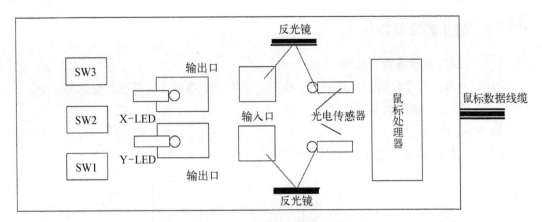

图 3.45 光电式鼠标结构示意

驱动程序生成鼠标光标和确认当前的屏幕模式,并把相对的鼠标移动位置转换为绝对的屏幕位置。

5.2.3 鼠标与主机连接

通常来说,目前市场上广泛使用的鼠标中都包含一个专用的微处理器。该微处理器主要负责处理移动鼠标器、按下/放开按键、拨动滚轮等鼠标事件,并将处理结果组织成串行数据发送给主机。

对于标准 RS-232C 鼠标,主要使用 DB-9 连接器与主机相连,鼠标器以标准 RS-232C 串行信号方式向主机发送串行数据。该类鼠标仅占用一个串行通信口,不需要任何其他辅助电路,其接口如图 3.46 所示。

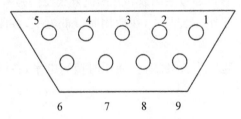

图 3.46 标准 RS-232C 鼠标接口引脚示意(引脚 3 为 $T_X D$ 信号线,引脚 4 为 DTR 信号线,引脚 5 为 SGND 接地线,引脚 7 为 RTS 电源线,其他引脚均为空)

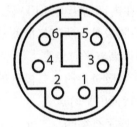

图 3.47 PS/2 鼠标主机插座结构示意[1 为时钟(CLK),2 为接地线(GND),3 为数据线(DATA),4 和 6 均为未使用(NC),5 为电源(+5 V)]

对于 USB 鼠标,采用标准 USB 接口与主机相连,用 USB 数据格式向主机发送鼠标事件的串行数据,占用一个普通的 USB 插口,也不再需要任何其他辅助电路。

对于 PS/2 鼠标,采用专用六芯插接口连接鼠标与主机,并辅以专用的驱动程序。其中,Microsoft 为鼠标提供有专用的软件中断指令(INT33),在具体应用中直接调用该程序即可。此外,INT33 指令功能众多,针对不同的应用可以选择相应的功能型号。图 3.47 为 PS/2 鼠标主机插座结构示意。当有鼠标事件发生时,通过 IRQ12 向 CPU 发出鼠标硬件中断请求信号,随后中断服务程序处理该鼠标事件。

5.3 显示器及接口

5.3.1 LED显示器接口技术

目前,七段或八段数码管(LED)广泛应用于嵌入式与单板机等系统的显示部件中。

(1) LED显示器结构与编码

1) 显示器结构

图3.48为LED显示器的外形和内部结构。

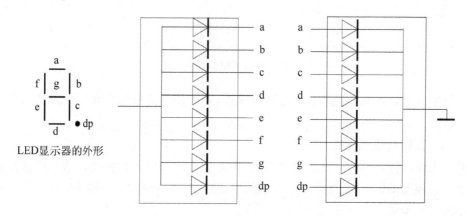

图 3.48   LED 显示器的外形和内部结构

从图3.48中看出,在外形上,LED显示器由七段数码管和一个小数点构成。这些数码笔画段和小数点都是发光二极管,能够显示0~9、A~F等数码,并根据要求在指定位置显示小数点。在内部结构上,LED显示器的发光二极管可通过共阴极和共阳极方法连接起来。

① 共阴极是指所有二极管的阴极连接在一起作为公共端,在使用时接低电平,各段的阳极端接高电平时点亮。

② 共阳极是指所有二极管的阳极连接在一起作为公共端,在使用时接高电平,各段的阴极端接低电平时点亮。

2) 七段字符编码

在图3.48中,如果将电路中数码管的a~g和dp端分别与数据总线的$D_0 \sim D_7$相连接,那么数码管所显示的字符编码如表3.15所示。

表 3.15   七段字符编码

数码	共 阴 极 编 码								共 阳 极 编 码							
	D_7	D_6	D_5	D_4	D_3	D_2	D_1	D_0	D_7	D_6	D_5	D_4	D_3	D_2	D_1	D_0
	dp	g	f	e	d	c	b	a	dp	g	f	e	d	c	b	a
0	0	0	1	1	1	1	1	1	0	1	0	0	0	0	0	0
1	0	0	0	0	0	1	1	0	0	1	1	1	1	0	0	1

续　表

数码	共阴极编码								共阳极编码							
	D_7	D_6	D_5	D_4	D_3	D_2	D_1	D_0	D_7	D_6	D_5	D_4	D_3	D_2	D_1	D_0
	dp	g	f	e	d	c	b	a	dp	g	f	e	d	c	b	a
2	0	1	0	1	1	0	1	1	0	0	1	0	0	1	0	0
3	0	1	0	0	1	1	1	1	0	0	1	1	0	0	0	0
4	0	1	1	0	0	1	1	0	0	0	0	1	1	0	0	1
5	0	1	1	0	1	1	0	1	0	0	0	1	0	0	1	0
6	0	1	1	1	1	1	0	1	0	0	0	0	0	0	1	0
7	0	0	0	0	0	1	1	1	0	1	1	1	1	0	0	0
8	0	1	1	1	1	1	1	1	0	0	0	0	0	0	0	0
9	0	1	1	0	1	1	1	1	0	0	1	0	0	0	0	0
A	0	1	1	1	0	1	1	1	0	0	0	1	0	0	0	0
B	0	1	1	1	1	1	0	0	0	0	0	0	0	0	1	1
C	0	0	1	1	1	0	0	1	0	1	0	0	0	1	1	0
D	0	1	0	1	1	1	1	0	0	0	1	0	0	0	0	1
E	0	1	1	1	1	0	0	1	0	0	0	0	0	1	1	0
F	0	1	1	1	0	0	0	1	0	0	0	0	1	1	1	0

　　从表 3.15 中看出,由于共阳极和共阴极方法分别是接高电平和低电平时点亮显示,所以共阳极和共阴极的七段字符编码显示是不一样的。

　　(2) LED 显示器接口

　　LED 显示器的接口电路主要是由多个数码管组成,相对结构比较简单,常用的驱动显示方法包括静态驱动法和动态驱动法。

　　1) 静态驱动法

　　静态驱动法是指当显示器显示某个字符时,相应的段恒定地导通或截止,直到显示另一个字符为止。一般情况下,常采用 8 位具有三态功能的并行锁存器和串入/并出的移位寄存器等两种途径通过硬件线路锁存要显示的字符。该方法具有亮度高、编程容易、管理简单等优点,但是占用 I/O 接口线资源较多。因此,静态驱动法常用于显示位数较少的情况。

　　2) 动态驱动法

　　动态驱动法是指采用一般的并行驱动电路或锁存电路连接数码管显示器,其中所有数码管的数据引脚全部对应地连接在一起并与显示数据的驱动输出引脚相连接。因此,所有位置数码管的显示数据都从该并行驱动端口输出。该方法常用于显示位数较多的情况。

5.3.2　CRT显示器接口技术

(1) 显示器类型

CRT显示器分类方法较多,目前常用的分类标准主要有:

按照显示屏结构不同,可分为CRT阴极射线管式和LCD液晶式显示器。这也是目前使用最广泛的分类标准之一。

按照色彩形式不同,可分为单色显示器和彩色显示器。

按照视频信号的输入形式不同,CRT显示器可分为数字式显示器和模拟式显示器。

按照分辨率不同,可分为高分辨率和低分辨率显示器。

按照显示方式不同,可分为MDA、CGA、EGA、VGA、SVGA、XGA等。

(2) CRT显示原理

CRT显示器的核心是由阴极、栅极、加速极、聚焦极和荧光屏组成的阴极射线管。阴极(电子枪)发射的电子在栅极、加速极、高压极和聚焦极产生的电磁场作用下形成具有一定能量的电子束,并射到荧光屏上产生亮点实现显示。其中,CRT显示器采用光栅扫描方式完成整个显示器整屏的字符或图形显示。

光栅扫描是指在CRT显示器的水平与垂直偏转线圈中,电子枪产生的电子束在偏转线圈作用下从左到右、从上到下做有规律的周期运动,在屏幕上会留下一条条扫描线。常见的光栅扫描方法主要有逐行扫描和隔行扫描两种。

1) 逐行扫描

又称非交错扫描,是指通过扫描每行像素在电子显示屏上绘制视频图像,每一帧图像由电子束顺序地一行接着一行连续扫描而成。该方法能够克服传统扫描方式的缺陷,显示稳定性强,动态失真程度低。

2) 隔行扫描

又称交错扫描,需要分别对所有奇数行和偶数行分开扫描才能扫描完一帧,即扫描两次。该方法能够保持较高的刷新率,改善运动中物体的外观,空间分辨率比逐行扫描更高。

(3) CRT显示器接口

图3.49为CRT显示器原理结构示意。

从图3.49中看出,显示接口卡从主机接受显示输出信号,经过处理和变换后输出。显示器从VGA显示卡的输出端口接收RGB三色模拟信号及行同步信号和场同步信号处理后送到CRT,实现字符和图像在屏幕上的点亮显示。

按照显示色彩不同,可将CRT显示器划分为单色CRT显示器和彩色CRT显示器两类。

1) 单色CRT显示适配器

主要由CRT控制器、显示缓冲器、数据锁存器、字符发生器、字符移位寄存器、图形移位寄存器等组成。单色显示适配器与单色显示器配套使用。

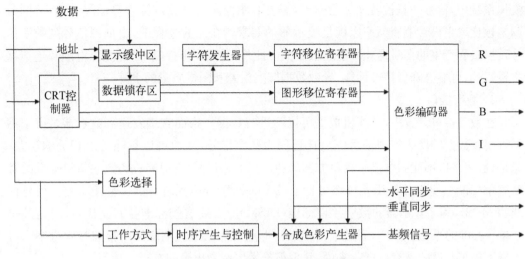

图 3.49 CRT 显示器原理结构示意

2）彩色 CRT 显示适配器

在单色显示适配器部件基础上添加色彩编码器、选色和综合扫描、工作方式控制、时序产生与控制、合成彩色产生器等。彩色显示适配器与彩色显示器配套使用。

5.3.3 LCD 显示器接口技术

（1）LCD 原理

按照工作方式不同来划分，LCD 显示器可以分成多种类型，其中结构最简单的就是TN‑LCD 技术。下面以 TN‑LCD 技术为例来说明 LCD 显示器接口技术原理。

在 LCD 显示器中，将液晶置于两片导电玻璃之间，通过电场驱动引起液晶分子扭曲向列的电场效应，进而在电源关与开之间产生明暗。LCD 显示器就是根据此明暗来使面板达到显示效果。如果加上彩色滤光片，则可显示彩色影像。但是，与传统 LED 和 CRT 显示器相比，LCD 显示器对比度差、视角窄、颜色深度低。

目前，为了克服上述问题，研究人员逐渐开发出 STN、DSTN 等技术不断提高和改善LCD 显示器性能与视觉效果。例如，目前市场上应用比较广泛的薄膜晶体管 LCD（TFT‑LCD）显示器，其颜色深度可达 24 位，这与传统 CRT 的显示水平已所差无几。

（2）LCD 显示器接口

1）模拟接口

在 LCD 显示器中，离散视频数据 RGB 送至数字/模拟转换器（DAC），然后数字信号被转化为模拟信号并与水平及垂直同步信号一起传送到显示器。首先选择使用单独的前置放大器或集成前置放大器，随后实现模拟信号到数字信号的转换，即模拟/数字转换器（ADC）。在转换过程中，转换器有限的分辨率会产生错误，包括线性度和偏移以及位错误等。

在模拟接口中，常利用数据时钟在 LCD 显示器及图形控制器传来的输入信号间进行同步，即采用计算机的水平同步脉冲来为 ADC 和数字控制器芯片产生内部时钟信号。在模拟系统中,信号一旦被转换为数据流,需要对图像进行缩放以符合显示屏的大小,同时调整帧比率来设置刷新频率以满足显示器的要求。在缩放过程中,由模拟信号到数字信号转换过程产生的信号退化可能会被放大。此外,受到图形控制卡匹配度、电缆及连接器质量影响,可能会降低信号性能,导致数据转换误差和图像质量的下降。

2) 数字接口

在数字接口装置中,计算机数据可以不进行数据转换而直接发送到显示器。由于不再需要将数据转换为模拟信号随后再还原为数字信号,从而可以排除与之相关的误差。但是,数字接口不能共享模拟接口方案的通用标准。目前,有可能成为数字接口标准的常见竞争标准主要包括低压差分信号标准(LVDS)、PanelLink 标准、传输最小差分信号标准(TMDS)、用于显示器的数字接口标准(DISM)。上述这些标准各有其优点,但是某一个单一标准的采用和推广,还必须要考虑到那些可能已经长期应用的接口技术方案。对于当下快速发展的计算机产业来说,几乎很难做出一个正确的选择。

3) 部分典型接口

① VGA 输入接口,采用非对称分布的 15 pin 连接方式。与其他传统接口相比,VGA输入接口的视频传输过程最短,具有无串扰、无电路合成分离损耗等优点。

② 数字显示接口(DVI)输入接口,是一种数字显示接口标准,主要连接计算机显卡用于显示计算机的 RGB 信号。DVI 数字端口能够保证全部内容采用数字格式传输实现数据传输中的完整性,得到的图像也更加清晰。

③ 标准视频输入(RCA)接口,又称 AV 接口,能够实现音频和视频的分离传输,避免因为音/视频混合干扰而导致图像质量下降。但是 AV 接口传输的仍然是一种亮度/色度混合的视频信号,在先混合后分离的过程中必然会造成色彩信号的损失,从而影响最终输出的图像质量,无法在一些追求视觉极限的场合中使用。

④ S 视频输入(S-Video)接口,又称二分量视频接口。通过在 AV 接口的基础上将色度信号 C 和亮度信号 Y 进行分离,再分别以不同的通道进行传输。同 AV 接口相比,由于它不再进行 Y/C 混合传输,因此也就无须再进行亮色分离和解码工作,而且使用各自独立的传输通道在很大程度上避免了视频设备内信号串扰而产生的图像失真,极大地提高了图像的清晰度。尽管 S-Video 存在一定的信号失真以及对色度信号的带宽限制等要求,但是其经济成本低、可推广性强,已成为目前市场上应用最普遍的视频接口之一。

⑤ 视频色差输入接口,又称分量视频接口。作为 S-Video 的进阶产品,色差输出不仅避免了两路色差混合解码并再次分离的过程,还保持了色度通道的最大带宽,同时还最大限度地缩短了视频源到显示器成像之间的视频信号通道,避免了因烦琐的传输过程所带来的图像失真。综合来看,色差输入接口方式是目前各种视频输入接口中表现最好的一类。目前,视频色差输入接口主要应用于一些专业级视频工作站/编辑卡、专业级视频设备中。

⑥ 基本网络卡(BNC)接口,主要包括用于接收红、绿、蓝、水平同步和垂直同步信号等连接头,能够隔绝视频输入信号,减少信号相互间的干扰,达到最佳信号响应效果。常

用于工作站和同轴电缆连接的连接器、标准专业视频设备输入、输出端口。

6 单片机外围模拟通道接口

单片机外围模拟通道接口主要涉及数字量、模拟量和开关量等三种常用概念。其中，模拟量是指变量在一定范围内连续变化的量，通常用数学函数表达模拟量的连续变化情况。数字量是指二进制形式数据或经过编码的二进制形式的数据，例如，键盘输入的ASCII码。开关量是指"开"和"闭"两种状态，常用布尔逻辑来表示，例如，按键的闭合与松开。此外，可以通过将多个同性质的开关量组合起来构成一个数字量。

6.1 A/D转换电路

6.1.1 A/D转换器及分类

A/D转换，又称模数转换，是指从模拟信号到数字信号的转换过程。其中，A/D转换器（ADC）是指实现A/D转换过程的电路。

A/D转换能够把模拟量电压转换为 n 位数字源。设 D 为 n 位二进制数字量，U_i 为电压模拟量，U_{ref} 为参考电压，A/D转换公式为：

$$U_i = D \times U_{ref}/2^n \tag{3.3}$$

式中 $D = D_0 \times 2^0 + D_1 \times 2^1 + \cdots + D_{n-1} \times 2^{n-1}$。

A/D转换器分类方法较多，目前常用的分类方法主要包括两类：按照转换原理形式不同，可划分为逐次逼近式、双积分式和 V/F 变换式；按照信号传输形式不同，可划分为并行 A/D 和串行 A/D。

6.1.2 A/D转换基本原理

模拟量在时间和数值上是连续的，数字量在时间和数值上是离散的。两者之间的转换需要对模拟信号进行时间上离散化（采样）和数值上离散化（量化）处理。通常 A/D 转换过程包括采样、量化和编码、保持四个阶段。

（1）采样定理

图 3.50 为取样频率大于等于两倍被采集模拟信号包含的最高频率时的采样原理结构示意及波形。

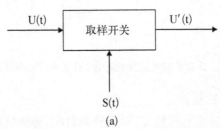

(a)

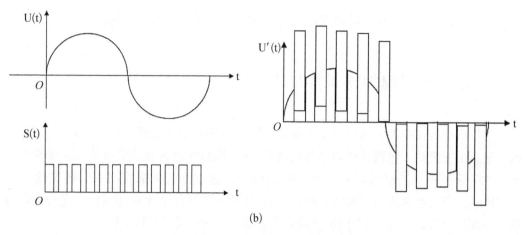

图 3.50　采样原理结构示意(a)和波形(b)

（2）量化和编码

量化是指将采样电压转化为数字量最小数量单位的整数倍的过程,而编码则指将量化结果以编码的形式表示出来的过程。

（3）采样保持电路

图 3.51 为采样保持电路结构示意及采样输出波形。

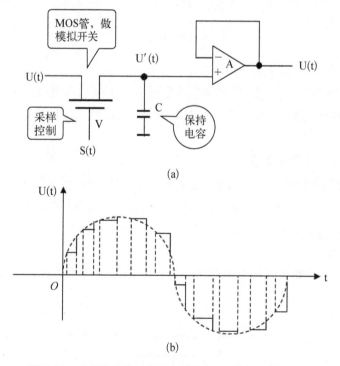

图 3.51　采样保持电路结构示意(a)及采样输出波形(b)

6.1.3　A/D 转换器性能指标

A/D 转换器主要的性能指标包括分辨率、转换时间、转换精度、线性度和量程等。

（1）分辨率

分辨率是指 A/D 转换器可转换成数字量的最小电压，常用 A/D 的位数（8、10、12 等位）来表示。分辨率体现 A/D 转换器对最小模拟输入值的敏感程度，即 A/D 转换器的输出数字量越多，分辨率越高。

（2）转换时间

转换时间是指从启动转换信号到转换结束并得到稳定的数字量所需的时间。通常来说，转换速度越快越好，尤其是对于动态信号采集，其转换速度更加关键。按照转换时间不同，目前可将转换速度划分为以下几类：

① 低速 A/D 转换器，转换时间 <1 s。

② 中速 A/D 转换器，转换时间 <1 ms。

③ 高速 A/D 转换器，转换时间 <1 μs。

④ 超高速 A/D 转换器，转换时间 <1 ns。

此外，对于动态连续信号的采集，为了保证信号形态被还原，要求必须在一个信号周期内采集两个以上的数据，即最小采样原理。

（3）转换精度

转换精度有绝对转换精度和相对转换精度之分。其中，绝对转换精度是指输入满刻度数字量时，输出的模拟量接近理论值的程度，与标准电源和权电阻关系密切。相对转换精度是指在满刻度范围内任意数字对应的模拟量输出与其理论值的差额，体现转换器的线性度。一般来说，相对转换精度的实用性要比绝对转换精度强。

（4）线性度

线性度是指当模拟量变化时 A/D 转换器输出的数字量按比例变化的程度。

（5）量程

量程是指能够转换的电压范围，如 $0\sim5$ V、$0\sim10$ V 等。

6.2 D/A 转换接口电路

6.2.1 D/A 转换器及分类

D/A 转换，又称数模转换，是指从数字信号到模拟信号的转换过程。D/A 转换器（DAC）是指实现 D/A 转换的电路。通常，D/A 转换器主要是由权电阻网络、运算放大器、基准电源和模拟开关等部分构成。

（1）根据输出形式分类

① 电压输出型 D/A 转换器，通常采用内置输出放大器以低阻抗形式输出。由于无输出放大器部分的延迟，故常作为高速 D/A 转换器使用。

② 电流输出型 D/A 转换器，通常将外接电流-电压转换电路得到电压输出。目前，常采用外接运算放大器的形式实现电流-电压转换和输出。由于在电流建立时间上加入了外接运算放入器的延迟，故导致 D/A 响应变慢。

③ 乘算型 D/A 转换器，是指将数字输入和基准电压输入相乘的结果输出的转换器，

不仅可以进行乘法运算,而且可以作为使输入信号数字化地衰减的衰减器及对输入信号进行调制的调制器使用。

(2) 按照建立时间长短分类

① 低速 D/A 转换器,建立时间≥100 μs。

② 中速 D/A 转换器,建立时间为 10～100 μs。

③ 高速 D/A 转换器,建立时间为 1～10 μs。

④ 较高速 D/A 转换器,建立时间为 100 ns～1 μs。

⑤ 超高速 D/A 转换器,建立时间为＜100 ns。

此外,按照电阻网络结构不同,还可将 D/A 转换器划分为权电阻网络 D/A 转换器、T 型电阻网络 D/A 转换器、倒 T 型电阻网络 D/A 转换器、权电流 D/A 转换器等类型。

6.2.2　D/A 转换器工作原理

以 T 型电阻网络 D/A 转换器为例,在 T 型电阻网络 D/A 转换器中,输出电压的大小与数字量具有显著的对应关系。

D/A 转换的基本原理就是应用电阻解码网络将 N 位数字量逐位地转换为模拟量并求和,进而实现将 N 位数字量转换为相应的模拟量。设 D 为 n 位二进制数字量,U_A 为电压模拟量,U_{REF} 为参考电压,D/A 转换公式为:

$$U_A = D \times U_{REF}/2^n \tag{3.4}$$

式中 $D = D^0 \times 2^0 + D^1 \times 2^1 + \cdots + D^{n-1} \times 2^{n-1}$。

6.2.3　D/A 转换器的主要性能指标

D/A 转换器主要的性能指标包括分辨率、转换时间、转换精度、线性度和线性误差等。

(1) 分辨率

分辨率是指描述 D/A 转换对输入变量变化的敏感程度,即 D/A 转换器能分辨的最小电压值。常用输入端待进行转换的二进制数的位数来表示,位数越多,分辨率越高。

(2) 转换时间

转换时间即数字量输入到模拟量输出达到稳定所需的时间。通常来说,电流型 D/A 转换器的转换时间约在几秒到几百微秒之内。电压型 D/A 转换器转换时间主要取决于运算放大器的响应速度,其转换速度明显比电流型 D/A 转换器慢。

(3) 转换精度

转换精度是指 D/A 转换器实际输出与理论值之间的误差,常采用数字量的最低有效位作为衡量单位。

(4) 线性度

线性度是指当数字量变化时 D/A 转换器输出的模拟量按比例变化的程度。

(5) 线性误差

线性误差是指模拟量输出值与理想输出值之间偏离的最大值。

第二部分

单片机与接口技术开发工具

1 Keil μVision2 实验平台

1.1 介绍

μVision2 集成开发环境(IDE)是 Keil 公司开发的基于 80C51 内核的微处理器软件开发平台,内嵌多种符合当前工业标准的开发工具,可以完成工程建立和管理、编译、连接、目标代码的生成、软件仿真、硬件仿真等完整的开发流程。尤其是 C 编译工具,在产生代码的准确性和效率方面具有较高的水平,而且控制选项操作更加灵活,非常适用于大型项目开发与设计。

1.1.1 主要功能

Keil μVision2 集成开发环境主要包括以下模块:

μVision2 for Windows™:一个集成开发环境,融合了项目管理、源代码编辑和程序调试等功能。

C51 国际标准化 C 交叉编译器:从 C 源代码产生可重定位的目标模块。

A51 宏汇编器:从 80C51 汇编源代码产生可重定位的目标模块。

BL51 连接器/定位器:组合由 C51 和 A51 产生的可重定位的目标模块,生成绝对目标模块。

LIB51 库管理器:从目标模块生成链接器可以使用的库文件。

OH51 目标文件至 HEX 格式的转换器:从绝对目标模块生成 Intel HEX 文件。

RTX-51 实时操作系统:简化了复杂的实时应用软件项目的设计。

Keil Software 提供了一流的 80C51 系列开发工具软件,详细的套件及内容包括:

PK51 专业开发套件:针对 80C51 及其所有派生系列进行配置使用,适合专业开发人员建立和调试 80C51 系列微控制器的复杂嵌入式应用程序。

DK51 开发套件:针对 80C51 及其所有派生系列进行配置使用,是 PK51 的精简版,不包括 RTX51 Tiny 实时操作系统。

CA51 编译器套件:针对 80C51 及其所有派生系列进行配置使用,包括了要建立嵌入式应用的所有工具软件,不提供 μVision2 调试器的功能,仅包含 μVision2 IDE集成开发环境。

A51 汇编器套件:针对 80C51 及其所有派生系列进行配置使用,包括一个汇编器和创建嵌入式应用所需要的所有工具。

RTX51 实时操作系统(FR51)：80C51 系列微控制器的一个实时内核,提供 RTX51 Tiny 的所有功能和一些扩展功能,并且包括 CAN 通讯协议接口子程序。

表 3.16 为不同套件功能对比情况。

表 3.16　比 较 表

部　　件	PK51	DK51	CA51	A51	FR51
μVision2 项目管理器和编辑器	√	√	√	√	
A51 汇编器	√	√	√	√	
C51 编译器	√	√	√		
BL51 连接器/定位器	√	√	√	√	
LIB51 库管理器	√	√	√	√	
μVision2 调试器/模拟器	√	√			
RTX51 Tiny	√				
RTX51 Full					√

1.1.2　安装

（1）系统要求

安装 Keil μVision2 IDE 软件时,为保证编译器和其他程序功能正常运行,最低软、硬件要求包括：Pentium、Pentium - II 或兼容处理器的 PC;Windows95、Windows98、Windows NT4.0;至少 16 MB RAM;至少 20 MB 硬盘空间。

（2）软件的安装

① 将安装程序复制到 C:\TKS 中,进入 C:\TKS\ Keil C V7.0\Setup 目录下。此时,在安装文件中找到序列号,随后双击 SETUP.EXE 文件即可开始安装。

② 在安装向导对话框(图 3.52)中,询问用户是安装、修复更新或是卸载软件,用户可以根据需要进行选择。如果是第一次安装该软件,则需要选择第一项 Install Support for Additional... 进行安装。

③ 单击 Next 命令按钮,此时出现如图 3.53 所示的安装询问对话框,提示用户是安装完全版还是评估版。用户可根据需要选择相应的安装版本。

④ 在此后弹出的多个确认对话框中依次选择 Next ,随后出现安装路径设置对话框,默认路径是 C:\KEIL。用户可以根据需要点击 Browse 进行相应路径修改。

⑤ 随后点击 Next 命令按钮,在出现的询问确认对话框中再次点击 Next 命令按钮确认即可安装进度指示画面。

⑥ 安装完毕后单击 Finish 确认,此时在 PC 桌面上生成 Keil μVision2 软件快捷图标。

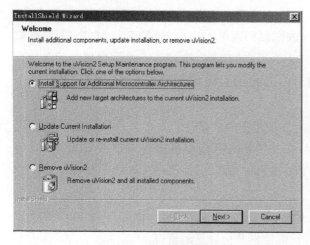

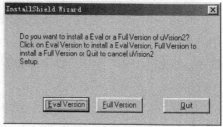

图 3.52 安装向导画面　　　　图 3.53 安装询问画面

1.2 开发环境

1.2.1 Keil 集成开发环境

（1）μVision2 IDE

μVision2 IDE 包括工程管理器、编辑器、选项设置生成工具和在线帮助等。用户可以使用 μVision2 创建源文件，并通过应用工程加以管理。μVision2 IDE 能够自动完成编译、汇编、链接程序等操作，用户只需要专注开发工作效果即可。

（2）C51 编译器和 A51 汇编器

由 μVision2 IDE 创建的源文件可以被 C51 编译器或 A51 汇编器处理生成可重定位的 object 文件。Keil C51 编译器除了按照 ANSI C 标准支持 C 语言外，还增加了若干支持 80C51 结构的特性。Keil A51 宏汇编器支持 80C51 及其派生系列的所有指令集。

（3）LIB51 库管理器

LIB51 库管理器能够从经汇编器与编译器创建的目标文件中建立目标库。这些库是按规定格式排列的目标模块，后续可以被链接器调用。其中，当链接器处理库时仅仅引用了库中目标模块，而不是整个库文件。

（4）BL51 连接器/定位器

BL51 连接器/定位器利用从库中提取出来的目标模块和由编译器、汇编器生成的目标模块，进而创建一个绝对地址目标模块，所有的代码和数据都被固定在具体的存储器单元中。绝对地址目标文件常用于编程 EPROM 或其他存储器设备、目标调试与模拟、在线仿真器程序测试等方面。

（5）μVision2 软件调试器

μVision2 软件调试器含有一个高速模拟器，能够模拟包括片上外围器件和外部硬件在内的整个 80C51 系统和程序测试。此外，当软件调试器被选中时，系统会自动配置其相应的属性信息。

（6）μVision2 硬件调试器

μVision2 硬件调试器是相对于软件调试器而言的。当前，通常安装 MON51 目标监控器到目标系统，借助 Monitor‐51 接口下载用户的程序，将 μVision2 调试器与相关仿真器（TKS 系列）的硬件系统相连接，通过 μVision2 的人机交互环境完成硬件仿真操作。

（7）RTX51 实时操作系统

作为针对 80C51 微控制器系列的一个多任务内核，RTX51 实时内核简化了复杂应用的系统设计、编程和调试等过程。由于多任务内核完全集成在 C51 编译器中，使用简单、高效，且 BL51 连接器/定位器能够自动进行控制，保证了任务描述表与操作系统的一致性。

此外，μVision2 软件环境功能强大、操作界面友好、操作简单，例如，丰富的菜单栏与命令按钮工具栏、简洁的源代码文件窗口、对话框及信息显示窗口。

1.2.2　菜单栏命令、工具栏和快捷方式

Keil μVision2 软件安装成功后，通过点击桌面快捷图标即可进入如图 3.54 所示的操作界面。

图 3.54　μVision2 操作界

操作界面具体包括以下菜单栏命令、工具栏和快捷方式：

（1）文件菜单和文件命令（File）

表 3.17 为文件菜单和文件命令。

表 3.17 文件菜单和文件命令

File 菜单	工具栏	快捷键	描 述
New		Ctrl+N	创建一个新的源文件或文本文件
Open		Ctrl+O	打开已有的文件
Close			关闭当前的文件
Save		Ctrl+S	保存当前的文件
Save All			保存所有打开的源文件和文本文件
Save as ...			保存并重新命名当前的文件
Device Database			维护 μVision2 器件数据库
Print Setup ...			设置打印机
Print		Ctrl+P	打印当前的文件
Print Preview			打印预览
1~9			打开最近使用的源文件或文本文件
Exit			退出 μVision2,并提示保存文件

（2）编辑菜单和编辑器命令（Edit）

表 3.18 为编辑菜单和编辑器命令。

表 3.18 编辑菜单和编辑器命令

Edit 菜单	工具栏	快捷键	描 述
		Home	将光标移到行的开始处
		End	将光标移到行的结尾处
		Crtl+Home	将光标移到文件的开始处
		Ctrl+End	将光标移到文件的结尾处
		Ctrl+←	将光标移到上一个单词
		Ctrl+→	将光标移到下一个单词
		Ctrl+A	选中当前文件中的所有文字

续　表

Edit 菜单	工具栏	快捷键	描　　述
Undo	↺	Ctrl+Z	撤销上一次操作
Redo	↻	Ctrl+Shift+Z	重做上一次撤销的命令
Cut	✂	Ctrl+X	将选中的文字剪切到剪贴板
		Ctrl+Y	将当前行的文字剪切到剪贴板
Copy	📋	Ctrl+C	将选中的文字复制到剪贴板
Paste	📋	Ctrl+V	粘贴剪贴板的文字
Indent Selected Text	🔧		将选中的文字向右缩进一个制表符位
Unindent Selected Text	🔧		将选中的文字向左缩进一个制表符位
Toggle Bookmark	🔖	Ctrl+F2	在当前行放置书签
Goto Next Bookmark	🔖	F2	将光标移到下一个书签
Goto Previous Bookmark	🔖	Shift+F2	将光标移到上一个书签
Clear All Bookmarks	🔖		清除当前文件中的所有书签
Find	command ▼	Ctrl+F	在当前文件中查找文字
		F3	继续向前查找文字
		Shift+F3	继续向后查找文字
		Ctrl+F3	查找光标处(选中)的单词
		Ctrl+]	查找匹配的花括号、圆括号、方括号(使用这个命令时请将光标移到一个花括号、圆括号或方括号的前面)
Replace		Ctrl+H	替换特定的文字
Find in Files ...	🔍		在几个文件中查找文字

（3）选择文本命令

在 μVision2 IDE 中，用户可以通过按键 Shift 键和相应的光标键来选择文字。例如，Ctrl+→是将光标移到下一个单词，Ctrl+Shift+→是选中从光标的位置到下一个单词开始前的文字。同时，用户亦可用鼠标选择文字。

（4）视图菜单（View）

表 3.19 为视图菜单。

表 3.19 视 图 菜 单

View 菜单	工具栏	快捷键	描　　　述
Status Bar			显示或隐藏状态栏
File Toolbar			显示或隐藏文件工具栏
Build Toolbar			显示或隐藏编译工具栏
Debug Toolbar			显示或隐藏调试工具栏
Project Window	▣		显示或隐藏工程窗口
Output Window	▣		显示或隐藏输出窗口
Source Browser	▣		打开源(文件)浏览器窗口
Disassembly Window	▣		显示或隐藏反汇编窗口
Watch & Call Stack Window	▣		显示或隐藏观察和堆栈窗口
Memory Window	▣		显示或隐藏存储器窗口
Code Coverage Window	▣		显示或隐藏代码覆盖窗口
Performance Analyzer Window	▣		显示或隐藏性能分析窗口
Symbol Window			显示或隐藏符号变量窗口
Serial Window #1	▣		显示或隐藏串行窗口 1
Serial Window #2			显示或隐藏串行窗口 2
Toolbox	▣		显示或隐藏工具箱
Periodic Window Update			在运行程序时,周期刷新调试窗口
Workbook Mode			显示或隐藏工作簿窗口的标签
Options ...			设置颜色、字体、快捷键和编辑器选项

（5）工程菜单和工程命令（Project）

表 3.20 为工程菜单和工程命令。

表 3.20　工程菜单和工程命令

Project 菜单	工具栏	快捷键	描　　　述
New Project ...			创建一个新的工程
Import μVision1 Project ...			输入一个 μVision1 工程文件

续 表

Project 菜单	工具栏	快捷键	描　　述
Open Project ...			打开一个已有的工程
Close Project ...			关闭当前的工程
Target Environment			定义工具系列、包含文件、库文件的路径
Targets,Groups,Files			维护工程的对象、文件组和文件
Select Device for Target			从器件数据库选择一个 CPU
Remove ...			从工程中删去一个组或文件
Options ...		Alt+F7	设置对象、组或文件的工具选项
	![icon]		设置当前目标的选项
	MCB251 ▼		选择当前目标
File Extensions			选择文件的扩展名以区别不同的文件类型
Build Target	![icon]	F7	转换修改过的文件并编译成应用
Rebuild Target	![icon]		重新转换所有的源文件并编译成应用
Translate ...	![icon]	Ctrl+F7	转换当前的文件
Stop Build	![icon]		停止当前的编译进程
1~9			打开最近使用的工程文件

（6）调试菜单和调试命令（Debug）

表 3.21 为调试菜单和调试命令。

表 3.21　调试菜单和调试命令

Debug 菜单	工具栏	快捷键	描　　述
Start/Stop Debugging	![icon]	Ctrl+F5	启动或停止 μVision2 调试模式
Go	![icon]	F5	运行（执行），直到下一个有效的断点
Step	![icon]	F11	跟踪运行程序
Step Over	![icon]	F10	单步运行程序
Step out of current function	![icon]	Ctrl+F11	执行到当前函数的程序
Stop Running	![icon]	ESC	停止程序运行

续　表

Debug 菜单	工具栏	快捷键	描　　述
Breakpoints ...			打开断点对话框
Insert/Remove Breakpoint	🖐		在当前行设置/清除断点
Enable/Disable Breakpoint	🖐		使能/禁止当前行的断点
Disable All Breakpoints	🖐		禁止程序中所有断点
Kill All Breakpoints	🖐		清除程序中所有断点
Show Next Statement	⇨		显示下一条执行的语句/指令
Enable/Disable Trace Recording	REC		使能跟踪记录,可以显示程序运行轨迹
View Trace Records			显示以前执行的指令
Memory Map ...			打开存储器空间配置对话框
Performance Analyzer ...			打开性能分析器的设置对话框
Inline Assembly ...			对某一行重新汇编,可以修改汇编代码
Function Editor			编辑调试函数和调试配置文件

（7）外围器件菜单（Peripherals）

表 3.22 为外围器件菜单。

表 3.22　外围器件菜单

Peripheral 菜单	工具栏	快捷键	描　　述
Reset CPU	RST		复位 CPU
Interrupt, I/O - Ports, Serial, Timer, A/D Converter, D/A Converter, I²C Controller, CAN Controller, Watchdog			打开在片外围器件的对话框。对话框的列表和内容由用户在器件数据库中选择的 CPU 决定,不同的 CPU 会有所不同

（8）工具菜单（Tools）

通过工具菜单可以配置与运行 Gimpel PC－Lint、Siemens Easy－Case 和用户程序，执行 Customize Tools Menu …可以将用户程序添加到菜单中。

表 3.23 为工具菜单。

表 3.23　工　具　菜　单

Tools 菜单	工具栏	快捷键	描　　述
Setup PC－Lint …			配置 Gimpel Software 公司的 PC－Lint
Lint			在当前的编辑文件中运行 PC－Lint
Lint all C Source Files			在工程的 C 源代码文件中运行 PC－Lint
Setup Easy－Case …			配置 Siemens Easy－Case
Start/Stop Easy－Case			启动或停止 Siemens Easy－Case
Show File(Line)			在当前编辑的文件中运行 Easy－Case
Customize Tools Menu …			将用户程序加入工具菜单

（9）软件版本控制系统菜单（SVCS）

该菜单可以配置和添加软件版本控制系统（Software Version Control System）命令。

（10）视窗菜单（Window）

表 3.24 为视窗菜单。

表 3.24　视　窗　菜　单

Window 菜单	工具栏	快捷键	描　　述
Cascade			层叠所有窗口
Tile Horizontally			横向排列窗口（不层叠）
Tile Vertically			纵向排列窗口（不层叠）
Arrange Icons			在窗口的下方排列图标
Split			将激活的窗口拆分成几个窗格
1～9			激活选中的窗口对象

（11）帮助菜单（Help）

表 3.25 为帮助菜单。

表 3.25　帮　助　菜　单

Help 菜单	工具栏	快捷键	描　　　述
Help topics			打开在线帮助
About μVision			显示 μVision 的版本号和许可信息

1.3　应用程序创建及编译与仿真调试

1.3.1　应用程序创建

以创建一个新的工程文件 Led_Light.μV2 为例,详细介绍具体的建立过程。

① 通过运行 Keil μVision2 快捷图标进入如图 3.55 所示的集成开发界面。

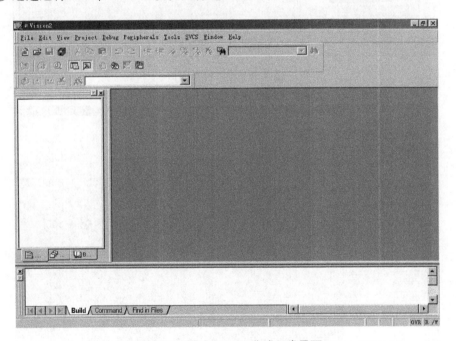

图 3.55　Keil μVision2 集成开发界面

② 点击工具栏的 Project 选项,在下拉菜单中选择 New Project 命令,建立一个新的 Keil μVision2 工程,输入信息包括工程名称、存放路径等。

③ 在工程建立完毕以后,弹出如图 3.56 所示的器件选择窗口。用户可以根据选择进行 SFR 预定义。例如,根据需要选择相应的器件组并选择相应的器件型号,在软硬件仿真中提供易于操作的外设浮动窗口等。

④ 至此,用户已建立了一个选择好了目标器件的空白工程项目文件。程序文件的添加必须人工进行。如果程序文件在添加前还没有建立,那么用户必须建立新的程序文件。通过点击工具栏的 File 选项,在弹出的如图 3.57 所示的下拉菜单中选择 New 命令,出现新文件窗口 Text1,如果多次执行 New 命令则会出现 Text2、Text3 等多个新文件窗口。

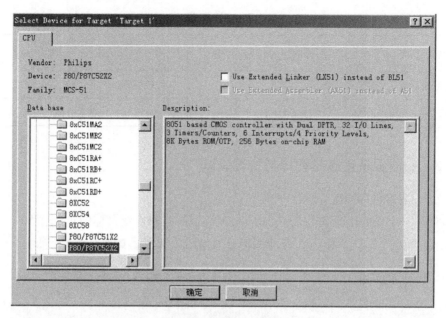

图 3.56　器件选择窗口

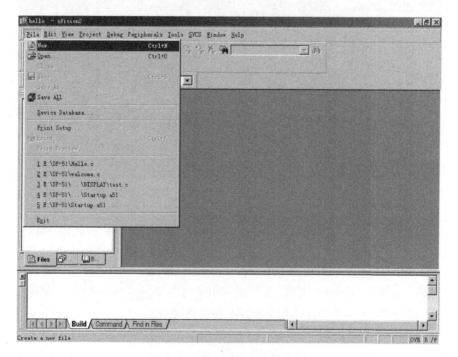

图 3.57　新建源程序下拉菜单

⑤ 随后,在新文件窗口 Text1 中输入或拷贝已有源程序,例如,Led_Light.asm。用户可以执行输入、删除、选择、拷贝、粘贴等基本文字处理命令。

⑥ 输入完毕后点击工具栏的 File 选项,在弹出的下拉菜单中选择 保存 命令存盘源程序文件,弹出如图 3.58 所示的存盘源程序画面。

图 3.58　源程序文件保存对话框

⑦ 新建立的程序文件 Led_Light.asm 与 Led_Light.μV2 工程还没有建立起任何关系，需要用户将 Led_Light.asm 源程序添加到 Led_Light.μV2 工程中。在 Project Windows 窗口内，选中 Source Group1 后点击鼠标右键，在弹出如图 3.59 所示的快捷菜单中选择 Add files to Group "Source Group1" 命令，出现添加源程序文件窗口，选择刚才创建编辑的源程序文件 Led_Light.asm，单击 Add 命令即可把源程序文件添加到项目中。

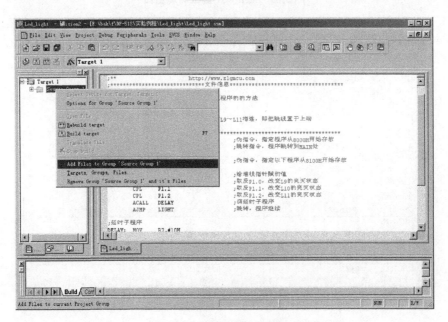

图 3.59　添加源程序快捷菜单

1.3.2 程序文件的编译与连接

（1）编译连接环境设置

μVision2 调试器可以调试用 C51 编译器和 A51 宏汇编器开发的应用程序。用户通过点击工具栏 Project 选项选择下拉菜单中选择 Option For Target 'Target 1' 命令为目标设置工具选项，弹出如图 3.60 所示的调试环境设置窗口。此时，依次点击 Output 选项卡和 Create Hex File 选项，在编译时系统将自动生成目标代码文件 *.HEX。图 3.61 为选择 Debug 选项会出现的工作模式选择窗口，用户可以在此设置不同的仿真模式。

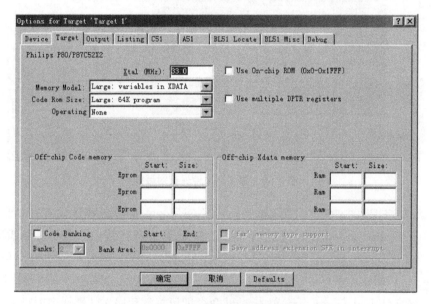

图 3.60　Keil C51 调试环境窗口

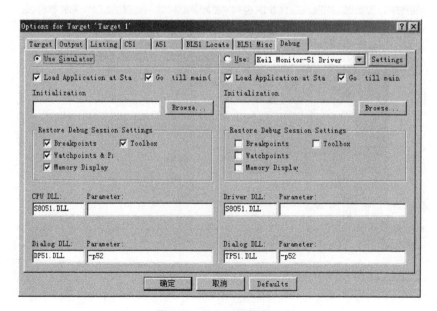

图 3.61　Debug 设置窗口

从图 3.61 中看出，μVision2 包括 Use Simulator（软件模拟）和 Use（硬件仿真）等两种工作模式。其中，Use Simlator 选项是将 μVision2 调试器设置成软件模拟仿真模式，此模式下不需要实际的目标硬件就可以模拟 80C51 微控制器的很多功能，在准备硬件之前就可以测试应用程序；Use 选项有高级 GDI 驱动（TKS 仿真器）和 Keil Monitor-51 驱动，此模式下用户通过将 Keil μVision 嵌入到系统中实现在目标硬件上调试程序。

（2）程序的编译与连接

点击工具栏 Project 选项，在下拉菜单中选择 Build Target 命令对源程序文件进行编译，或选择 Rebuild All Target Files 命令对所有的工程文件进行重新编译，并在弹出如图 3.62 所示对话框中输出相关信息。

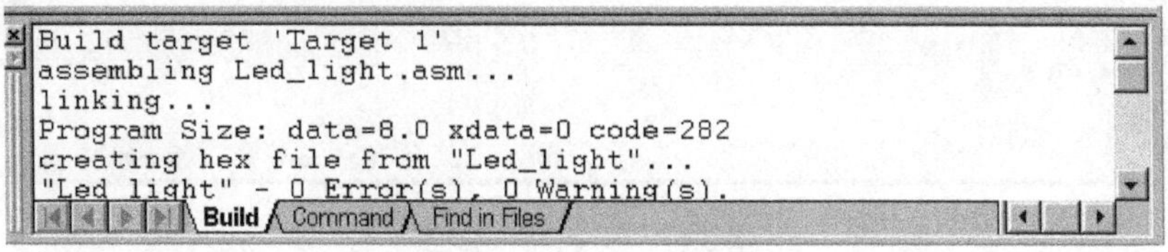

```
Build target 'Target 1'
assembling Led_light.asm...
linking...
Program Size: data=8.0 xdata=0 code=282
creating hex file from "Led_light"...
"Led light" - 0 Error(s), 0 Warning(s).
```

图 3.62　输出相关信息

从图 3.62 中看出，第二行 assembling Led_light.asm …就是此时正在编译 Led_light.asm 源程序，第三行 linking... 为此时正在连接工程项目文件，第五行 creating hex file from "Led_light" ...为已生成目标文件 Led_light.hex，最后一行为 Led_light.μV2 项目在编译过程中不存在错误和警告，编译连接成功。相对应的，如果编译过程中出现错误，系统会给出错误所在的行和该错误提示信息，用户应根据这些提示信息更正程序中出现的错误，并重新编译直至完全正确为止。

至此，一个完整的工程项目 Led_light.μV2 已经初步建立。但是，在实际的单片机应用开发与设计中，一个符合要求的、好的工程项目（系统、文件或程序）往往还需要经过软件模拟、硬件仿真、现场系统调试等反复修改、更新等。

1.3.3　仿真调试

仿真调试是指运行 TKSMonitor51 仿真器中单片机 P87C52X2 内部的 MON51 监控程序，把用户的应用程序装载到外部 SRAM 中，从而实现运用 Keil μVision2 集成开发环境所提供的所有调试命令来调试用户的应用程序或仿真用户的应用系统。

（1）进入调试状态

① 要确保 DP-51PROC 实验箱处于下载状态。在 TKSMonitor51 仿真器上，设置工作模式为 LOAD 模式，将 TKSMonitor51 仿真器的仿真头插入到 DP-51PROC 实验箱的 U13 锁紧座上，断开 ISP 与 JP14 并按下复位按键"RESET"。

② 将 TKSMonitor51 仿真器接上串口线，在 PC 机上双击 DPFlash 下载软件的快捷图标运行 DPFlash 下载软件。此时弹出如图 3.63 所示的操作界面，在 型号 下拉菜单选择 DP-51PROC ，通信口选择相应的通信口。

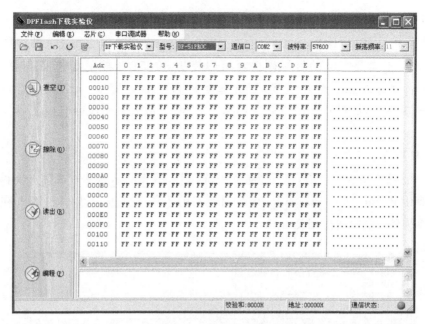

图 3.63　下载操作界面

③ 点击 编程 命令按钮弹出如图 3.64 所示的编程窗口界面,从中选择 其他编程选择 下的 编程 MON51 选项,单击 编程 命令按钮即可自动把 MON51.HEX 监控程序下载到 TKSMonitor51 仿真器的 Flash 中。若无异常,则提示 编程正常结束 ,关闭窗口退出软件即可。

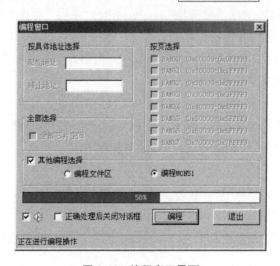

图 3.64　编程窗口界面

④ 设置仿真器上的工作模式为 RUN,点击复位键(RESET)开始运行 MON51 程序。

(2) 调试状态的存储器模型

当 TKSMonitor51 仿真器处于调试状态时,可在 Keil μVision2 集成开发环境下调试 MON51 监控程序,故又称为 MON51 调试器。在调试状态下,TKSMonitor51 仿真器的 存储器空间分配结构如表 3.26 所示。

表 3.26　调试状态下存储空间分配结构

FLASH(外部程序空间)		SRAM(外部数据空间)	
		用户数据区	0FFFFH 0C000H
		(仿真) 用户程序区	0BFFFH 8000H
内部 MON51 监控程序	7FFFH 0000H	用户扩展 I/O 映射区 (用户使用)	7FFFH 0000H

系统复位后,TKSMonitor51 仿真器执行"MON51 监控程序"。在调试状态下,应用程序必须从 SRAM 的 0x8000 地址开始存放,相对应的,中断矢量也从相应的地址单元转移到从 0x8000 开始的对应单元中。

(3) 调试前的准备工作

将随机提供的串口通信电缆的一端连接 TKSMonitor51 仿真器的 RS-232 串行通信口,另一端则连接到 PC 机的串口上(COM1 或 COM2);打开工作电源并下载 MON51 监控程序到实验箱中。

① 双击 Keil μVision2 快捷图标进入集成开发环境,此时系统自动打开如图 3.65 所示的上次正确退出时所编辑的工程项目界面。

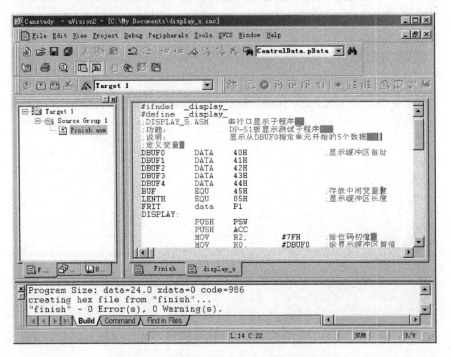

图 3.65　Keil μVision2 集成开发环境界面

② 点击 Project 项,在下拉式菜单中选择 Option for Target 'Target 1' 弹出调试环境设置界面。

③ Target 属性设置,由于 TKSMonitor51 仿真器中的 MON51 监控程序已经占用 0000H~7FFFH 地址单元的程序存储空间,因此新的应用程序必须从 8000H 地址单元开始存放,即用户应设置 Off–Chip Code Memory 栏内的 Eprom 选项。图 3.66 和图 3.67 分别为 Target 属性设置和 C51 属性设置示意。

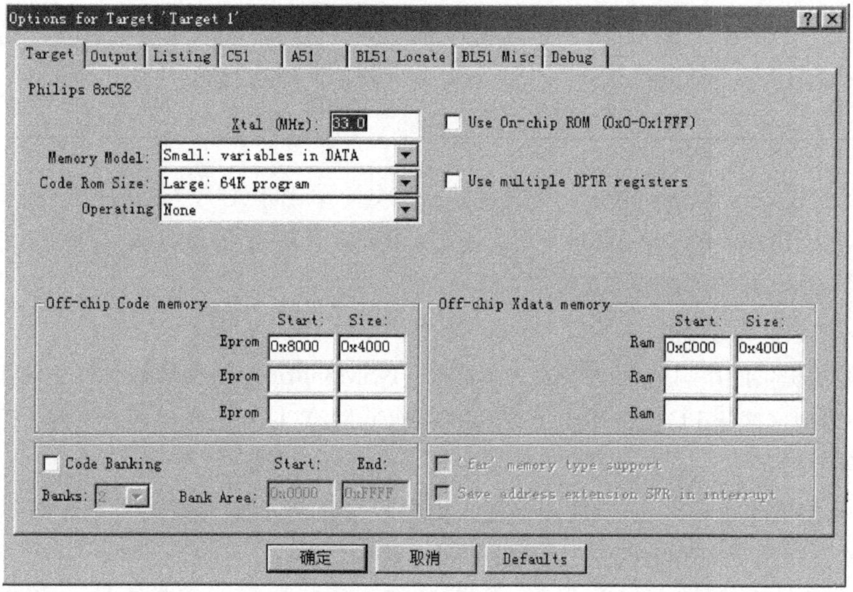

图 3.66 Target 属性设置

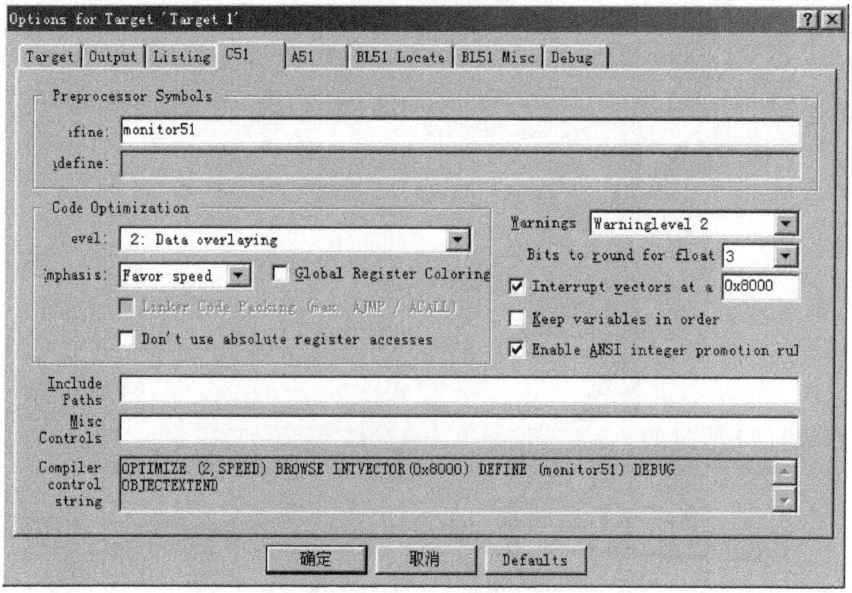

图 3.67 C51 属性设置

④ Debug 环境设置，点击 Debug 即可进入如图 3.68 所示的设置界面。其中，Settings
选项提供一个串口通信设置环境（图 3.69），可以灵活设置串行通信的端口和波特率。

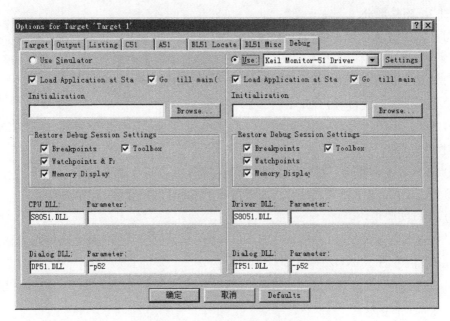

图 3.68　Debug 调试环境设置

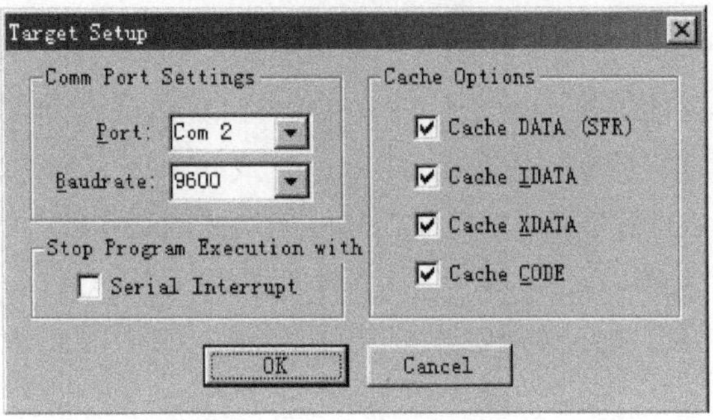

图 3.69　串口属性设置

⑤ 对于 Output、Listing、A51、BL51 Locate、BL51 Misc 等其他选项，用户可按默认值
进行设置或不用设置，最后点击 确定 完成设置。

2　DJ－598PCI 实验平台

实验平台主要包括 PCI 接口卡和 DJ－598PCI 实验箱，两者之间通过一根 62 芯的长
扁平电缆相连接。PCI 接口卡主要由 PCI9054、93CS56L 等构成。其中，PCI9054 是一种
从模式桥芯片，93CS56L 用于存放 PCI9054 初始化设置信息。

2.1 DJ-598PCI 实验箱

2.1.1 硬件部分

DJ-598PCI 实验箱主要包括多个模块:

① 主控模块,包括 PCI 转 8/16/32 位接口,配有 PCI 接口转换卡。

② 常用 I/O 实验模块,包括 8253、8255、8250、RS232、8251 等。

③ PCI 中断模块,包括 PCI 中断、8259 中断。

④ AD/DA 模块,包括 ADC0809-TLC549 的 A/D 转换、DAC0832-TLC5615 的 DA 转换。

⑤ DRAM 实验模块,包括 PCI9054 DMA 传送、8237 DMA 传送。

⑥ 键盘 LED 显示模块,包括 4×6 键盘、6 位 LED 八段显示、点阵显示。

⑦ LCD 实验模块。

⑧ 控制与信号源模块,包括 12 个 LED、8 路手动电平控制、2 路手动单脉冲输出、15 路振荡方波信号源 32 KHz～1 MHz。

⑨ 电机、喇叭模块,包括四相步进电机、直流电机、音频电路、蜂鸣器、单刀双掷继电器等。

⑩ ISP 下载接口。

⑪ 系统电源,包括+5 V/3 A、±12 V/0.5 A、−5～0 V 直流可调电压。

2.1.2 软件部分

在很多接口实验中,常采用 Visual C++ 6.0、WinDDK、DriverStudio 等工具进行驱动开发。调试工具不仅能够准确地了解驱动的运行情况,还能对驱动进行跟踪和修改。目前,在众多调试工具中,通常采用 DriverMonitor 或 SoftIce(DriverStudio 自带)。此外,用户亦可采用 windriver 开发驱动进行前期的硬件快速测试和基本的读写测试等工作。

在 DJ-598PCI 实验箱中,几乎所有应用程序都采用 Visual C++6.0 开发,因此,为了确保实验顺利开展,用户 PC 中还必须安装相应的 Visual C++ 6.0、WinDDK、DriverStudio 等软件。

2.2 PCI9054 接口卡

PCI9054 是采用 PQFP176pins 封装的低成本 PCI 总线接口芯片,具有低功耗、速度快等优点,能够将局部总线快速转换到 PCI 总线上。根据接口类型不同,可将 PCI9054 接口细分为 PCI 总线接口、局部总线接口、串行总线接口等三类。

作为以总线为目标的接口芯片类型,PCI9054 能够为非 PCI 设备与 PCI 总线之间提供数据通道。具体包括以下几个方面:

2.2.1 复位与初始化

上电时,PCI9054 的内部寄存器由 PCI 总线的 RST♯信号复位在局部总线上输出 LRESET♯信号。PCI 总线上的主控设备也可设置寄存器 CNTRL[30]＝1 使 PCI9054 的寄存器复位。但是,主设备只能访问配置寄存器,而不能访问局部总线。当 CNTRL

[30]＝0 时,清除 PCI9054 的复位状态。

2.2.2 串行 EEPROM

复位后,PCI9054 总线上的主机可以对串行 EEPROM 进行读写,寄存器 CNTRL
[29：24]控制着 PCI9054 的管脚对 EEPROM 的位进行读写。通过将重载配置寄存器位
CNTRL[29]置 1,进而用串行 EEPROM 重新配置 PCI9054。其中,串行 EEPROM 根据
重要性的先后顺序进行信息配置。

2.2.3 内部寄存器

PCI 接口的内存空间和 I/O 空间由计算机的 BIOS 自动设置。局部总线寄存器允许
将 PCI 地址空间转换为局部总线地址空间。

2.2.4 工作模式

PCI9054 总线含有 C、J、M 三种工作模式,能够支持内存映射或 I/O 映射的 8 位、
16 位、32 位设备。其中,M 模式主要为 MOTOLA 芯片提供无缝连接,J 模式主要将
PCI9054 配置为非复用模式,C 模式为非多路复用的 32 位地址和数据总线,能够满足绝
大多数用户需求。

（1）局部片选

由于 PCI9054 总线没有提供片选信号,因此需要为片选信号在外部加上地址解码逻
辑才能对局部地址空间进行分配。

（2）PCI/LOCAL 中断与用户 I/O

PCI9054 总线提供有局部中断输入、内部中断和中断控制/状态寄存器位（INTCSR）。

此外,在 EEPROM 中 PCI 寄存器可由计算机自动配置,用户无须干预,而局部总线
寄存器则由用户根据个人的需要自定义设置。所以,在编辑 EEPROM 时要确保各寄存
器的设置前后一致,避免相互冲突。

第三部分

实验指导（一）——基础实验

实验一　基于 C51 单片机外部扩展总线的控制实验

1.1　实验目的

学习使用单片机外部扩展总线的技术，研究用单片机控制舞台灯光的方案。

1.2　实验要求及仪器

将锁存器 74LS377 和 74LS373 看作外部数据空间单元，用 MOVX 类指令访问；P2.4、P2.5 是地址总线，则 373 的输出地址（读 373）为 2FFFH，377 的输入地址（写 377）为 1FFFH。实验中用到的实验仪器主要为安装了 Keil Cx51 μVision2 的 PC 机、DJ - 598PCI 实验箱和 PCI9054 接口卡。

1.3　实验原理

实验电路的控制逻辑如表 3.27 所示。

表 3.27　实验电路的控制逻辑

功　能	P2.5	P3.6（WR）	P2.4	P3.7（RD）	P3.3
373 打入	—	—	—	—	0
373 输出	—	—	0	0	—
377 打入	0	脉冲	—	—	—
377 输出	—	—	—	—	—

图 3.70 为锁存器 74LS377 和 74LS373 的实验电路结构示意。74LS377 是锁存器，其中输出（1Q～8Q）常开，输入（1D～8D）在 E 有效时由 Cp 脉冲打入；同理，74LS373 也是锁存器，其中输出（1Q～8Q）由 OE 端控制，在 G 端有效时输入（1D～8D）被打入。

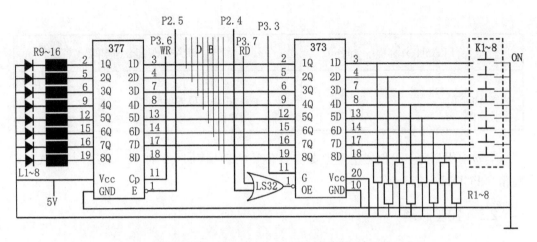

图 3.70 锁存器 74LS377 和 74LS373 的实验电路结构示意

1.4 实验内容及步骤

① 当开关全部拨到 0 时,发光管循环点亮。

② 当开关拨成 26H 时,发光管显示 26H,并循环右移,每循环 8 次,更换一次移动速度,两个速度交替使用。

③ 当开关拨成其他值时,发光管显示对应值,不移动。

④ 设计一个舞台灯光逐个打开,5 秒后又逐个关闭的控制方案。

实验二 C51 单片机片上资源开发实验

2.1 实验目的

学习单片机片上资源开发技术,研究用片上资源实现自动控制的方案。

2.2 实验要求及仪器

本实验中仿真环境的程序空间地址安排如表 3.28 所示。

表 3.28 仿真环境的程序空间地址安排

FLASH(外部程序空间)	SRAM(外部数据空间)	
	用户数据区	0FFFFH 0C000H
	(仿真) 用户程序区	0BFFFH 8000H

续　表

FLASH(外部程序空间)		SRAM(外部数据空间)	
	7FFFH		7FFFH
内部 MON51 监控程序	0000H	用户扩展 I/O 映射区 (用户使用)	0000H

实验中用到的实验仪器主要为安装了 Keil Cx51 μVision2 的 PC 机、DJ－598PCI 实验箱和 PCI9054 接口卡。

2.3　实验原理

图 3.71 为 51 单片机 LED 和 KEY 实验电路结构示意。

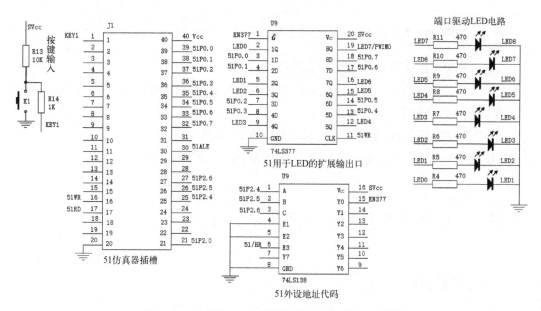

图 3.71　51 单片机 LED 和 KEY 实验电路结构示意

其中,实验板上 SW1 拨到"51Vcc"、SW2 拨到"51 实验";访问 74LS 377 的地址要求 P2.4～2.6＝000,例如,0FFFH。把 74LS 377 看作外部数据空间单元,用 MOVX 类指令访问。

2.4　实验内容及步骤

(1) 用 T0 定时 10 ms

① T0 计时期间 CPU 做 ACC 累加 1 操作。

② T0 计时到后在中断服务程序中给 R2 加 1。

③ 硬件模拟调试。

(2) 用 51 单片机 I/O 端口和扩展口控制 LED 和按键

① 按键扫描子程序,每 50 ms 检查按键状态。

② LED 输出子程序。

③ 按 1 次键,377 扩展输出口驱动 LED 灯(位输出"1"点亮相应位灯)显示内容改变 1 次(0x00 - 0x01 - 0x02 - 0x04 - 0x08 - 0x10 - 0x20 - 0x40 - 0x80 - 0xff 循环),初始状态显示 0x00。

实验三 可编程并行接口 8255A 实验

3.1 实验目的

了解可编程并行接口芯片 8255A 的内部结构、工作方式、初始化编程及应用。

3.2 实验要求及仪器

利用 8255A 的 A 口、B 口循环点亮发光二极管;利用 8255A 的 A 口模拟交通信号灯;利用 8255A 的 A 口读取开关状态,8255A 的 B 口把状态送发光二极管显示。实验中用到的实验仪器主要为安装了 Keil Cx51 μVision2 的 PC 机、DJ - 598PCI 实验箱和 PCI9054 接口卡。

3.3 实验原理

3.3.1 8255A 内部结构

(1) 数据总线缓冲器

这是一个双向三态的 8 位数据缓冲器,它是 8255A 与微机系统数据总线的接口。输入的数据、CPU 输出的控制字以及 CPU 输入的状态信息都是通过数据总线缓冲器传送的。

(2) A、B、C 三个端口

A 端口包含一个 8 位数据输出锁存器和缓冲器,一个 8 位数据输入锁存器。B 端口包含一个 8 位数据输入/输出锁存器和缓冲器,一个 8 位数据输入缓冲器。C 端口包含一个 8 位数据输出锁存器及缓冲器,一个 8 位数据输入缓冲器(输入没有锁存器)。

(3) A 组和 B 组控制电路

根据 CPU 输出的控制字来控制 8255A 工作方式的电路,其特点是共用一个端口地址相同的控制字寄存器,接收 CPU 输出的一字节方式控制字或对 C 口按位复位命令字。方式控制字的高 5 位决定 A 组工作方式,低 3 位决定 B 组的工作方式。对 C 口按位复位命令字可对 C 口的每一位实现置位或复位。A 组控制电路控制 A 口和 C 口上半部,B 组控制电路控制 B 口和 C 口下半部。

(4) 读写控制逻辑

用来控制把 CPU 输出的控制字或数据送至相应端口,也由它来控制把状态信息或输入数据通过相应的端口送到 CPU。

3.3.2 8255A 工作方式

方式 0：基本输入输出方式。

方式 1：选通输入输出方式。

方式 2：双向选通输入输出方式。

3.4 实验内容及步骤

3.4.1 流水灯实验

① 实验连线。该模块的 WR、RD 分别连到总线接口模块的 IOWR、IORD。该模块的数据（AD0～AD7）、地址线（A0～A7）分别连到总线接口模块的数据（LAD0～QD7）、地址线（LA0～LA7）。8255A 模块选通线 CE 连到总线接口模块的 28H，将 8255A 的 PB0～PB7 连到发光二极管的 L1～L8。

② 查找实验使用的源程序：ShiftLed 文件夹。

③ 编译链接运行可执行程序，观察记录发光二极管情况。

④ 寻找并修改参数，改变流水灯的点亮频率，记录相关语句。

⑤ 改变流水灯点亮的方向，记录相关语句。

3.4.2 交通灯实验

图 3.72 为交通灯实验电路图示意。

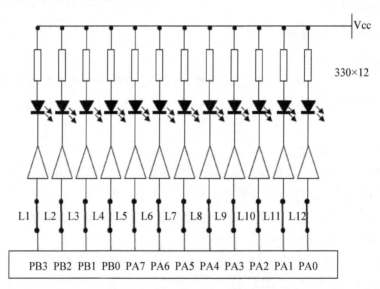

图 3.72 交通灯实验电路图示意

① 实验连线。系统已接好数据、地址及控制线路，连线 8255A 的 PA0 - L1（黄灯）、PA1 - L2（绿灯）、PA2 - L3（红灯）、PA3 - L7（黄灯）、PA4 - L8（绿灯）、PA5 - L9（红灯）。

② 查找实验使用的源程序 Traxffic 文件夹。

③ 编译链接运行可执行程序，观察发光二极管变化情况，记录红绿灯的变化时间。

④ 寻找并修改参数,改变黄灯的闪烁次数为 8 次及加快闪烁速度,记录相关语句及所在位置。

⑤ 修改程序,改变交通灯状态跟现实一样。当规则变化时,例如,东西方向绿灯变红灯时:绿灯闪,黄灯闪,再变红灯,同时,南北方向对向黄灯闪时,黄、红灯亮后再变绿灯;两边对称。

3.4.3　I/O PA 控制 PB 实验

图 3.73 为 I/O 输入输出实验电路结构示意。

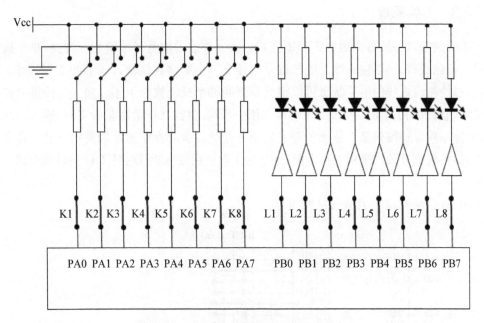

图 3.73　I/O 输入输出实验电路结构示意

① 实验连线。系统已接好数据、地址及控制线路;连接 8255A 的 PA0~PA7 接开关 K0~K7,8255A 的 PB0~PB7 接发光二极管 L1~L8。

② 打开源程序,在 Kaiguan 文件夹中建立工程。

③ 编译并生成可执行程序,运行程序,通过拨动开关观察发光二极管与开关的关系。

④ 查看源程序,尝试改变开关控制方式,记录相关语句。

实验四　8279 键盘显示及音乐实验

4.1　实验目的

掌握 PCI 总线下微机系统中扩展 8279 键盘显示接口的方法;用 8279 接口芯片来控制实验系统键盘显示,按下十六进制数字键,在数码管上会显示相应的数字;按下数字键 1~8,

在数码管上应显示相应数字的同时利用定时计数器等芯片控制喇叭发出设定频率的声音。

4.2   实验要求及仪器

由键盘输入相应的数据并显示在 LED 上。在初始状态,当没键按下时,最高位显示 P,按一个键在 LED 上显示该键值,再按一个在下一个数码管上显示,长时间按下同一个键值为连续按键,要修改的位在最后。实验中用到的实验仪器主要为安装了 Keil Cx51 μVision2 的 PC 机、DJ - 598PCI 实验箱和 PCI9054 接口卡。

4.3   实验原理

键盘的接口一般分为独立式和矩阵式。独立式按键就是各按键相互独立、每个按键各接一根输入线,一根输入线上的按键是否按下不会影响其他输入线上的工作状态。因此,通过检测输入线的电平状态可以很容易判断哪个按键被按下了。独立式按键电路配置灵活,软件结构简单。但每个按键需占用一根输入线,在按键数量较多时,输入口浪费大,电路结构显得很繁杂。故此种键盘适用于按键较少或操作速度较高的场合。若采用此方式,各按键开关均采用上拉电阻,这是为了保证在按键断开时各 I/O 接口线有确定的高电平。

图 3.74 为 8279 芯片连接结构示意。

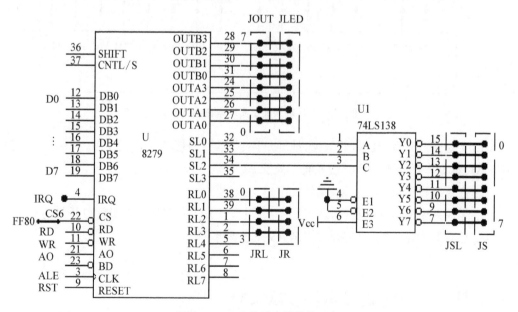

图 3.74   8279 芯片连接结构示意

4.4   实验内容及步骤

4.4.1   8279 键盘显示实验

图 3.75 为 8279 键盘显示实验电路连接结构示意。

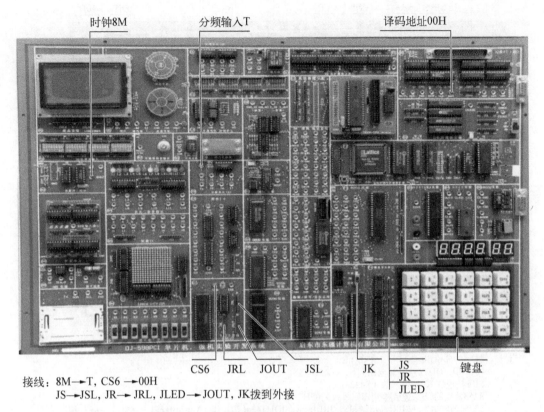

接线：8M→T, CS6→00H
JS→JSL, JR→JRL, JLED→JOUT, JK拨到外接

图 3.75 8279 键盘显示实验电路连接结构示意

① 实验连线。连 CS6→00H 孔,JSL→JS,JRL→JR,JOUT→JLED,T→8M 开关 JK 置外接(实验完后置系统)。

② 查找实验使用的源程序 SOURCE\WIN32\D8279 文件夹,运行程序。

③ 刚开始数码管上显示 P,按数字键数码管上显示相应数字,按功能键 MON 清除数码管的显示,分别按左上角三个功能键,数码管上对应数字 0、1、2 循环显示。

④ 改变循环显示的方向,记录运行结果。

⑤ 改变一个功能键控制的循环显示数字为 3,记录运行结果。

4.4.2 键盘音乐实验

图 3.76 为键盘音乐实验电路连接结构示意。

① 实验连线。8253GATE0 接 PB0,CLK0 接信号源 1.8432M,CS3 接 00H;OUT0 接音频电路 VIN,VOUT 接 SP+,SP−接地;8279 单元的 CS6 接 10H,JSL 接 JS,JRL 接 JR,JOUT 接 JLED,JK 拨到外接,T 接 8M。

② 复制 keymusic 文件夹及 PCI9054ioctl.h 到 WIN32 文件夹。

③ 查找实验使用的源程序 Keymusic 文件夹。

④ 运行程序,分析记录 8 个数字键对应显示以及音符的参数设置。

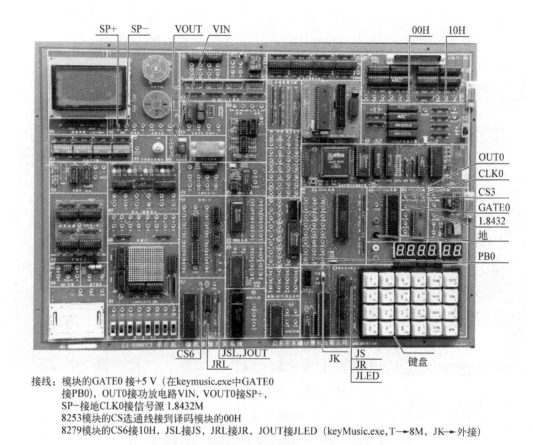

接线：模块的GATE0 接+5 V（在keymusic.exe中GATE0
接PB0），OUT0接功放电路VIN，VOUT0接SP+，
SP−接地CLK0接信号源 1.8432M
8253模块的CS选通线接到译码模块的00H
8279模块的CS6接10H，JSL接JS，JRL接JR，JOUT接JLED（keyMusic.exe，T→8M，JK→外接）

图 3.76 键盘音乐实验电路连接结构示意

实验五 可编程定时器／计数器 8253 实验

5.1 实验目的

了解计数器的硬件连接方法及时序关系,掌握 8253 的各种模式的编程及其原理,用
示波器观察各信号之间的时序关系。

5.2 实验要求及仪器

将 32 Hz 的晶振频率作为 8253 的时钟输入,利用定时器 8253 产生 1 Hz 的方波,发
光二极管不停闪烁,用示波器可看到输出的方波。实验中用到的实验仪器主要为安装了
Keil Cx51 μVision2 的 PC 机、DJ－598PCI 实验箱和 PCI9054 接口卡。

5.3 实验原理

8253 是一种可编程的定时器/计数器芯片,包含三个独立的 16 位计数器通道,每个计数器都可以按照二进制或二-十进制计数,每个计数器都有六种工作方式,计数频率可高达 24 MHz。此外,芯片所有的输入输出都与 TTL 兼容。

8253 的计数器均有六种工作方式,具体为:

方式 0:计数过程结束时中断。

方式 1:可编程的单稳脉冲。

方式 2:频率发生器(分频器)。

方式 3:方波发生器。

方式 4:软件触发选通信号。

方式 5:硬件触发选通信号。

此外,在这六种工作方式中,不同之处主要体现在以下方面:

① 启动计数器的触发方式和时刻不同。

② 计数过程中门控信号 GATE 对计数操作的影响不同。

③ OUT 输出的波形不同。

④ 在计数过程中重新写入计数初值对计数过程的影响不同。

⑤ 计数过程结束,减法计数器是否恢复计数初值并自动重复计数过程的不同。

5.4　实验内容及步骤

图 3.77 为 8253 定时/计数实验电路连接结构示意。

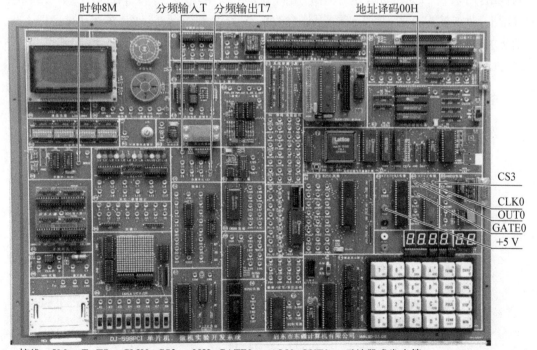

接线: 8M→T, T7→CLK0, CS3→00H, GATE0→+5 V, OUT0→示波器或发光管

图 3.77　8253 定时/计数实验电路连接结构示意

① 实验连线。信号源模块 8M 接到分频单元 T,T7 连到 8253 模块的 CLK0;8253 模块选通线 CS 连到译码接口模块的 00H;8253 模块 GATE0 接电源+5 V,OUT0 接发光二极管 L1;该模块的 WR、RD 分别连到总线接模块的 IOWR、IORD,该模块的数据(AD0～AD7)连到总线 JX0。

② 在 C:\PCI598\SOURCE\WIN32\下查找实验使用的源程序 D8253 文件夹。

③ 运行程序,观察发光二极管亮灭,记录间隔时间。

④ 查找并修改源程序中的计数值,再次运行、观察和记录发光二极管亮灭间隔时间。

实验六　32 位存储器 I／O 及汉字显示实验

6.1　实验目的

掌握扩展 32 位输入输出接口的方法;了解液晶显示器的显示原理,了解修改现有程序和液晶显示器信息内容。

6.2　实验要求及仪器

在微机系统中,扩展 32 位输入输出接口的方法。在 PCI 总线方式下,进行 32 位的输入输出,用 32 个发光二极管作为输出,用四个 LS245 作为 32 位输入;在 32 位的输出程序基础上,改变输出方式,获取不同结果;修改现有程序,利用标准字库,在液晶显示器上显示要求的信息。实验中用到的实验仪器主要为安装了 Keil Cx51 μVision2 的 PC 机、DJ-598PCI 实验箱和 PCI9054 接口卡。

6.3　实验原理

图 3.78 为显示内存与液晶显示屏关系。

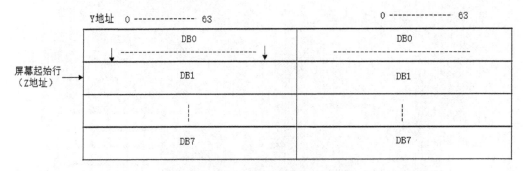

图 3.78　显示内存与液晶显示屏关系

利用 PA 口和 PC 口分别作为液晶显示器接口的数据线和控制线,利用取模软件建立标准字库后,通过查表程序依次将字库中的字形代码送显示内存显示汉字或图形。详细的编程流程为开显示→设置页地址→设置 Y 地→写数据表 1→写数据表 2。

表 3.29 为显示控制指令表。

表 3.29 显示控制指令表

指令码	功　能	指令码	功　能
3EH	关显示	B8H+页码(0~7)	设置数据地址页指针
3FH	开显示	40H+列码(0~36)	设置数据地址列指针
C0H	设置显示初始行		

控制器接口的基本操作时序:

① 读状态:输入 RS=L、R/W=H、CS1 或 CS2=H、E=高脉冲,输出 D7~D0=状态字。

② 写指令:输入 RS=L、R/W=L、D7~D0=指令码、CS1 或 CS2=H、E=高脉冲,输出无。

③ 读数据:输入 RS=H、R/W=H、CS1 或 CS2=H、E=H,输出 D7~D0=数据。

④ 写数据:输入 RS=H、R/W=L、D7~D0=数据、CS1 或 CS2=H、E=高脉冲,输出无。

对于状态字,在进行控制器每次读写操作之前,都必须进行读写检测,确保 STA7 为 0。在 RAM 地址映射中,LCD 显示屏包括两片控制器控制,每片显示器内部带有 64×64 位(510 字节)的 RAM 缓冲区。

6.4　实验内容及步骤

6.4.1　32 位存储器 I/O 实验

① 实验连线。JX0→JO0,JDH1→JO8,JDH2→JO16,JDH3→JO24;JQ0→JL0, JQ8→JL8,JQ16→JL16,JQ24→JL24;CS320→00H(32 位 PCI 接口区)。

② 查找实验使用的源程序 Led32 文件夹。

③ 验证实验,查看源程序。

④ 改变参数,使小灯分别以多种不同方式点亮。具体变化包括:改变点亮小灯移动的速度,记录相关语句;使 2 个或 3 个灯一组一起亮,保持单步移动流水循环;同时点亮多个小灯,跳跃移动(有间隔)流水循环;使流水方向变更,从右向左移动循环。

⑤ 记录修改的参数和运行结果。

6.4.2　128×64 点阵式 LCD 实验

图 3.79 为 128×64 点阵式 LCD 实验电路连线示意。

① 实验连线。用扁平线连 JX9(PA 口)到 JX12(DB0~DB7),连 JX16(PC 口)到 JX14。

② 复制 Hz12864 文件夹及 PCI9054ioctl.h 至 WIN32 文件夹。

③ 验证运行程序。

④ 利用字模软件修改显示的信息,运行程序,记录结果。

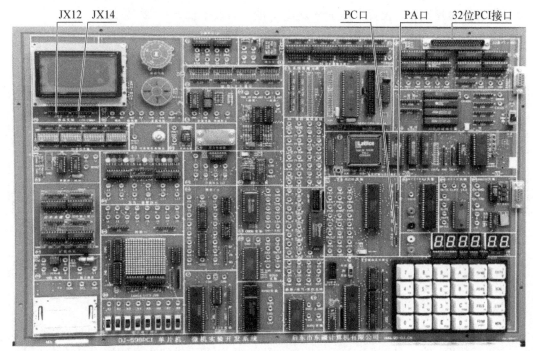

接线: JX12→PA, JX14→PC

图 3.79　128×64 点阵式 LCD 实验电路连线示意

实验七　DMA 传送及开关继电器实验

7.1　实验目的

掌握 PCI 总线的 DMA 传送规则和方式,理解 PCI 总线下 DMA 传送的特点;掌握用继电器控制的基本方法和编程。

7.2　实验要求及仪器

理解 PCI 总线的 DMA 传送规则与方式、DMA 传送特点;利用 PLX9054 中 DMA 的通道,进行 PCI 总线下 8 位、32 位的 DMA 传送;利用 8255 的 PA0 输出高/低电平,控制继电器的开合,以实现对外部装置的控制。实验中用到的实验仪器主要为安装了 Keil Cx51 μVision2 的 PC 机、DJ-598PCI 实验箱和 PCI9054 接口卡。

7.3　实验原理

现代自动化控制设备中普遍存在一个电子与电气电路的互相连接问题。一方面,要使电子电路的控制信号能够有效控制电气电路的执行元件(电动机、电磁铁、电灯等);另一方面,又要为电子电路的电气提供良好的电隔离,以保护电子电路和人身的安全。而电子继电器便恰巧能实现这一"桥梁"作用。

图 3.80 为电子继电器原理结构示意。

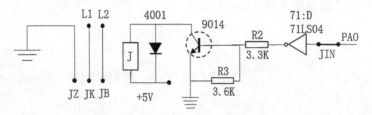

图 3.80　电子继电器原理结构示意

7.4　实验内容及步骤

7.4.1　DMA 传送实验

图 3.81 为 DMA 传送实验电路连线示意。

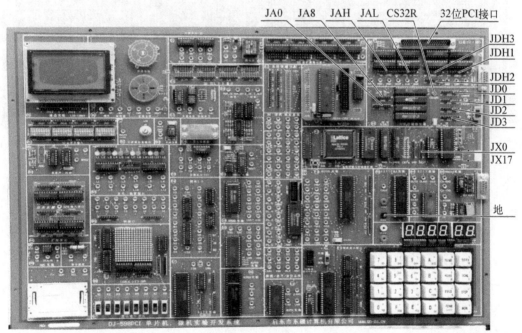

接线:CS32R→地,　JX0→JD0,JD1→JDH1,JD2→JDH2,JD3→JDH3
JA0→JAL,JA8→JAH　　注:JD0与JX17相同

图 3.81　DMA 传送实验电路连线示意

① 实验连线。CS32R→A14,JX0→JD0,JD1→JDH1,JD2→JDH2,JD3→JDH3,JA0→JAL,JA8→JAH。

② 查找实验使用的源程序 SOURCE\WIN32\DMA 文件夹,运行程序。

③ 写入的数据为从指定的数据开始依次加 1。

④ 分别记录 8 位/32 位显示的运行结果。

⑤ 改变写入数据的起始值,写入后再次读出,记录运行结果(多种情况)。

7.4.2　开关继电器实验

图 3.82 为开关继电器实验电路连线示意。

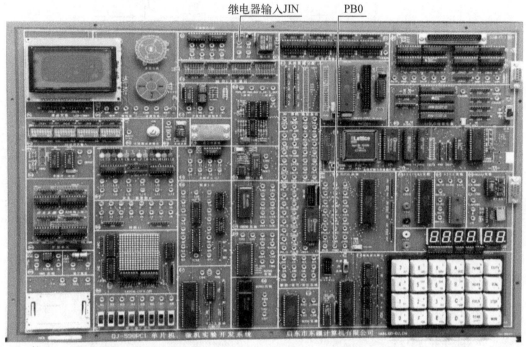

接线：PB0→JIN

图 3.82　开关继电器实验电路连线示意

① 实验连线。连 8255 的 PB0 到 JIN 插孔,继电器常开触点 JK 接 L2,常闭触点 JB 接 L1,中心抽头 JZ 接地。

② 查找实验使用的源程序 SOURCE\WIN32\judianqi 文件夹,运行程序。

③ 记录运行结果。

第四部分

实验指导(二)——扩充实验

实验八 基于汇编语言的单片机寄存器和存储区应用测试实验

8.1 实验目的

了解基于 Keil μVision2 集成开发环境的单片机应用开发基本方法;熟悉建立和管理工程,源程序的编辑,编译、链接、生成目标代码以及调试的全过程;通过软件仿真和硬件仿真等一系列操作完成系统开发的流程。

8.2 实验要求及仪器

使用 Keil μVision2 集成开发环境开发单片机应用的程序编写,在集成开发环境中完成编译和仿真,实现全速运行、单速运行,并学会设置断点、查看相关寄存器等操作。具体实验仪器主要包括安装了 Keil μVision2 的 PC 机、PCI9054 接口卡、TKSMonitor 51 仿真器、连接仿真器和 PC 机的 RS232 电缆线。

8.3 实验原理

8.3.1 主程序的起始位置

在实际工作的单片机系统中,由于复位后单片机的 PC 寄存器值为 0000H,所以主程序的第一条指令必须放在程序存储器的 0000H 地址,而从 0003H 地址开始为系统规定的各种中断服务程序入口地址。因此,0000H 地址只能放置一句无条件转移指令,进而将程序导向具体的主程序模块。

但是,在实际开发过程中,新编制的程序必须在仿真器中运行来调试和修正程序。此时,系统中只有运行"仿真程序"才能把"用户程序"的运行状况报告给上位机供编程者调试程序。因此,大部分的仿真系统把用户程序作为仿真程序的"数据"看待,仿真程序把指定数据空间中的"指令"逐条顺序取出,仿真执行,把仿真结果反馈给上位机供用户调试。

8.3.2 仿真环境的程序空间地址安排

仿真器 TKS-Monitor51 的监控程序 MON51 被放置在程序存储空间从 0000H 地址开始的低地址空间中,通常具有以下要求:

① 用户程序(被调试的程序)必须放在外部数据空间的 0x8000H～0BFFFH 地址,用仿真器的这段数据存储器来仿真实际系统程序存储器的 0000H～3FFFH 空间。

② 用户的中断矢量入口地址也要从 0x8000 开始计算。

③ 用户程序的数据空间安排在外部数据空间的 0xC000H～0FFFFH 地址中,具体如表 3.30 所示。

表 3.30　外部数据空间分配地址

FLASH(外部程序空间)		SRAM(外部数据空间)	
		用户数据区	0FFFFH 0C000H
		(仿真) 用户程序区	0BFFFH 8000H
内部 MON51 监控程序	7FFFH 0000H	用户扩展 I/O 映射区 (用户使用)	7FFFH 0000H

8.4　实验内容及步骤

(1) 运行

运行 Keil μVision2 快捷图标,进入 Keil μVision2 集成开发环境。

(2) 建立新工程

首先建立一个新的工程文件夹,例如,TEST1。然后,通过"Project"菜单的"New"命令,创建新工程 TEST1.uv2,放在新建工程文件夹中。此时,Keil μVision2 会自动生成默认的目标组"Target1"和文件组"Source Group 1"。

(3) 选择单片机型号

选择 80C52 或 P80/P87C52X2(具体型号与实验箱所用单片机型号一致)。

(4) 建立源文件

源程序可用"File"菜单的"New"命令打开空白的文本文件编辑窗口来建立,也可以用其他建立文本文件的方式建立。源程序必须保存在工程文件夹中,且扩展名是 ASM 的文件。

(5) 添加

在工程项目窗口的 Source Group 1 中添加 TEST1.ASM 源程序。

在工程项目窗口的右击 Source Group 1 选"Add Files to 'Group Source Group 1'"添加"TEST1.ASM"。也可以在"Project"菜单中选择以上菜单项。

(6) 软件仿真时编译链接环境的设置

用"Project"菜单的"Option For Target 'Target 1'"命令进入设置窗口,具体包括

Target 和 Debug 等两项设置。

(7) 程序的编译、链接

用"Project"菜单的"Builder target"命令进行编译或用"Rebuilder all target files"命令重新编译。输出窗口显示若干行"Compiling ..."、"Linking ..." 信息,说明编译、链接的过程。若设置了生成目标文件,还会显示"Creating ...***.hex"的信息。此时,如果程序无错误,则显示"0 Error(s), 0 Warning(s)";反之,系统提示报错信息,用户应根据提示到指定的行更正错误,重新编译,直至没有语法、语义问题。

(8) 程序调试

选择"Debug"菜单(或工具栏中)的"Start/Stop Debug Session" 进入/退出调试状态。Keil μVision2 集成环境提供了许多只是在调试时才有效的观察窗口和调试命令。此外,"Debug"菜单还提供若干用来执行程序的命令。

(9) 仿真器的连接和设置

将 RS 232 电缆一端插在 PC 中,一端插在仿真器的串口(如 COM1)中。连接 15 V 电源。用 DPFlash 将 MON51 装载到仿真器中,放在 0000h 的地址中。其中,串口设置为 COM1 9 600 波特率。

(10) 硬件仿真时程序存储空间的安排

在调试状态下 TKSMonitor51 仿真器的存储空间 0000H 被 MON51 占用,用户的应用程序必须从 SRAM 的 0x8000 地址开始存放,中断矢量也应从相应的地址单元转移到从 0x8000 开始的相应单元。一般来说,用户需将程序的起始地址改为 ORG 8000h,相应的数据地址设置为 #0C000H。

(11) 硬件仿真时编译链接环境的设置

由于仿真器中 0000H 地址被 MON51 占用,所以用户程序只能安排在其他地址,如 0x8000 地址开始存放,中断矢量也应从相应的地址单元转移到从 0x8000 开始的相应单元。

用"Project"菜单的"Option For Target 'Target 1'"命令进入设置窗口。

1) Target 设置

将用户系统的最终工作模式框架设置成适应硬件仿真的存储分配。

图 3.83 为 Target 设置界面。其中,外部代码空间起始地址设为 0x8000H,大小为 0x4000H;外部数据空间起始地址设为 0xC000H,大小为 0x4000H。

2) Debug——程序的仿真调试环境设定硬件仿真

硬件仿真可以从 PC<—>硬件仿真器<—>用户目标系统进行调试。应根据所选用的驱动器而使用不同的硬件仿真方式,对于 TKSMonitor51 仿真器而言,通常选择 Keil Monitor‐51 Driver 选项,并设置启动时装入程序。图 3.84 为 Debug 设置界面。

仿真器参数主要设置串口属性。本实验环境通过 PC 机与仿真器通过 COM1 通信,需要设置端口和波特率。缓冲区选择用来设置使用或不用直接寻址、间接寻址的数据缓冲区,外部数据缓冲区以及代码数据缓冲区。

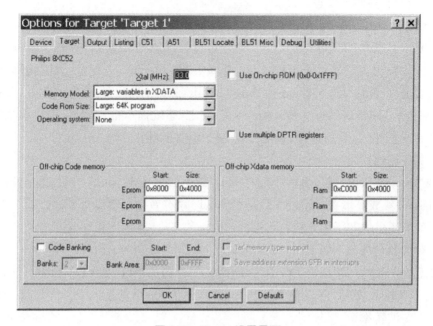

图 3.83　Target 设置界面

选择并设置

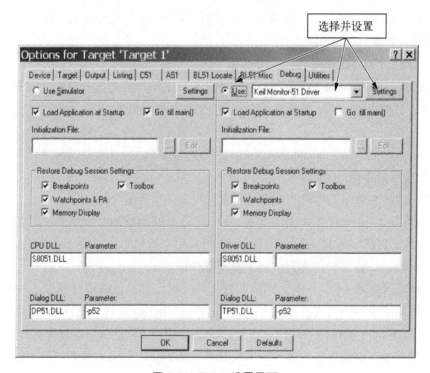

图 3.84　Debug 设置界面

(12) 程序的再编译、链接

完成以上设置就可以编译程序了。用"Project"菜单的"Builder target"命令进行编译或用"Rebuilder all target files"命令重新编译。输出窗口显示若干行"Compiling ..."、"Linking ..."信息,说明编译、链接的过程。若设置了生成目标文件,还会显示"Creating ...∗∗∗.hex"的信息。

(13) 程序的运行

接通电源复位 TKSMonitor 51 仿真器。选择"Debug"菜单(或工具栏中)的"Start/Stop Debug Session"进入调试状态。

① 用"Debug"菜单或工具栏的"Step"命令或"Step Over"单步进入运行空间。

② 在 C:0x802C 处设置断点,用"Run"快速运行,每一次到断点都停下来,通过存储器观察窗口查看可寻址的内部数据区、外部数据存储器、程序存储器等信息。

实验九　基于 8255A 的单片机控制实验

9.1　实验目的

了解单片机系统扩展软硬件的调试步骤;掌握单片机与可编程控制器 8255 的接口原理;熟悉单片机上对 8255 的初始化、输入、输出软件的设计和调试。

9.2　实验要求仪器

要求编写、调试程序,从并行接口读入数据和向并行口输出数据等。当开关状态全 0 时,PC 口控制发光二极管循环轮流点亮;当开关状态非全 0 时,PC 口控制发光二极管显示开关状态。实验中用到的实验仪器主要为安装了 Keil Cx51 μVision2 的 PC 机、DJ-598PCI 实验箱、PCI9054 接口卡、TKSMonitor 51 仿真器、连接仿真器和 PC 机的 RS 232 电缆、FD-CAS-9201 可编程 I/O 接口 8255 实验板。

9.3　实验原理

8255A 具有三个 8 位 I/O 端口,可通过三种可编程工作方式并以多种数据传送方式完成数据的交换。8255A 芯片包括数据总线缓冲器、端口(A、B、C)、控制部件(A 组、B 组)、读/写控制逻辑等部分。图 3.85 为实验板结构分布和线路分布示意。

其中,JK1 为 40 芯扁平电缆接口,信号排列和仿真器接口兼容,KP 是为小开关用作输入,L1~L8 为 8 个发光二极管作为输出设备,实验板+5 V 电源由仿真器提供。8255A 的 6 号脚由外来的单片机 P2.5 提供信号作为片选,8、9 号脚由外来的单片机 P2.1、P2.0 提供端口信号,PB 口与开关相连,PC 口与发光二极管相通。P2.5(26 脚)作为 8255 的片选信号,P2.0(21 脚)、P2.1(22 脚)为 8255 端口地址线。

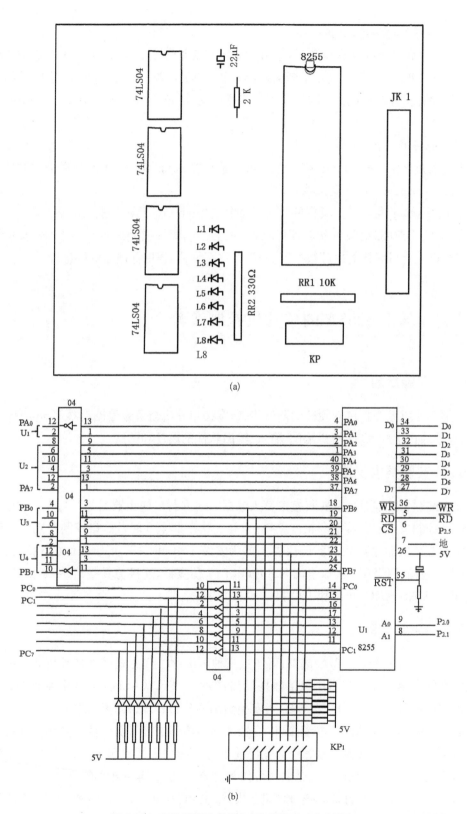

图 3.85　实验板结构分布(a)和线路分布(b)示意

根据线选法原则,8255 端口地址分别为 PA 口(1CFFH)、PB 口(1DFFH)、PC 口(1EFFH)、PD 口(1FFFH)。

图 3.86 为单片机系统扩展模板实验的程序流程。

9.4 实验内容及步骤

9.4.1 建立工程文件

① 双击 Keil μVision2 快捷图标,进入 Keil μVision2 集成开发环境。

② 创建新工程。首先建立一个工程文件夹,例如,IOJK8255。然后通过"Project"菜单的"New"命令创建新工程 IOJK8255.uv2,并放入新建的工程文件夹中,Keil μVision2 会自动生成默认的目标组"Target1"和文件组"Source Group 1"。

③ 选择单片机型号。通常选择 80C52 或 P80/P87C52X2(需要与实验箱所用单片机型号一致)。

④ 建立汇编语言源文件。源程序可用"File"菜单的"New"命令打开空白文本文件编辑窗口来建立,也可以用其他建立文本文件的方式建立。源程序必须是保存在工程文件夹中,且扩展名是 .ASM 的文件。

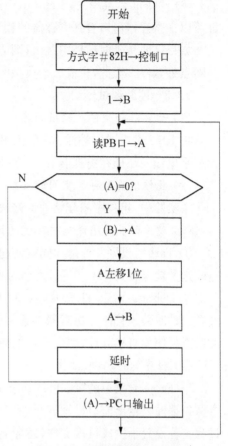

图 3.86 单片机系统扩展模板实验的程序流程

⑤ 在工程项目窗口的 Source Group 1 中添加 IOJK8255.ASM 源程序。

9.4.2 软件调试

(1) 软件仿真时编译链接环境的设置

用"Project"菜单的"Option For Target 'Target 1'"命令进入设置窗口。

① Target 设置。首先做软件仿真,可以不设置代码空间定义。如果进行硬件仿真,即通过仿真器的单片机运行,则应将代码地址和数据地置放在外部空间。

② A51 设置——设置当前项目创建时 A51 宏汇编器的控制方法。

③ Debug——程序的仿真调试环境设定软件仿真。

(2) 程序的编译、链接

用"Project"菜单的"Builder target"命令进行编译或用"Rebuilder all target files"命令重新编译。输出窗口显示若干行"Compiling ...""Linking ..."信息,说明编译、链接的过程。如果已设置生成目标文件,系统则显示"Creating ...***.hex"的信息。

(3) 用 DEBUG 调试程序的方法

选择"Debug"菜单的"Start/Stop Debug Session"进入/退出调试状态。

单击"Debug"菜单的"Step into"或"Step over"命令，单步执行。每按一次单步执行，都可以在寄存器窗口看到寄存器的相应变化，随后程序进入循环语句构成的延时指令。

如果需要从延时循环中跳出，则应在延时后面 C:0x0054 处设置断点，按"Run"，程序到断点处暂停。至此，完成一个典型的软件调试程序的逻辑调试。

9.4.3　硬件调试

（1）仿真器和硬件实验板的连接

将 RS 232 电缆一端插在 PC 机串口（COM1），一端插在仿真器的串口，将仿真器 40 脚扁平电缆一端插在仿真器上，一端插在 FD－CAS－9201 实验板的 JK1 接口中。

（2）硬件仿真时存储空间的安排

本实验中，将程序的起始地址修改为 ORG 8000h。

（3）硬件仿真时编译链接环境的设置

① Target 设置。外部代码空间起始地址设为 0x8000H，大小为 0x4000H；外部数据空间起始地址设为 0xC000H，大小为 0x4000H。

② Debug。对于 TKSMonitor51 仿真器，通常选择 Keil Monitor－51 Driver 选项，并设置启动时装入程序。仿真器参数主要设置串口属性为端口 COM1 和波特率为 9 600，缓冲区选择使用直接寻址、间接寻址的数据缓冲区，外部数据缓冲区以及代码数据缓冲区。

（4）程序的再编译、链接

用"Project"菜单的"Builder target"命令进行编译或用"Rebuilder all target files"命令重新编译。输出窗口显示若干行"Compiling ..." "Linking ..." 信息，说明编译、链接的过程。若设置了生成目标文件，还会显示"Creating ...＊＊＊.hex"的信息。

（5）程序的运行

接通电源复位 TKSMonitor 51 仿真器。选择"Debug"菜单的"Start/Stop Debug Session"进入调试状态。用"Debug"菜单的"Step"命令或"Step Over"单步进入运行空间。由于此时的 0 地址是 MON51 的程序，系统会暂停，要求对仿真器复位，再继续"Step over"命令。当看到指令指针指向 C:0x8000 地址，说明已进入用户程序。再继续若干次"Step over"，同时观察寄存器窗口，看见相应的寄存器发生的变化和前面软件仿真时是一样的。

9.4.4　脱离 PC 机运行

（1）生成脱离 PC 机运行的程序

脱机运行用户程序是指把经过调试、仿真后生成的目标代码文件（＊.hex）下载（编程、固化）到 TKSMonitor51 仿真器上的单片机内部 Flash 程序存储器中，系统复位后 TKSMonitor51 仿真器将全速执行用户程序，这样我们的系统就相当于用户的一个样机了。

① 将源程序文件中的程序代码定位伪指令语句"ORG　8000H"改为"ORG　0000H"。

② 用"Project"菜单的"Option For Target 'Target 1'"命令进入设置窗口。Target 设置，代码空间、数据空间不设置或设为 0；Output 设置，使系统生成 HEX 程序；Debug 设置，程序的仿真调试环境设定为硬件仿真。

③ 用"Project"菜单的"Builder target"命令进行编译或用"Rebuilder all target files"命令重新编译,生成目标文件"IOJK8255.hex"。

（2）运行程序下载到 TKSMonitor51 仿真器

① 将串口通信电缆正确连接到 PC 机的串口和 TKSMonitor51 仿真器的串口上。

② 将状态 TKSMonitor51 开关拨至 LOAD 处,复位 TKSMonitor51 仿真器。

③ 运行 PC 机的 DPFLASH 下载软件。

（3）脱离 PC 机运行程序

将 TKSMonitor51 仿真器的状态开关拨至 RUN 处,接通电源运行程序。

实验十　调试程序并向串口输出字符串实验

10.1　实验目的

学习使用 Keil μVision2 集成开发环境开发单片机应用项目的方法;熟悉建立和管理工程,源程序的编辑,编译、链接、生成目标代码以及调试的全过程;通过软件仿真和硬件仿真等一系列操作完成系统开发的流程。

10.2　实验要求及仪器

学习单片机汇编程序的编制方法;研究用单片机实现简单事务的软件程序。实验中用到的实验仪器主要为安装了 Keil Cx51 μVision2 的 PC 机、DJ - 598PCI 实验箱、PCI9054 接口卡、TKSMonitor 51 仿真器、连接仿真器和 PC 机的 RS 232 电缆。

10.3　实验原理

10.3.1　汇编程序

单片机汇编程序与其他汇编程序一样,都有指令和伪指令之分。其中,指令将逐句被翻译成机器指令并保持原有的顺序而形成目标程序,伪指令是控制汇编过程和为目标程序准备运行条件并不被纳入目标程序。

表 3.31 为单片机汇编中常用的伪指令及其作用。

表 3.31　单片机汇编中常用的伪指令及其作用

伪　指　令	作　　用
ORG ××××H	设定目标程序在程序存储器空间的起始地址
DB(W) ××,××	在数据存储器空间为目标程序设置变量及初值

伪　指　令	作　　用
符号 1 EQU　符号 2	给"符号 2"一个新名字"符号 1"
END	告诉汇编程序：源程序到此结束

10.3.2　软件模拟

单片机的资源很少，尤其是缺少人机交互设备，这就导致直接在单片机上调试新编制的程序比较困难。在此背景下，开发人员提出在 PC 机上建立"单片机模拟系统"，利用系统机的软硬件来模拟单片机程序的运行，并通过人机交互设备提示开发人员模拟的结果，使开发人员能够及时发现和修正单片机程序中的语法错误与逻辑错误。

但是，模拟系统并不能发现与单片机硬件相关的错误。例如，引脚使用冲突、I/O 地址错误等。于是，单片机中的相关硬件错误寻找需要通过仿真器调试。而 Keil μVision2 集成开发环境就是"软件模拟系统＋用户界面"，能够很好地完成单片机汇编程序的编制、编译、链接和对非硬件错误的调试。

10.4　实验内容及步骤

10.4.1　创建工程文件

（1）进入

双击 Keil μVision2 快捷图标，进入 Keil μVision2 集成开发环境。

（2）建立新工程

首先建立工程文件夹，例如，MyHello。随后，通过"Project"菜单的"New"命令，创建新工程 MyHello.uv2，放入新建的工程文件夹中，Keil μVision2 会自动生成默认的目标组"Target1"和文件组"Source Group 1"。

（3）选择单片机型号

通常选择 80C52 或 P80/P87C52X2（需要与实验箱所用单片机型号一致）。

（4）建立源文件

源程序可用"File"菜单的"New"命令打开空白文本文件编辑窗口来建立，也可以用其他建立文本文件的方式建立。源程序必须是保存在工程文件夹中，且扩展名为.C 的文件。

（5）在工程项目窗口的 Source Group 1 中添加 MyHello.c 源程序

在工程项目窗口右击 Source Group 1 选"Add Files to 'Group Source Group 1'"添加"MyHello.c"，或在"Project"菜单中选择以上菜单项进行添加。

（6）添加 STARTUP.A51

该文件通常默认在 Keil 的安装目录下，例如，C:\Keil\C51\LIB。需要先将其复制到工程文件夹中再添加。

右击 Target 1 选"Targets, Groups, Files ..."，再选"Groups/Add Files"选项卡，添加

"System Files"。然后，右击"System Files"添加"STARTUP.A51"。图 3.87 为添加 STARTUP.A51 后在工程项目窗口展开形式。

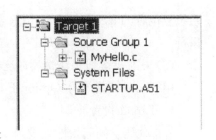

10.4.2　软件调试

（1）软件仿真时编译链接环境的设置

用"Project"菜单的"Option For Target 'Target 1'"命令进入设置窗口。

图 3.87　添加 STARTUP.A51 后在工程项目窗口展开形式

1）Target 设置

做软件仿真时可以不设置代码空间定义，如果进行硬件仿真，即通过仿真器的单片机运行，则应将代码地址和数据地置放在外部空间。

2）C51 设置

C51 编译产生的代码可侧重于优化速度（Speed）或优化大小（Size）。在本实验中，程序的选择级别为 2。

3）Debug 设置

对于 TKSMonitor51 仿真器，通常选择 Keil Monitor - 51 Driver 选项。仿真器参数主要设置串口属性为 COM1 通信、波特率为 9 600，缓冲区选择用来设置使用或不用直接寻址、间接寻址的数据缓冲区，外部数据缓冲区以及代码数据缓冲区。软件仿真可以不设置。

（2）程序的编译、链接

选择"Project"菜单的"Builder target"命令进行编译。如果程序不存在错误和警告，则系统显示"0 Error(s)，0 Warning(s)"；反之，系统给出错误所在行和错误提示信息，用户应根据提示到指定的行更正错误，重新编译直至没有语法、语义问题。

（3）程序调试方法

选择"Debug"菜单的"Start/Stop Debug Session"进入/退出调试状态。能够查看变量观察窗口、存储器、反汇编、寄存器、串口调试、外围设备等观察窗口显示情况。

（4）在调试环境中运行程序

选择"Debug"菜单活工具栏的"Go"命令运行程序，直接打开"Serial ♯1"窗口观察结果正确与否。同时在相应的观察窗口查看运行过程中寄存器、存储器、外围设备的反应，判断程序，纠正差错。

10.4.3　硬件调试

（1）仿真器的连接和设置

将 RS 232 电缆一端插在 PC 中，一端插在仿真器的串口（COM1）中，并连接 15 V 电源。随后，通过 DPFlash 将 MON51 装载到仿真器中的 0000h 地址内。其中，串口设置为 COM1、波特率为 9600。

（2）硬件仿真时程序存储空间的安排

将 STARUP.A51 的 CSEG AT 设置成 CSEG AT 8000H，即代码段从 8000H 开始。

系统复位后，TKSMonitor51仿真器将执行"MON51监控程序"，再转移到用户程序区运行。

(3) 硬件仿真时编译链接环境的设置

用"Project"菜单的"Option For Target 'Target 1'"命令进入设置窗口。

1) Target 设置

外部代码空间起始地址设为0x8000H，大小为0x4000H；外部数据空间起始地址设为0xC000H，大小为0x4000H。

2) C51 设置

中断向量表地址设置为0x8000H。

3) Debug 设置

对于TKSMonitor51仿真器而言，通常选择Keil Monitor-51 Driver选项，并设置启动时装入程序。

(4) 程序的再编译、链接

用"Project"菜单的"Builder target"命令进行编译。若程序不存在错误和警告，则系统显示"0 Error(s)，0 Warning(s)"；反之，系统给出错误所在行和错误提示信息，用户应根据提示到指定的行更正错误，重新编译直至没有语法、语义问题。

(5) 程序的运行

接通电源复位TKSMonitor 51仿真器。选择"Debug"菜单的"Start/Stop Debug Session"进入调试状态。选择"Debug"菜单打开"Serial　♯1"窗口观察结果，在相应的观察窗口查看运行过程中寄存器、存储器、外围设备的反应，判断程序状态，纠正差错。

实验十一　配置空间与验证 PCI 中断实验

11.1　实验目的

了解配置空间和 PCI 验证的基本原理与方法，熟悉掌握 PCI 设备的配置空间和微机系统硬件设备管理器中查看关于 PCI 插卡的相关信息。

11.2　实验要求及仪器

使用现有程序，查找 PCI 板卡，显示当前系统中所拥有的 PCI 设备的配置空间，做好记录；验证运行 PCI 中断实验，记录运行结果；进一步熟悉 VC++程序，将中断提示信息框的标题改为英文，把提示内容改为中文，记录修改的程序段内容，运行并记录结果。实验中用到的实验仪器主要为安装了 Keil Cx51 μVision2 的 PC 机、DJ-598PCI 实验箱和 PCI9054 接口卡。

11.3　实验原理

根据配置空间的原理使用 I/O 端口查询方式编写一个 PCI 配置空间的程序,此程序可获得 PC 机上的 DJ-598PCI 卡的硬件信息。例如,I/O 的起始地址、MEMORY 的起始地址,当前 DJ-598PCI 卡所占用的系统中断号。用户可通过 WINDOWS 中的设备管理器来查看计算机资源的分配情况。现在的计算机都支持插即用技术(PNP)。其原理就是在每块支持 PNP 的板卡上都有一组称为配置空间的寄存器,在其中保存有自己对系统资源的需求的参数。

当 WINDOWS 启动时,其 BIOS 引导程序首先读出这些参数,然后综合每块的资源需求,统一对整个系统的资源进行分配,从而避免用户对其干预。为了 BIOS 引导程序能够正确地对板卡所需的资源进行动态分配,其配置空间寄存器中存储的是物理空间大小等相对的信息,而不是绝对的物理地址。

PCI 配置空间是长度 256 个字节的一段内存空间,其前 64 个字节包括 PCI 接口的信息,用户可以通过空间访问 PCI 接口。PCI 配置机构采用位于地址 0xCF8 和 0xCFC 的两个 32 位 I/O 端口:32 位配置地址端口,占用计算机 I/O 地址的 0xCF8~0xCFB;32 位配置数据端口,占用计算机 I/O 地址的 0xCfC~0xCFF。

访问配置寄存器的步骤包括:首先将目标总线编号、设备编号、功能编号、双字编号写配置地址端口,并设置使能位为 1;然后读或写配置数据寄存器,北桥将指定的目标总线与 PCI 总线范围做比较,如果目标总线在此范围内,则启动 PCI 配置读或写操作。具体配置命令如下:

① 在不同的操作系统下,对配置空间有不同的存取方法,在 DOS 下我们只需要使用简单的汇编指令 in、out 命令就可以了。

② 读写配置数据寄存器还可以调用 PCI BIOS 函数的中断 INT 1AH 来实现。

11.4　实验内容及步骤

11.4.1　PCI 配置

① 按实验内容中的要求查找源程序 PciConf 文件夹。

② 启动 VC++6.0,打开工程 PCIConf.dsw,确认无误后编译、链接,生成可执行程序文件。

③ 可在 VC++6.0 环境下运行组装好的实验程序,程序应用 PCI BIOS 提供的调用接口,显示实验装置获得的系统资源。例如,I/O 的起始地址、MEMORY 的起始地址、当前 DJ-598PCI 卡所占用的系统中断号。

④ 记录显示的内容,并在"我的电脑"属性中查看系统的硬件资源分配是否与显示结果相同。

11.4.2　PCI 中断

① 查找实验使用的源程序 IntFor9054 文件夹。

② 在 VC++6.0 环境中打开工程 IntFor9054.dsw,通过查看源程序了解 PCI 中断的工作方式、学习启动、停止中断及中断处理程序的编写。

③ 连接 INTP 信号和 PB0 线。

④ 运行编译链接后的程序,使用实验装置提供的中断源完成按键中断的响应,每产生一次按键中断,将向显示器输出中断的提示信息,观察屏幕输出。

⑤ 将中断提示信息框的标题改为英文,把提示内容改为中文,记录修改的程序段内容,再次编译运行并记录结果。

——设置 bit[8] [11]=1 开中断。

——进入中断服务程序后,设置 bit[8] [11] =0 关闭中断。

——处理数据。

——清除标志位,设置 bit[8] [11] =1 开中断来响应下一次中断。

图 3.88 和图 3.89 分别为 PCI 中断实验运行结果和接线示意。

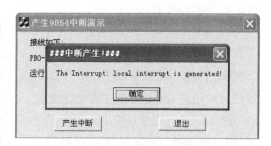

图 3.88　PCI 中断实验运行结果

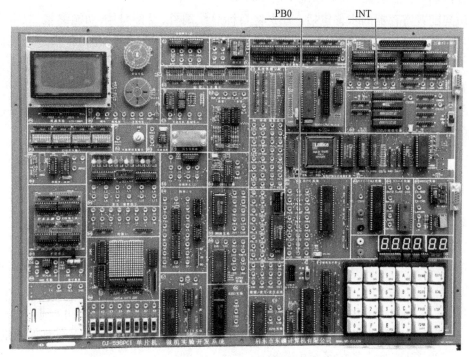

接线: PB0→INT

图 3.89　PCI 中断实验接线示意

实验十二 A/D 转换和电动驱动实验

12.1 实验目的

了解和掌握 ADC0809 与 DAC0832 芯片的硬件电路知识与软件编程方法;了解直流电机的基本原理与控制方法;学习 A/D 转换及电动驱动实验的硬件电路知识和软件编程方法。

12.2 实验要求及仪器

由电位器输入模拟信号,经 AD0809 转换得到相应的数字显示值;利用 DAC0832,编制程序产生锯齿波、三角波、正弦波。三种波轮流显示,用示波器查看;比较直流电机与步进电机的不同控制方式。实验中用到的实验仪器主要为安装了 Keil Cx51 μVision2 的 PC 机、DJ - 598PCI 实验箱和 PCI9054 接口卡。

12.3 实验原理

12.3.1 ADC0809 的多路转换和转换时序

在实时控制与实时检测系统中,被控制与被测量的电路往往是几路或几十路,对这些电路的参数进行模/数、数/模转换时,常采用公共的模/数、数/模转换电路。因此,对各路进行转换是分时进行的。此时,必须轮流切换各被测电路与模/数、数/模转换电路之间的通道,以达到分时切换的功能。

在 ADC0809 转换时序中,首先输入地址选择信号,在 ALE 信号作用下,地址信号被锁存并产生译码信号,选中一路模拟量输入。然后输入启动转换控制信号 START(不小于 100 ns),启动 A/D 转换。转换结束,数据送三态门锁存,同时发出 EOC 信号,在允许输出信号控制的情况下,再将转换结果输出到外部数据总线。

12.3.2 DAC0832 的内部结构与工作方式

DAC0832 是由输入寄存器、DAC 寄存器和 D/A 转换器三部分组成。在 D/A 转换器中采用 R - 2R 电阻网络,通过每个输入寄存器的内部控制信号(LE)接收输入数据和内部锁存数据。其工作方式主要包括以下方式:

(1) 双缓冲工作方式

双缓冲工作方式,进行两级缓冲。采用双缓冲工作方式,可在对某数据转换的同时进行下一个数据的采集以提高速度。更重要的是,该方式能够用于需要同时输出多个参数的模拟量系统中。此时,对应于每一种参数需要一片 DAC0832。采用双缓冲方式时,CPU 必须进行两步操作,第一步把数据写入 8 位输入寄存器,第二步把数据从 8 位输入寄存器写入 8 位 DAC 寄存器。

（2）单缓冲工作方式

单缓冲工作方式,只进行一级缓冲,可用第一组或第二组控制信号对第一级或第二级缓冲器进行控制。在一组控制信号作用下,输入的数据能一步写入 8 位 DAC 寄存器。

（3）直通工作方式

直通工作方式,不进行缓冲。当 DAC0832 芯片的 CS、WR1、WR2 和 XFER 引脚全部接地,ILE 引脚接+5 V 高电平时,芯片就处于完全直通状态,CPU 送来的 8 位数字量直接送到 DAC 转换器进行转换。

12.3.3 实验接线

图 3.90 为 A/D 转换及电动驱动实验接线结构示意。

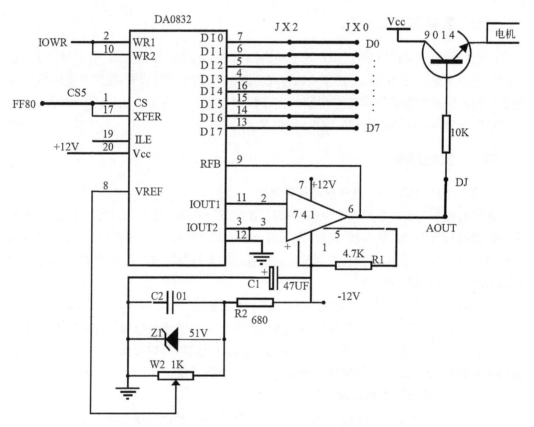

图 3.90 A/D 转换及电动驱动实验接线结构示意

12.4 实验内容及步骤

12.4.1 A/D 转换实验

① 实验连线。信号源 8M 接到频单元 T,AD0809 模块的时钟输入端 ADCLK,AD0809模块的 ADWR、ADRD 分别连到总线接口模块的 IOWR、IORD,AD0809 模块的数据（AD0～AD7）接总线接口 JX0,地址线（A0～A7）;连接 AD0809 模块选通线 CS 到总线接口模块的 00H;连接 AD0809 模块 IN0 到电位器的 ACOUT。

② 查找实验使用的源程序 SOURCE\WIN32\AD0809 文件夹,运行程序。

③ 调节转动电位器,记录不同位置及其结果。

图 3.91 为 A/D 转换实验接线结构示意。

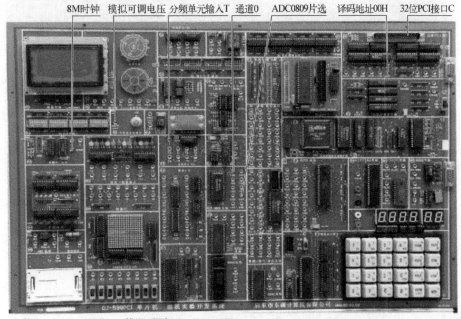

接线: 8M→T,通道0→模拟可调电压, CS4→00H

图 3.91　A/D 转换实验接线结构示意

12.4.2　直流电机驱动实验

① 实验连线。时钟产生单元 8M→分频单元 T,0809 单元 IN0→AOUT(直流调压输出),0809 单元 CS→译码单元 00H,0809 单元总线 JX6→总线 JX0,0832 单元 CS→译码 08H,0832 单元总线 JX2→总线 JX17,0832 单元 AOUT→电控制端 DJ。

② 查找实验使用的源程序 SOURCE\WIN32\Zldj 文件夹,运行程序。

③ 调节电位器,观察电机转动情况,做好各种情况的记录。

④ 不调节电位器,通过更改程序,使电机的转速变化。

图 3.92 为直流电机驱动实验接线结构示意。

12.4.3　步进电机驱动实验

① 实验连线。8255 模块的 WR、RD 连到总线接口模块的 IOWR、IORD,选通信号 CE 连到总线接口模块的 IOY0,数据线 AD7～AD0、地址线 A7～A0 分别连到总线接口模块的 LAD0～LAD7、LA0～LA7;将步进电机的 HA 与 PA0、HB 与 PA1、HC 与 PA2、HD 与 PA3 相连接。

② 查找实验使用的源程序 SOURCE\WIN32\BJDJ,运行并观察电机的运转。

③ 本实验原定是通过 8255 的 PA0～PA3 输出脉冲信号来驱动步进电机转动,通过更改程序来控制步进电机正转、反转,以及转动的次数。

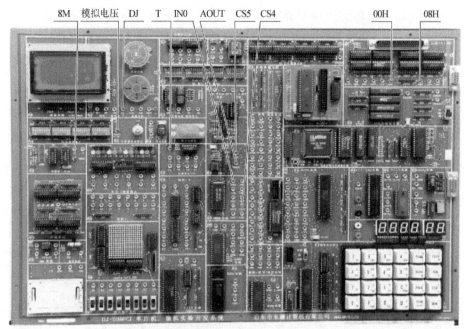

接线：8M → T，CS4 → 00H，IN0 → 模拟电压
CS5 → 08H，AOUT(0832) → DJ

图 3.92　直流电机驱动实验接线结构示意

图 3.93 为步进电机驱动实验接线结构示意。

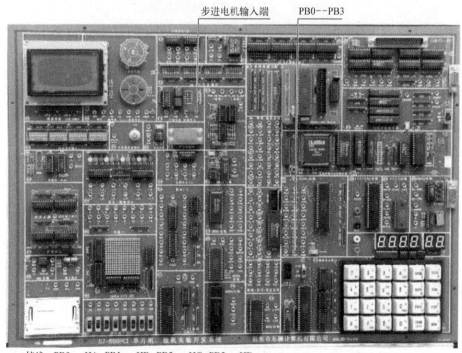

接线：PB0 → HA，PB1 → HB，PB2 → HC，PB3 → HD

图 3.93　步进电机驱动实验接线结构示意

第五部分

小　结

　　本编针对当前较通用的单片机类型和主流的程序设计语言，通过 Keil μVision2 开放集成环境和 DJ-598PCI 工具展开单片机与接口技术基础及应用介绍。其一，理论部分分别介绍单片机汇编语言程序和应用系统设计、单片机结构和指令系统、内部接口技术、人机交互技术、单片机外围模拟通道接口等知识点。其二，详细介绍单片机与接口技术开发工具 Keil μVision2 和 DJ-598PCI 实验平台。实验部分针对理论基础中的重要知识点设计了相应的实验，具体包括基础实验和扩充实验。基础实验中包括一些较为简单的基于C51 单片机外部扩展总线的控制实验、C51 单片机片上资源开发实验、可编程并行接口8255A 实验、8279 键盘显示及音乐实验、可编程定时器/计数器 8253 实验、32 位存储器I/O 及汉字显示实验、DMA 传送及开关继电器实验等；扩充实验则在基础实验上进行扩展，分别设计基于汇编语言的单片机寄存器与存储区应用测试实验、基于 8255A 的单片机控制实验、调试程序并向串口输出字符串实验、配置空间与验证 PCI 中断实验、A/D 转换及电动驱动实验等。本编依据专业知识学习的认知规律来安排相关内容，实用性较强。实验与理论部分相互支撑，促进读者对有关知识的理解与应用。

第六部分

附　　录

附录 A　MCS51 系列单片机资源

A-1 P8xC5xX2 内部结构

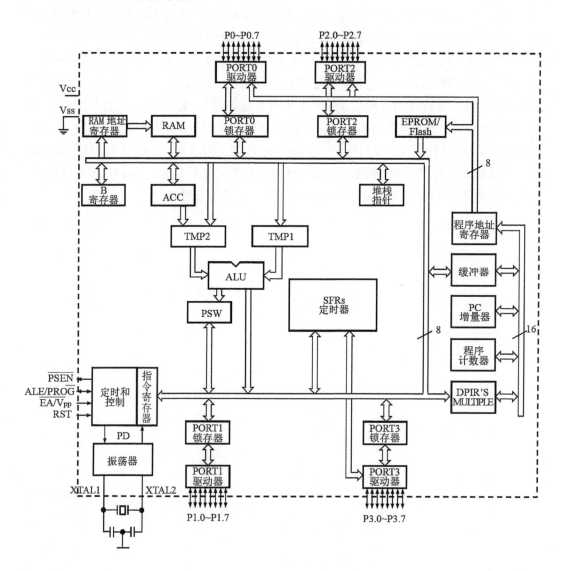

A－2 引脚

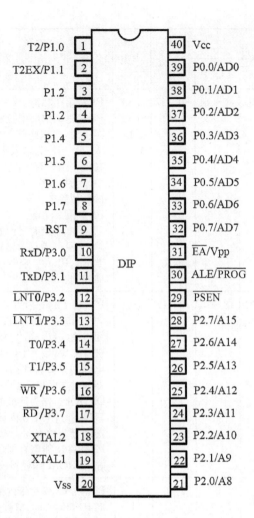

引脚	编号
T2/P1.0	1
T2EX/P1.1	2
P1.2	3
P1.2	4
P1.4	5
P1.5	6
P1.6	7
P1.7	8
RST	9
RxD/P3.0	10
TxD/P3.1	11
$\overline{LNT0}$/P3.2	12
$\overline{LNT1}$/P3.3	13
T0/P3.4	14
T1/P3.5	15
$\overline{WR}$/P3.6	16
$\overline{RD}$/P3.7	17
XTAL2	18
XTAL1	19
Vss	20

DIP

编号	引脚
40	Vcc
39	P0.0/AD0
38	P0.1/AD1
37	P0.2/AD2
36	P0.3/AD3
35	P0.4/AD4
34	P0.5/AD5
33	P0.6/AD6
32	P0.7/AD7
31	$\overline{EA}$/Vpp
30	ALE/$\overline{PROG}$
29	$\overline{PSEN}$
28	P2.7/A15
27	P2.6/A14
26	P2.5/A13
25	P2.4/A12
24	P2.3/A11
23	P2.2/A10
22	P2.1/A9
21	P2.0/A8

A－3 引脚功能及描述

助记符	引 脚 号				类型	名 称 和 功 能
	DIP	PLCC	LQFP	TSSOP		
Vss	20	22	16	9	I	地：0 V 参考点。
Vcc	40	44	38	29	I	电源：提供正常、空闲和掉电工作电压。
P0.0～0.7	39～32	43～36	37～30	28～21	I/O	P0 口：P0 口是开漏双向口，向 P0 口写 1 时，成为悬浮用作高阻输入。在访问外部程序和数据存储器时，也可作为地址和数据总线的低位地址。在此应用中，当发送 1 时，使用内部强上拉。P0 口还可在对程序进行校验时输出代码字节，在对 EPROM 编程时接收代码字节。对程序进行校验时，需要外部上拉。

助记符	引　脚　号				类型	名　称　和　功　能
	DIP	PLCC	LQFP	TSSOP		
P1.0～1.7	1～8 1 2	2～9 2 3	40～44 1～3 40 41	30～37 30 31	I/O I/O I	P1 口第 1 功能： P1 口是带内部上拉的双向 I/O 口。向 P1 口写 1 时，口被内部上拉为高电平，可以用作输入口。当作为输入脚时，P1 口引脚可被外部拉低。由于有内部上拉，所以会输出电流（见 DC 特性；Iu）。P1 口在程序校验时接收地址的低位字节。 P1 口第 2 功能： T2/P1.0：定时/计数器 2 的外部输入/时钟输出（见可编程时钟输出）。 T2EX(P1.1)：定时/计数器 2 重装/捕获/方向控制。
P2.0～2.7	21～28	24～31	18～25	10～17	I/O	P2 口：P2 口是带内部上拉的双向 I/O 口。向 P2 口写 1 时，口被内部上拉为高电平，可以用作输入口。当作为输入脚时，P2 口引脚可被外部拉低。由于有内部上拉，所以会输出电流（见 DC 特性；IL）。在访问外部程序存储器和对数据存储器进行 16 位寻址（MOVX@DPTR）时，作为地址的高字节。此应用中，向口送 1 时，采用强内部上拉。对外部数据存储器进行 8 位寻址（MOV@Ri）时，P2 口发送 P2 特殊功能寄存器的内容。P2 口的一部分在 EPROM 编程和校验时，接收高位地址。
P3.0～3.7	10～17 10 1 1 12 1 3 14 15 16 1 7	11， 13～19 11 13 14 1 5 16 17 1 8 19	5 7～13 5 7 8 9 10 11 12 13	1～6 1 2 3 1 4 5 6	I/O I O I I I O O	P3 口：P3 口是带内部上拉的双向 I/O 口。向 P3 口写 1 时，口被内部上拉为高电平，可以用作输入口。当作为输入脚时，P3 口引脚可被外部拉低。由于有内部上拉，所以会输出电流（见 DC 特性；In）。P3 也提供特殊功能： RxD/P3.0 串行输入口； TxD/P3.1 串行输出口； INT0/P3.2 外部中断 0； INT1/P3.3 外部中断 1； T0/P3.4 定时器 0 外部输入； T1/P3.5 定时器 1 外部输入； WR/P3.6 外部数据存储器写选通； RD/P3.7 外部数据存储器读选通。
RST	9	1 0	4	38	I	复位：当晶振在运行时，只要复位引脚出现两个机器周期的高电平即可复位芯片。由于内部有一个扩散电阻连接到 Vss，所以上电复位允许只使用一个外部电容连接到 Vcc。
ALE/ PROG	30	33	27	1 9	O	地址锁存使能/编程脉冲：在访问外部存储器时，输出脉冲用来锁存低地址的字节。在正

续　表

助记符	引　脚　号				类型	名　称　和　功　能
	DIP	PLCC	LQFP	TSSOP		
						常情况下,ALE 以恒定的频率输出:1/6(12 时钟模式)或 1/3(6 时钟模式)振荡器频率。输出的振荡频率可以当作外部时序或时钟。注意:每次访问外部数据存储器都忽略一个 ALE 脉冲。该脚在 EPROM 编程时,还作为编程脉冲输入(PROG)。ALE 可以通过设置 AUXR.0 禁止,该位置位后 ALE 只能在执行 MOVX 指令时有效。
PSEG	29	32	27	18	O	程序存储使能:外部程序存储器的读选通。当芯片从外部程序存储器读取程序时,PSEN 每个机器周期被激活两次;而在每次访问外部数据存储器时,PSEN 被忽略两次;对内部程序存储器访问时,PSEN 无效。
EA/Vpp	31	35	29	20	I	外部寻址使能/编程电压:在访问外部程序存储器时,EA 必须通过外部置低。如果 EA 保持高电平,芯片将执行内部程序,除非程序计数器包含了大于片内 ROM/OTP 的地址。该引脚在对 EPROM 编程时接 12.75 V 编程电压(Vpp)。
XTAL1	19	21	15	8	I	晶振 1:反相振荡放大器输入和内部时钟发生电路输入。
XTAL2	18	20	14	7	O	晶振 2:反相振荡放大器输出。

注:为了避免"latch-up"在上电时的影响,任何引脚上的电压不能高于 Vcc+0.5 V,不能低于 Vss−0.5 V

A-4 普通单片机存储空间组织结构

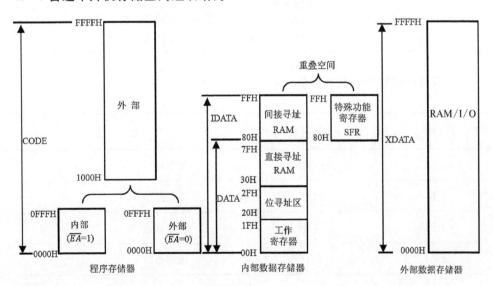

A-5 状态寄存器

PSW

CY	AC	F0	RS1	RS0	OV		P

符　号	地　址	功　能　说　明
CY	PSW.7	进位标志,布尔处理器所使用的一个位寄存器 加法运算时,C=1 表示有进位;否则 C=0 减法运算时,C=1 表示有借位;否则 C=0
AC	PSW.6	辅助进位标志,表示算术运算时第三位是否有进(借)位 加法运算时,AC=1 表示第三位有进位;否则 C=0
AC	PSW.6	减法运算时,AC=1 表示第三位有借位;否则 C=0
FO	PSW.5	使用者标志,可自由应用
RS1 RS0	PSW.4 PSW.3	寄存器组选择位。(RS1,RS0)对应的寄存器组如下: (0,0)表示选择寄存器组 0,对应地址为 00H~07H (0,1)表示选择寄存器组 1,对应地址为 08H~0FH (1,0)表示选择寄存器组 2,对应地址为 10H~17H (1,1)表示选择寄存器组 3,对应地址为 18H~1FH
OV	PSW.2	溢位标志 OV=0 表示两数相加第 6,7 位同时有进位;否则 OV=1 OV=0 表示两数相减第 6,7 位同时有借位;否则 OV=1
保留	PSW.1	
P	PSW.0	奇偶校验位标志 P=1 表示 ACC 为 1 的位的个数有奇数个 P=0 表示 ACC 为 1 的位的个数有偶数个

A-6 可寻址的特殊功能寄存器名称

符　号	物理地址	名　　称
* ACC	E0H	累加器
* B	F0H	B 寄存器
* PSW	D0H	程序状态字
SP	81H	堆栈指针

续 表

符　号	物理地址	名　　称
DPL	82H	数据寄存器指针（低 8 位）
DPH	83H	数据寄存器指针（高 8 位）
＊P0	80H	通道 0
＊P1	90H	通道 1
著 P2	A0H	通道 2
＊P3	B0H	通道 3
＊IP	B8H	中断优先级控制器
＊IE	A8H	中断允许控制器
TMOD	89H	定时器方式选择
＊TCON	88H	定时器控制器
＊＋T2CON	C8H	定时器 2 控制器
TH0	8CH	定时器 0 高 8 位
TL0	8AH	定时器 0 低 8 位
TH1	8DH	定时器 1 高 8 位
TL1	8BH	定时器 1 低 8 位
＋TH2	CDH	定时器 2 高 8 位
＋TL2	CCH	定时器 2 低 8 位
＋RCAP2H	CBH	定时器 2 捕捉寄存器高 8 位
＋RCAP2L	CAH	定时器 2 捕捉寄存器低 8 位
＊SCON	98H	串行控制器
SBUF	99H	串行数据缓冲器
PCON	87H	电源控制器

注：＊可以位寻址，＋仅 8052 有

A - 7 定时器/计数器控制寄存器

（1）定时器/计数器 0/1 模式控制寄存器（TMOD）与控制寄存器（TCON）

TMOD 地址：89H		定时器1				定时器0			
不可位寻址		7	6	5	4	3	2	1	0
复位值：00H		GATE	C/T	M1	M0	GATE	C/$\overline{\text{T}}$	M1	M0

位	符号	功能
TMOD.3/ TMOD.7	GATE	用于定时器1，置位时只有在 INT1 脚置高及 TR1 控制置位时才可打开定时器/计数器。清零时，置位 TR1 即可打开定时器/计数器。
TMOD.2/ TMOD.6	C/T	控制定时器 1 用作定时器或计数器，清零则用作定时器（从内部系统时钟输入），置位用作计数器 (从 Tn 脚输入)。
	M1、M0	定时器模式选择。
	M1、M0	定时器模式。
0 0		8048 定时器 TLn 用作 5 位预分频器。
0 1		16 位定时器/计数器，无预分频器。
1 0		8 位自装载定时器，当溢出时将 THn 存放的值装入 TLn。
1 1		定时器 0 此时作为双 8 位定时器/计数器。TL0 作为一个 8 位定时器/计数器，通过标准定时器 0 控制位控制。TH0 仅作为一个 8 位定时器，由定时器 1 控制位控制，在这种模式下定时器/计数器 1 关闭。

TCON 地址：88H									
可位寻址		7	6	5	4	3	2	1	0
复位值：00H		TF1	TR1	TF0	TR0	IE1	IT1	IE0	IT0

位	符号	功能
TCON.7	TF1	定时器 1 溢出标志。定时器/计数器溢出时由硬件置位。中断处理时由硬件清除，或用软件清除。
TCON.6	TR1	定时器 1 运行控制位。由软件置位/清零将定时器/计数器打开/关闭。
TCON.5	TF0	定时器 0 溢出标志。定时器/计数器溢出时由硬件置位。中断处理时由硬件清除，或用软件清除。
TCON.4	TR0	定时器 0 运行控制位。由软件置位/清零将定时器/计数器打开/关闭。
TCON.3	IE1	中断 1 边沿触发标志。当检测到外部中断1边沿时由硬件置位。中断处理时清零。
TCON.2	IT1	中断 1 触发类型控制位，由软件置位/清零以选择外部中断以下降沿/低电平方式触发。
TCON.1	IE0	中断 0 边沿触发标志。当检测到外部中断0边沿时由硬件置位。中断处理时清零。
TCON.0	IT0	中断 0 触发类型控制位，由软件置位/清零以选择外部中断以下降沿/低电平方式触发。

（2）定时器/计数器 2 控制寄存器（T2CON）和（T2MOD）

T2CON	地址＝0C8H		可位寻址				复位值＝00H	
	7	6	5	4	3	2	1	0
	TF2	EXF2	RCLK	TCLK	EXEN2	TR2	C/$\overline{T2}$	CP/RL2

符 号	位	名 称 和 意 义
TF2	T2CON.7	定时器 2.溢出标志。定时器 2.溢出时置位，必须由软件清除。当 RCLK 或 TCLK＝1 时，TF2 将不会置位。
EXF2	T2CON.6	定时器 2.外部标志。当 EXEN2＝1 且 T2EX 的负跳变产生捕获或重装时，EXF2 置位。定时器 2 中断使能时，EXF2＝1 将使 CPU 从中断向量处执行定时器 2 中断子程序。EXF2 位必须用软件清零。在递增/递减计数器模式（DCEN＝1）中，EXF2 不会引起中断。
RCLK	T2CON.5	接收时钟标志。RCLK 置位时，定时器 2 的溢出脉冲作为串行口模式 1 和模式 3 的接收时钟。RCLK＝0 时，将定时器 1 的溢出脉冲作为接收时钟。
TCLK	T2CON.4	发送时钟标志。TCLK 置位时，定时器 2 的溢出脉冲作为串行口模式 1 和模式 3 的发送时钟；TCLK＝0 时，将定时器 1 的溢出脉冲作为发送时钟。
EXEN2	T2CON.3	定时器 2 外部使能标志。当其置位且定时器 2 未作为串行口时钟时，允许 T2EX 的负跳变产生捕获或重装。EXEN2＝0 时，T2EX 的跳变对定时器无效。
TR2	T2CON.2	定时器 2.启动/停止控制位。置 1 时启动定时器。
C/$\overline{T2}$	T2CON.1	定时器/计数器选择（定时器 2）： 0＝内部定时器（OSC/12 或 OSC/6）； 1＝外部事件计数器（下降沿触发）。
CP/RL2	T2CON.0	捕获/重装标志。置位：EXEN2＝1 时，T2EX 的负跳变产生捕获。清零：EXEN2＝1 时，定时器 2.溢出或 T2EX 的负跳变都可使定时器自动重装。当 RCLK＝1 或 TCLK＝1 时，该位无效且定时器强制为溢出时自动重装。

T2MOD	地址＝0C9H		可位寻址				复位值＝ XXXX XX00B	
	7	6	5	4	3	2	1	0
	—	—	—	—	—	—	T2OE	DCEN

符 号	功 能
—	不可用，保留将来之用＊。
T2OE	定时器 2.输出使能位。

符　号	功　　能
DCEN	向下计数使能位。定时器 2.可配置成向上/向下计数器。

＊用户勿将其置 1。这些位在将来 8051 系列产品中用来实现新的特性,这种情况下,以后用到保留位,复位时或非有效状态时,它的值应为 0;而这些位为有效状态时,它的值为 1。从保留位读到的值是不确定的。

A-8 串行控制寄存器(SCON)

SCON　　　地址=98H　　　可位寻址　　　　　　　　　　　复位值=00H

7	6	5	4	3	2	1	0
SM0/FE	SM1	M2	EN	B8	B8	TI	RI

位	符　号	功　　能
SCON.7	FE	帧错误位。当检测到一个无效停止位时,通过 UART 接收器设置该位,但它必须由软件清零。要使该位有效,PCON 寄存器中的 SMOD0 位必须置 1。
SCON.7	SM0	和 SM1 定义串口操作模式。要使该位有效,PCON 寄存器中的 SMOD0 必须置 0。
SCON.6	SM1	和 SM0 定义串行口操作模式(见下表)。

		SM0	SM1	UART 模式	波特率
		0	0	0：同步位移寄存器	fosc/12 或 fosc/6(取决于时钟模式)
		0	1	1：8 位 UART	可变
		1	0	2：9 位 UART	fosc/64 或 fosc/32
		1	1	3：9 位 UART	可变

位	符　号	功　　能
SCON.5	SM2	在模式 2 和 3 中多处理机通信使能位。在模式 2 或 3 中,若 SM2=1,且接收到的第 9 位数据(RB8)时 0,则 RI(接收中断标志)不会被激活。在模式 1 中,若 SM2=1 且没有接收到有效的停止位,则 RI 不会被激活。在模式 0 中,SM2 必须是 0。
SCON.4	REN	允许接收位。由软件置位或清除。REN=1 时,允许接收,REN=0 时,禁止接收。
SCON.3	TB8	模式 2 和 3 中发送的第 9 位数据,可以按需要由软件置位或清除。
SCON.2	RB8	模式 2 和 3 中已接收的第 9 位数据,在模式 1 中,或 SM2=0,RB8 是已接收的停止位。在模式 0 中,RB8 未用。

续 表

位	符 号	功 能
SCON.1	TI	发送中断标志。在模式 0 中,在发送完第 8 位数据时由硬件置位。在其他模式中,在发送停止位之初,由硬件置位。在任何模式中,都必须由软件来清除 TI。
SCON.0	RI	接收中断标志。在模式 0 中,在接收第 8 位结束时由硬件置位。在其他模式中,在接收停止位的中间时刻,由硬件置位。在所有模式(SM2 所述情况除外)中,必须由软件清除 RI。

附录 B Keil μVision2 调试命令

B-1 显示和更新存储器内容命令

(1) ASM(汇编)命令

命令格式:ASM [起始地址]

　　　　ASM 汇编指令

功能:用于指定从某地址起放置汇编指令或显示当前汇编指令地址。

例:〉ASM C:0x0100

　　〉ASM mov a,♯12(从 C:0x100 开始输入汇编指令"mov a,♯12")

(2) DEFINE(定义)命令

命令格式:DEFINE <类型> <变量名>

功能:创建带类型的变量,并可赋值。

说明:<类型> 可以为 CHAR　　/* 带符号字符型 */

　　　　　　　　DOUBLE　 /* 双精度浮点数 */

　　　　　　　　FLOAT　　/* 单精度浮点数 */

　　　　　　　　INT　　　 /* 带符号整型 */

　　　　　　　　LONG　　 /* 带符号整长型 */

例:〉DEFINE FLOA TmpFloat

　　〉TmpFloat = 3.14159

(3) Display (显示) 命令

命令格式:D <类型>[起始地址[,结束地址]]

功能:显示指定存储空间中某范围的内容。

说明:有效存储类型如下　　X: XDATA(外部数据存储器)

　　　　　　　　　　　　　D: DATA(内部可直接寻址的数据存储器)

　　　　　　　　　　　　　I: IDATA(内部可间接寻址的数据存储器)

                    B： BIT(位寻址区或特殊功能位)

                    C： CODE(程序存储器)

                    CO：CONST(常量存储器)

                    EB：EBIT(扩展位寻址的数据存储器)

                    HC：HCONST(扩展常量存储器)

                    ED：EDATA(扩展内部直接寻址的数据存储器)

例：〉D X：0,0x100　　/＊显示外部数据存储器中从 0 开始的 256 个字节。＊/

    〉D main　　　　　/＊从 main 处开始显示。＊/

(4) Enter (显示) 命令

命令格式：E ＜类型＞ 地址＝表达式[,表达式[,…]]

功能：向指定的内存地址中输入数据。

说明：＜类型＞ 可以为　CHAR　　　/＊带符号字符型＊/

                      DOUBLE　　/＊双精度浮点数＊/

                      FLOAT　　　/＊单精度浮点数＊/

                      INT　　　　/＊带符号整型＊/

                      LONG　　　/＊带符号整长型＊/

例：〉 E CHAR x：0＝1,2, "Keil"

(5) EVALUATE(评估)命令

命令格式：EVAL 表达式

功能：计算表达式的值,以十进制、八进制、十六进制或 ASCII 码形式显示。

(6) MAP(存储器映像)命令

命令格式：MAP 起始地址,结束地址 [READ WRITE EXEC] [VNM] [CLEAR]

功能：用于进行存储器映像分配。可以指定一段存储器地址,并指明存取方式。也可以指定为冯·诺依曼结构的外部存储器空间,即外部数据空间和代码空间重叠。用 CLEAR 清除制定内存空间。

    例：〉MAP 0x10000,0x1FFFF read write　　　/＊64K 外部数据区为读写空间＊/

    〉MAP 0Xff0000,0XFFFFFF exec read　　/＊定义代码段空间可执行与读＊/

(7) Unassemble (反汇编)命令

命令格式：U [地址表达式]

功能：从指定地址开始对程序存储器内容反汇编。

例：〉U main　　　/＊从 main 处开始反汇编＊/

    〉U C：0x0100　　/＊从代码空间 0x0100 处开始反汇编＊/

(8) Watchset (观察点设置)命令

命令格式：WS [观察点页号,] 表达式 [,基数]

功能：定义观察点,并在观察窗口察看其值。

例：〉WS interval,0x0a

（9）WatchKill（删除观察点）命令

命令格式：WS 观察点页号

功能：删除指定观察窗口内的所有观察点表达式。

例：〉WK 1

B-2 控制程序执行命令

（1）COVERAGE（覆盖）命令

命令格式：COVERAGE

　　　　　COVERAGE 模块名

功能：显示代码覆盖情况。

（2）GO（全速运行）命令

命令格式：G［起始地址］［,结束］

功能：显示代码运行的情况。

例：〉G

　　〉G, main　　　　　　　／＊从当前地址开始执行到 Main。＊／

（3）Performance Analyzer（性能分析）命令

命令格式：PA 起始地址

　　　　　PA Kill ＊

　　　　　PA　　　　　　　／＊显示指定的性能分析段＊／

　　　　　PA RESET　　　／＊复位性能分析窗口＊／

功能：设置性能分析程序段。显示该段程序被调用次数、执行时间。用 Kill 删除指定的段。

例：〉PA

　　〉PA Kill ＊　　　　　／＊删除指定的性能分析段＊／

（4）PSTEP（过程单步运行）命令

命令格式：P　　　　　　　／＊执行 1 条＊／

　　　　　P 100　　　　　／＊执行 100 条＊／

功能：遇到函数时把它作为一条语句。

（5）OSTEP　（执行并跳出当前函数）命令

命令格式：O

功能：在函数中运行时跳出函数。

（6）TStep（单步运行）命令

命令格式：T 表达式

功能：高级语言方式下运行一条或几条语句；汇编语言方式下运行一条或几条指令。表达式为条数，省略则为一条。

例：〉T

　　〉T 100

B-3 断点管理命令

(1) BreakSet（断点设置）命令

命令格式：BS 表达式［,计数值［,"命令串"］］

　　　　　BS READ［,计数值［,"命令串"］］

　　　　　BS WRITE［,计数值［,"命令串"］］

　　　　　BS READWRITE［,计数值［,"命令串"］］

功能：设置执行断点、存取断点、条件断点。

表达式为地址码时，该断点是执行断点。运行到该地址时，程序暂停或运行一条由"命令串"给出的命令。

若表达式前带有 READ、WRITE 或 READWRITE 则为存取断点。存取断点的表达式仅允许使用 &、&&、<、<=、>、>=、==、and!＝操作符。对于存取断点，程序执行到表达式规定的地址，进行指定类型的操作时，程序暂停或运行一条由"命令串"给出的命令。

条件断点，其逻辑表达式在每条汇编指令执行结束后被重新计算。若结果为假（0 值），继续执行；若结果为真（非 0 值），程序暂停或运行一条由"命令串"给出的命令。

例：>BS sindex==8

(2) BreakList（断点列表）命令

命令格式：BL

功能：在命令窗口输出已定义的所有断点。每个输出行中包括序号，断点类型（E 执行断点、A 存取断点、C 条件断点），存取断点的类型（RD、WR、RW），符号地址值，设置断点的命令中的表达式，计数值（CNT）、断点当前状态（Enabled 活动态、Disabled 禁止态）以及设置断点的命令串。

(3) BreakKill（断点删除）命令

命令格式：BK 序号［,序号［,……］］

　　　　　BK ＊

功能：删除序号指定的断点或 ＊ 表示的所有断点。

(4) BreakEnable（激活断点）命令

命令格式：BE 序号［,序号［,……］］

　　　　　BE ＊

功能：激活序号指定的断点或 ＊ 表示的所有断点。

(5) BreakDisable（禁止断点）命令

命令格式：BD 序号［,序号［,……］］

　　　　　BD ＊

功能：禁止序号指定的断点或 ＊ 表示的所有断点。

B-4 其他通用命令

(1) ASSIGN（分配）命令

命令格式：ASSIGN

ASSIGN WIN|COM1|COM2|COM3|COM4|⟨inreg⟩|⟨outreg⟩

功能：无参数的命令显示串行口当前的分配情况。带参数的命令用来改变串口当前的分配情况。⟨inreg⟩和⟨outreg⟩是单片机的串口名。

（2）DEFINE BUTTON（定义按钮）命令

命令格式：DEFINE BUTTON "按钮名","命令"

功能：该命令用于建立工具箱中的按钮，每个按钮可以执行一个 μVision2 命令。

例：〉DEFINE BUTTON "CLR DPTR","DPTR＝0"

（3）DIR（列目录）命令

命令格式：DIR

　　　　　DIR LINE

　　　　　DIR PUBLIC

　　　　　DIR VTREG

　　　　　DIR DEFSYM

　　　　　DIR \module

　　　　　DIR \module LINE

　　　　　DIR \module\func

　　　　　DIR \module\func LINE

　　　　　DIR FUNC

　　　　　DIR UFUNC

　　　　　DIR BFUNC

　　　　　DIR SIGNAL

功能：用来输出各种模块、函数、变量的符号名。若不给出参数则输出所有的符号名。

PUBLIC	所有全局符号名
VTREG	CPU 动态库文件（DLL）中定义的虚拟寄存器的内容
DEFSYM	由"DEFINE"创建的符号名
\module	指定模块或当前模块的局部符号及地址
\module\func	指定模块中的函数的局部符号及地址
\module\func LINE	指定模块或当前模块的行号及代码的起始地址
FUNC	所有已定义的 μVision 函数名
UFUNC	所有用户定义的 μVision2 函数名
BFUNC	预定义的 μVision2 内部函数名
SIGNAL	所有 μVision2 的信号函数名

（4）EXIT（退出）命令

命令格式：EXIT

功能：退出调试命令。

（5）INCLUDE(包含)命令

命令格式：INCLUDE［路径］文件名

功能：加载一个初始化文件(ini 文件)，并逐行执行其中的命令。共可嵌套 4 层。

例：〉INCLUDE easure.ini

（6）KILL(删除)命令

命令格式：KILL FUNC 函数名

　　　　　KILL FUNC ＊

　　　　　KILL BUTTON 序号

功能：删除指定的或所有的用户函数或信号函数。删除序号指定的工具盒中的用户定义按钮。

（7）LOAD(加载)命令

命令格式：LOAD［路径］文件名 NOCODE

功能：加载 intel HEX 文件、绝对目标文件。

例：LOAD myprog.hex

（8）LOG(记录)命令

命令格式：LOG ＞［路径］文件名

　　　　　LOG ＞［路径］文件名

　　　　　LOG

　　　　　LOG OFF

功能：打开记录文件，并启动后台记录过程，将显示输出都记录到该文件中。"〉"表示覆盖，"〉〉"表示添加。无参数的显示当前记录文件的状态。"OFF"表示关闭已打开的记录文件。

（9）MODE(串口设置)命令

命令格式：MODE COMx，波特率，校验位，数据位，停止位

功能：用于改变串口设置。

例：〉MODE COM2，19200，0，8，1

（10）RESET(复位)命令

命令格式：RESET

　　　　　RESET MAP

　　　　　RESET SRC

功能：单片机恢复到初始状态。带"MAP"参数的命令对已定义的存储器映像复位，清除用户程序存储区及调试信息。"SRC"复位 μVision2 系统变量"SRC"的值。

（11）SAVE(存盘)命令

命令格式：SAVE［路径］文件名 地址 1，地址 2

功能：将一段内存映像以 HEX386 格式存盘。"地址 1，地址 2"指定地址。所保存文件可以用 LOAD 命令装入 μVision2 调试器。

(12) SCOPE(显示地址范围)命令

命令格式：SCOPE [\模块[\函数]]

功能：显示指定模块和函数的地址范围。

(13) SET(设置)命令

命令格式：SET SRC[＝路径名]

功能：显示或定义高级语言源文件或列表文件的搜索路径。加载文件时 μVision2 会自动定义搜索路径。

(14) SIGNAL (信号)命令

命令格式：SIGNAL KILL 函数名

SIGNAL STATE

功能：禁止指定的信号函数。被禁止的信号函数可以被重新激活。SIGNAL STATE 输出当前信号函数表的状态。

(15) SLOG (串口记录)命令

命令格式：SLOG 〉[路径名] 文件名

SLOG 〉〉[路径名] 文件名

SLOG

SLOG OFF

功能：产生和打开一个记录文件。"〉"表示新文件覆盖同名文件。"〉〉"表示追加到该文件中。"OFF"表示关闭已打开的记录文件并结束后台记录过程。

例：〉SLOG 〉C:\TMP\DSLOG

〉SLOG

附录 C ANSI C 标准的和 Keil C51 扩展的关键字

(1) ANSI C 标准的关键字

关 键 字	用 途	说 明
auto	存储种类声明	用以声明局部变量,默认值为此
break	程序语句	退出最内层循环体
case	程序语句	switch 语句中的选择项
char	数据类型声明	单字节整型数或字符型数据
const	存储类型声明	在程序执行过程中不可修改的变量值

续　表

关　键　字	用　　途	说　　明
continue	程序语句	转向下一次循环
defaut	程序语句	switch 语句中的失败选择项
do	程序语句	构成 do … while 循环结构
double	数据类型声明	双精度浮点数
else	程序语句	构成 if … else 循环结构
enum	数据类型声明	枚举
extern	存储种类声明	在其他程序模块中声明了的全局变量
float	数据类型声明	单精度浮点数
for	程序语句	构成 for 循环结构
goto	程序语句	构成 goto 转移结构
if	程序语句	构成 if … else 循环结构
int	数据类型声明	基本整型数
long	数据类型声明	长整型数
register	存储种类声明	使用 CPU 内部寄存器的变量
return	程序语句	函数返回
short	数据类型声明	短整型数
sighed	数据类型声明	有符号数,二进制数据的最高位为符号位
sizeof	运算符	计算表达式或数据类型的字节数
static	存储种类声明	静态变量
struct	数据类型声明	结构类型数据
switch	程序语句	构成 switch 选择结构
typedef	数据类型声明	重新进行数据类型定义
union	数据类型声明	联合类型数据
unsigned	数据类型声明	无符号数据
void	数据类型声明	无类型数据

关　键　字	用　　　途	说　　　　明
volatile	数据类型声明	声明该变量在程序执行中可被隐含地改变
while	程序语句	构成 while 和 do … while 循环结构

（2）Keil Cx51 编译器的扩展关键字

关　键　字	用　　　途	说　　　　明
_at_	地址定位	为变量进行存储器绝对空间地址定位
alien	函数特性声明	用以声明与 PL/M51 兼容函数
bdata	存储器类型声明	可位寻址的 8051 内部数据存储器
bit	位变量声明	声明一个位变量或位类型的函数
code	存储器类型声明	8051 程序存储空间
compact	存储器模式	指定使用 8051 外部分页寻址数据存储器空间
data	存储器类型声明	直接寻址的 8051 内部数据存储器
idata	存储器类型声明	间接寻址的 8051 内部数据存储器
interrupt	中断函数声明	定义一个中断服务函数
large	存储器模式	指定使用 8051 外部数据存储器空间
pdata	存储器类型声明	分页寻址的 8051 外部数据存储器
priority	多任务优先声明	规定 RTX51 或 RTX51 Tiny 的任务优先级
reentrant	再入函数声明	定义一个再入函数
sbit	位变量声明	声明一个可位寻址变量
sfr	特殊功能寄存器声明	声明一个 8 位的特殊功能寄存器
sfr16	特殊功能寄存器声明	声明一个 16 位的特殊功能寄存器
small	存储器模式	指定使用 8051 内部数据存储器空间
task	任务声明	定义实时多任务函数
using	寄存器组定义	定义 8051 的工作寄存器组
xdata	存储器类型声明	8051 外部数据存储器

附录 D　ASCII 码表

ASCII 值	控制字符	ASCII 值	控制字符	ASCII 值	控制字符	ASCII 值	控制字符
00H	NUL	20H	Space	40H	@	60H	`
01H	SOH	21H	!	41H	A	61H	a
02H	STX	22H	"	42H	B	62H	b
03H	ETX	23H	#	43H	C	63H	c
04H	EOT	24H	$	44H	D	64H	d
05H	ENQ	25H	%	45H	E	65H	e
06H	ACK	26H	&	46H	F	66H	f
07H	BEL	27H	'	47H	G	67H	g
08H	BS	28H	(	48H	H	68H	h
09H	HT	29H	)	49H	I	69H	i
0AH	LF	2AH	*	4AH	J	6AH	j
0BH	VT	2BH	+	4BH	K	6BH	k
0CH	FF	2CH	,	4CH	L	6CH	l
0DH	CR	2DH	—	4DH	M	6DH	m
0EH	SO	2EH	.	4EH	N	6EH	n
0FH	SI	2FH	/	4FH	O	6FH	o
10H	DLE	30H	0	50H	P	70H	p
11H	DC1	31H	1	51H	Q	71H	q
12H	DC2	32H	2	52H	R	72H	r
13H	DC3	33H	3	53H	S	73H	s
14H	DC4	34H	4	54H	T	74H	t
15H	C	35H	5	55H	U	75H	u
16H	SYN	36H	6	56H	V	76H	v

续　表

ASCII 值	控制字符	ASCII 值	控制字符	ASCII 值	控制字符	ASCII 值	控制字符
17H	ETB	37H	7	57H	W	77H	w
18H	CAN	38H	8	58H	X	78H	x
19H	EM	39H	9	59H	Y	79H	y
1AH	SUB	3AH	:	5AH	Z	7AH	z
1BH	ESC	3BH	;	5BH	[	7BH	{
1CH	FS	3CH	<	5CH	\	7CH	|
1DH	GS	3DH	=	5DH	]	7DH	}
1EH	RS	3EH	>	5EH	^	7EH	~
1FH	US	3FH	?	5FH	——	7FH	DEL

参考文献
REFERENCES

[1] 白中英,朱正东.数字逻辑(第 3 版·立体化教材)[M].北京:科学出版社,2020.

[2] 藏春华,蒋璇.数字系统设计与 PLD 应用(第 3 版)[M].北京:电子工业出版社,2009.

[3] 陈立周,陈宇.单片机原理及其应用[M].北京:机械工业出版社,2008.

[4] 陈志才.微型计算机组成原理[M].北京:高等教育出版社,2003.

[5] 戴梅萼.微型计算机技术及应用[M].北京:清华大学出版社,1991.

[6] 冯博琴.微型计算机硬件技术基础[M].北京:高等教育出版社,2003.

[7] 龚沛曾,杨志强,李湘梅,等.大学计算机基础[M].北京:高等教育出版社,2009.

[8] 胡汉才.单片机原理及其接口技术(第 4 版)[M].北京:清华大学出版社,2018.

[9] 胡越明.计算机组成与系统结构[M].北京:电子工业出版社,2003.

[10] 霍孟友.单片机原理与应用[M].北京:机械工业出版社,2007.

[11] 蒋立平,姜萍,谭雪琴,等.数字逻辑电路与系统设计(第 3 版)[M].北京:电子工业出版社,2019.

[12] 靳鸿,郭华玲,沈大伟.可编程逻辑器件与 VHDL 设计[M].北京:电子工业出版社,2017.

[13] 孔庆芸,秦晓红.微机原理与接口技术[M].北京:电子工业出版社,2014.

[14] 李长青,孙君顶,李泉溪.接口技术[M].北京:中国水利水电出版社,2014.

[15] 李朝青,刘艳玲.单片机原理及接口技术(第 4 版)[M].北京:北京航空航天大学出版社,2013.

[16] 李刚民,曹巧媛,曹琳琳,等.单片机原理与实用技术[M].北京:高等教育出版社,2008.

[17] 李维谌,郭强.液晶显示应用技术[M].北京:电子工业出版社,2000.

[18] 李晓林,苏淑靖,许鸥.单片机原理与接口技术(第 3 版)[M].北京:电子工业出版社,2015.

[19] 刘剑,刘奇穗.51 单片机开发与应用基础教程(C 语言版)[M].北京：中国电力出版社,2012.

[20] 罗克露,雷航,廖建明,等.计算机组成原理[M].北京：高等教育出版社,2010.

[21] 毛法尧.数字逻辑(第 2 版)[M].北京：高等教育出版社,2008.

[22] 莫太平,陈真诚.单片机原理与接口技术[M].武汉：华中科技大学出版社,2019.

[23] 潘永雄.STM8S 系列单片机原理与应用[M].西安：西安电子科技大学出版社,2011.

[24] 钱晓捷.16/32 位微机原理、汇编语言及接口技术(第 3 版)[M].北京：机械工业出版社,2011.

[25] 钱晓捷.计算机硬件技术基础[M].北京：机械工业出版社,2010.

[26] 任国林.计算机组成原理(第 2 版)[M].北京：电子工业出版社,2018.

[27] 谭志虎,秦磊华,胡迪青.计算机组成原理实践教程：从逻辑门到 CPU[M].北京：清华大学出版社,2018.

[28] 唐朔飞.计算机组成原理(第 3 版)[M].北京：高等教育出版社,2020.

[29] 王爱英.计算机组成与结构[M].北京：清华大学出版社,2000.

[30] 王诚.计算机组成与设计[M].北京：清华大学出版社,2002.

[31] 王代萍.计算机专业实验指导书[M].武汉：武汉大学出版社,2009.

[32] 王茜.大学计算机基础实验指导[M].北京：清华大学出版社,2012.

[33] 吴飞青,丁晓,李林功,等.单片机原理与应用实践指导[M].北京：机械工业出版社,2009.

[34] 徐洁.计算机组成原理与汇编语言程序设计(第 4 版)[M].北京：电子工业出版社,2017.

[35] 杨军,余江.基于 FPGA 的数字系统研究与设计[M].北京：科学出版社,2016.

[36] 易小琳,朱文军,鲁鹏程,等.计算机组成原理与汇编语言[M].北京：清华大学出版社,2009.

[37] 张超,王剑云,陈宗民,等.计算机应用基础实验指导(第 3 版)[M].北京：清华大学出版社,2018.

[38] 张燕平,赵姝,陈洁.计算机组成原理与系统结构[M].北京：清华大学出版社,2012.

[39] 周明德,白晓笛.高档微型计算机(下册)[M].北京：清华大学出版社,1989.

[40] 周明德,蒋本珊.微机原理与接口技术[M].北京：人民邮电出版社,2007.

[41] 朱正东,伍卫国,张超,等.数字逻辑与数字系统[M].北京：电子工业出版社,2015.